旅鉄車両ファイル
010

JN085218

旧型国電

路線別車両案内

手前からクモハ54117、クモハ54111、
クモハ54001。中部天竜　1983年8月21日
写真／大那庸之助

山手線　モハ31072以下
田町　1953年2月22日　写真／沢柳健一

東海道本線　クモハ79328以下
尼崎〜立花間（車内から）　1965年1月4日　写真／大那庸之助

京浜東北線　73系
東京　1969年9月11日　写真／大那庸之助

山陽本線　クハ86321以下
姫路　1965年1月4日　写真／大那庸之助

常磐線　クハ79390以下
酒々井　1968年4月6日　写真／大那庸之助

身延線　クモハユニ44800
富士電車区　1966年11月20日　写真／大那庸之助

飯田線　クモハ52003
中部天竜　1978年8月9日
写真／稲葉克彦

飯田線　クモハ53001以下
伊那松島　1981年7月25日　写真／大那庸之助

信越本線　クハ76007以下

新潟　1969年1月26日　写真／大那庸之助

Contents 旅鉄車両ファイル 010

表紙写真：
表紙写真：クモハユニ44802以下
身延線下部　1966年11月20日
写真／大那庸之助

序　文

　子どもの頃、当時住んでいた向日町から京都まで73系に乗ったのが旧型国電との最初の出会いであった。扉が開くと床から天井まで一直線に伸びる掴み棒があり、吊り革まで手が届かないほど小さい自分にはとても便利なもののように見えた。しかし、親に促されて車内の奥に行ったため、出入口近くにあった掴み棒を握ることはできず、親の手を握っていた。走り始めると結構な速度と揺れで、甲高い走行音と合わせてかなり迫力があった。2歳の時なので、73系の記憶はこれだけである。その後、小学生の時に家族旅行で広島へ行き、広島から宮島口まで80系に乗車した。最初で最後の80系であったが、後に交通科学館や京都鉄道博物館で再会できるとは思ってもいなかった。

　時は流れて上京し、クモハ12形が毎日運転されていることを知り、鶴見線に乗りに行った。リベットが並ぶ光沢のあるぶどう色の車体は迫力があり、車内の木の床に何となく安らぎを覚えた。鶴見〜海芝浦間を往復して帰ったが、海芝浦のホームから眺めた運河の光景とそこで作成してもらった車内補充券は良い記念になった。当時ほとんどマスコミに取り上げられておらず、しかも昼間に行ったために海芝浦からの乗客はほとんどいなかった。

　そして社会人になってからクモハ42形を乗りに小野田線へ行った。ワンマン改造はされていたが、ぶどう色の車体と車内にずらりと並んだ木製の座席は、多くの人たちの手で守られてきたことを示すオーラを放っていた。雀田で夕方の運転まで留置するため、入念に点検されてパンタグラフが下げられるのを初めて見た。いたわるように大切に運転されていると感じた。

　ちょうどその頃に、大那庸之助氏のご遺族からネガや資料類の譲渡を受けた。個人的に資料を買い集めて旧型国電の知識を学びつつあったので、ここから急速に見聞が広がった。特に沢柳健一氏のご自宅に伺ってご教示いただいたことは、大那氏の資料類の保存管理の必要性を痛感するとともに、知識欲に大いなる刺激となった。

　今回このような本を執筆する機会をいただき感謝するとともに、ご期待に沿えるよう自分なりに資料類から旧型国電をまとめたつもりである。旧型国電を知らない方々が、この本をきっかけに自分の使っている路線にもかつて旧型国電が走っていたことを知り、興味を持っていただければ幸いである。

　最後に本書を執筆するにあたり、多くの方々にご協力をいただいた。改めて深く感謝を申し上げる。

2023年12月

小寺幹久

●本書の記述について
・旧型国電では、新性能電車のように「●●系」という国鉄制式の系列呼称は制定されていないが、本書では同一設計思想に基づいて製造された
　形式群を趣味的・便宜的に分類し、「●●系」と総称しています。
・本書では、日本国有鉄道が1959（昭和34）年5月30日付の総裁達第237号（同年6月1日施行）による車両称号規程改正で「新性能電車」と
　「旧形電車」を分離した概念に基づいて、「旧型国電」の通称を用いています。
・「東鉄」は当時の東京はじめ、東京近郊で電車運転が行われた地域を指し、「大鉄」は京阪神地区や天鉄の阪和線なども便宜上含んで説明に使
　用しています。
・本書では、買収で国有化した鉄道事業者から継承したいわゆる「社形」は、一部で軽く触れる程度で、基本的には扱っていません。

第1章

首都圏各線

［南］

80系の投入で電車化が始まった東海道本線東京口、軍需路線から電車化が早く、独特な顔ぶれだった横須賀線、首都圏で最後まで旧型国電が走った鶴見線など、旧・東京南鉄道管理局に所属する路線を中心に取り上げる。また、総武本線、内房線・外房線など、房総地区の路線についても本章で扱う。

東海道本線（東京圏）

東海道本線の東京口は、並行する京浜線や直通する横須賀線では早くから電車が使用されてきたものの、機関車牽引の客車列車が主力だったので、旧型国電は意外にも80系のみであった。

旧型国電　路線別車両案内

東海道本線の電車運転開始まで

ここでは東京圏の東海道本線で活躍した長距離用電車80系を、このエリアで最初で最後に走行した旧型国電として紹介する（路線としての東海道本線では、横須賀線の直通電車が1930年代から営業用車両として走行していたが、こちらは横須賀線で紹介する。また、京浜線は別線のために除外し、東海道本線熱海電化に備えて1923年に登場した大型のセミクロスシート木製車デハ43200形は京浜線で使用されたために除外する。また、戦前に新宿〜藤沢で海水浴臨時電車が運転されたが、臨時のために除外する）。

新幹線や高速道路網などができる以前の東海道本線は、東京と大阪、さらに山陽本線を通じて海外とを結ぶ最重要路線であった。東海道本線は1919（大正8）年7月に鉄道院で立案された「全国幹線電化計画」で、電化と東海道本線東京〜国府津間の電車化が計画されていたが、1923（大正12）年9月に発生した関東大震災により中止されていた。

東海道本線に並走する山手線や京浜線の電化は1909（明治42）年12月から1925（大正14）年11月にかけて行われたが、東海道本線では1925年12月に東京〜国府津間で実施されたのが最初である。初めて直流1500Vが採用されたがもう一つの計画である電車化は見送られた。電化は徐々

に西に延び、丹那トンネルの開通で1934（昭和9）年12月に沼津まで電化された。

それまでの電化区間は中央線の一部や山手、赤羽、京浜線などで、直流600V〜1200Vで電車運転が行われていた。これらの区間は1931（昭和6）年までにすべて直流1500Vに昇圧された。

東海道本線は電気機関車が牽引する客車列車で運転され、東京〜小田原・熱海・沼津間の区間運転用の客車には電気暖房が備えられた（長距離列車は蒸気暖房を使用）。電源は電気機関車から供給される直流1500Vを使用し、1959（昭和34）年以降に交流電化で使用されはじめた単相交流を使用した電気暖房とは異なるものであった。

当時の電車は構造上、台車に大型の主電動機を搭載していることから

騒音が大きく、乗り心地の悪さが欠点であった。そのため、路面電車や山手線などの短距離輸送に限られ、改良を加えた車両を開発して運転距離を伸ばしつつあったが、当時の最長運転区間は京浜線の上野〜桜木町間であった。

1935（昭和10）年7月に総武本線が千葉まで電化されて電車化され、東海道本線も前年の1934（昭和9）年に丹那トンネルが開通して沼津まで電化区間が伸び、沼津までの電車化が検討されたものの、戦争のために実現しなかった。

電車方式が有望と280両の製造が決定

戦後、終戦直後の1945（昭和20）年10月20日付で「東京附近復興計画」が発表された。その中の「中距離旅客列車の電車化」の項目のひと

戦後復興を強く象徴付けるような明るい塗り分けが施された80系。80系では初めて編成単位での発注となり、電気機器などの艤装（ぎそう）を済ませたうえでメーカーが納品するなど、現在まで続く契約方法の基本となった。根府川付近　1950年5月　写真／『日本国有鉄道百年写真史』より

80系1次車は前面の塗り分けが何度か変更された。写真はB案とされた試験塗装で、A案とともに比較検討されたがいずれも採用されなかった。最終的に定着した前面の塗り分けは、上側がこのB案と同じ位置で、横一直線となった。東京　1955年　写真／児島眞雄

つに沼津までの電車運転が述べられていた。

当時は戦後の混乱期のために見通しが立たず、落ち着いてきた1948（昭和23）年9月に電化の細部計画にあたる湘南電車化計画が立てられた。また、同じ頃に作成された「国鉄電化5か年計画」では東海道・山陽本線の全線電化に合わせ、普通列車を客車と電車で運転した場合の比較が行われた。その結果、所要時間の短縮や必要経費の低減の点で電車が有利と判明した。

そして乗り心地さえ改善されれば電車が有望との結論が出たことで、1948年11月から湘南電車80系の設計が始まった。当時の日本の鉄道は連合国軍総司令部（GHQ）の民間運輸局（CTS）の管理下にあり、承認を得て1949（昭和24）年度の予算で基本10両＋付属5両の編成を合計280両製造することとなった。

ところが1949年1月にドッジラインと呼ばれるインフレを抑制する経済方針がGHQから出されて予算を変更。製造が認められたのは試作用の10両編成1本となった。

その後、GHQの勧告により1949年6月に日本国有鉄道が運輸省（現・国土交通省）から独立した公共企業体として発足し、湘南電車の計画が見直された。見直しでは、区間運転用の客車と電気機関車を電車化により他線に転用する、という理由で予算を組み替えた。その結果、1949年度に73両、1950年度に102両の製造が認められ、まず基本10両編成5本、付属4両編成4本、予備7両の製造が決まった。

中長距離用80系登場 編成単位で発注

80系は従来の電車と異なり、初めて編成単位で発注が行われ、GHQの指示により初の公開競争入札が行われた。また、これまでは車体・空制・電気と部分ごとに分割して指定業者に製作させて国鉄内で完成させていたが、編成単位で受注した車両メーカーが完成させて、国鉄の本線上で試運転後、合格したものを納品させる方式に変更された。

車両を造るメーカーと使用する国鉄の責任区分を明確にするもので、この方法は現在も引き継がれている。

車両には次の特徴があった。

1　2色に塗り分けられた 車体

車両の特徴で最も目立つのが、2色に塗り分けられた車体色である。これは動力車課長だった島 秀雄氏の発案で、アメリカの雑誌を参考にオレンジ色と緑色に決まった。この色は登場直後から意見が寄せられ、後に色調は変更された。なお、湘南地区を走る電車だから沿線のミカンに似せたという話は、後付けで作られた話である。

東京圏では80系のように塗り分けられた車両はなく、試験塗装が少数存在した程度であった。また、関西では戦前に52系がクリーム色とマルーン色に塗り分けられたのが最初であるが、こちらも4両編成が3本あるのみで珍しい存在であった。

終戦からわずか4年後に、鮮やかなオレンジ色と緑色に塗り分けられた全長280mの14両編成の車両が現れたことは、世間に大きなインパクトを与えた。

2　独特の前面形状

前面形状もこれまでにない独特の形状であった。1949年度の前面は3枚窓で半丸妻である。塗り分けはオレンジ色が前照灯まで三角形の形状で広がり、下側は小さな逆三角形であった。

この前面の塗り分けは変更が多く、1952年頃にA案、B案の2種類の試験塗装が行われたが、両方とも採用されず、検討が重ねられて最後はオレンジ色部分の上側が側面の雨樋と同じ高さまで横一直線となり、下側は逆三角形で尾灯あたりまで広がるデザインとなった。

側面は、側窓の周囲がオレンジ色で、前面のオレンジ色部分の上端部分と曲線を描いてつながるデザインであった。

3　長編成化と AREブレーキの採用

80系は客車列車をそのまま電車化した「電動列車」の位置付けで、電車としては初の10両の長編成を基本編成、5両（登場時は4両）を付属編成として設計された。そのため長編成でも列車全体に即応できるブレーキが必要であった。

電車は加減速が客貨車より大きいため、これまでも客貨車より迅速にブレーキができるAE式電磁空気ブレーキが装備されていた。80系では

11

さらに改良して、中継弁などを追加したARE式電磁空気ブレーキが採用された。このブレーキは1937（昭和12）年に試作された改良版で、ブレーキの応答が速いのが特徴である。さらにブレーキの制輪子が摩耗して車輪と隙間ができてブレーキ力が落ちるのを防ぐため、自動隙間調整器が設けられた。

4 中間電動車の誕生

80系は編成単位で運用することになり、先頭車は制御車、電動車は中間車のみとした。電動車に必ず運転室を設置する原則をなくし、初めて中間電動車が誕生した。なお、編成単位で管理する原則は後に変更され、車庫設備の状況や増結の必要性から1955（昭和30）年から簡易運転台を備えた中間電動車も造られた。

5 車体構造の見直し

車体の構造が見直され、台枠は端梁から枕梁に伝わる衝撃を左右の側梁に伝えるという新しい構造とした。枕梁の間にあった中梁を省略することができ、軽量化が図られた。また側構は屋根の一部まで伸ばして車体の剛性を高め、張り上げ屋根と呼ばれる構造とした。この設計は後に車体全体で強度を保つ半張殻構造の軽量化車体の基礎となった（クモユニ81形を除く）。

6 長距離輸送を考慮した客車に準じた車内

車内は昼間の長距離輸送と朝夕の通勤輸送という、相反する要請に応えるため工夫が凝らされた。2時間以上の乗車を考慮して片側2扉の客車に近い構造とし、客用扉と客室の間に仕切り扉が設けられた。

座席はクロスシートを中心とした配置とし、通勤輸送用に仕切り扉付近を一部ロングシートとした。また、座席間隔を詰めて着席人数を増やす一方、座席幅を抑えて通路幅を広げ、立席人数も増えるように配慮された。

7 通風装置の改良

車内環境の改善では、ガーランド方式より換気効率がよい押込通風方式が採用された。1次車は手動で通風量を調整できる大型のものが採用された。

初期トラブルと対策された火災事故

こうした新しい設計を多く採り入れて、80系は短期間で製作された。予算の組み替えの影響で、発注は遅れて1949（昭和24）年9月22日となり、納期は翌50年1月末であった。製作期間はわずか4カ月ほどで、関係者は苦労の連続で、すべての車両メーカーは正月返上で作業を行った。

実際に納入できた車両は半分ほどの38両で、中には田町電車区に納品後、その場で金具や網棚などの取り付け作業を行ったメーカーもあった。2月中頃に国鉄技術陣による出来栄え審査が行われ、手直しの後、公式試運転が2月24日に行われた。

3月1日に東京〜沼津・伊東間で10往復の客車列車を置き換える形で営業運転が開始された。電車運転開始にあたり、80系は「湘南電車」という呼称が広がり、試運転当日に配布されたパンフレットにも書かれていた。なお、小田原以東では「湘南伊豆電車」の名称で案内されていたが、後に「湘南電車」の呼称が定着した。

運転開始後、工作上の不備から配管に不純物が混入したことでブレーキが緩まないなどの初期故障が続き、3月9日から2往復が客車列車に変更された。配管の掃除や厳重な検査で故障は解消に向かい、4月15日から電車に戻された。

また、営業運転開始直前の2月8日には、検査のため試運転の現場へ向かう途中の車両で、パンタグラフに異物が当たったことから接地事故が起こり、火災が発生してクハとモハの2両が焼失した。この事故はその後の安全対策に貴重な資料となった。原因追求と共に対策が施され、パンタグラフのスリ板を焼結銅合金に変更するきっかけともなった。また、1500Vの架線に放水して消火をすることの安全性も試験が行われ、筒口を接地すれば水質を問わず安全に消火できることも確認された。

さらにこの事故の翌年には桜木町事故が発生し、車体の不燃化も検討

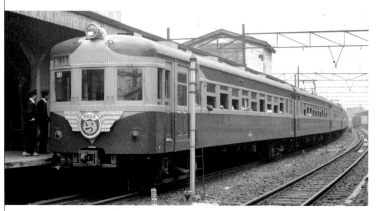

ヘッドマークには「湘南準急」と表示されているが、以前は「湘南特急」と書かれていた。東京〜熱海間を特急とほぼ同じ時間で結ぶ、特急並みの走りで人気を集めた。もちろん特別急行（特急）料金は不要で、「湘南特急」と呼称していた当時から準急行券で乗車できた。
クハ86008以下　東京　1956年6月24日　写真／大那庸之助

有名な前面2枚窓になった2次車の試作車で、1次車と2次車量産車の間に製造されたため、「1.5次車」とも呼ばれた。1次車の台枠を使用したため、2次車のように前面の「鼻すじ」が通っておらず、丸みを帯びた形状が特徴である。21・22の2両が製造された。クハ86021以下　伊東　1956年6月24日
写真／大那庸之助

された。この2つの事故は、全金属製電車の開発につながった。焼失した2両は1951（昭和26）年に大井工場で復旧された。クハは運転台を生かして1次車の特徴である前面3枚窓とし、屋根まわり以外は1950年度と同じ仕様とされた。

改良型は前面2枚窓「湘南形」が登場

1950年度の車両から細部が変更され、座席形状の変更や押込通風器の小型化のほか、特に前面形状の変更は80系のイメージを決定付けた。

前面の上半分に傾斜が付き、2枚窓となった。通称1.5次車の最初の2両は中央部分に鼻筋の通っていない丸みを帯びた形状だったが、2次車以降の車両は鼻筋の通った形状となった。下半分の塗り分けは逆三角形の頂点が連結器の上にある足掛け近くまで広がった。

上半分に傾斜が付いた独特の2枚窓の形状は「湘南形」や「湘南顔」と呼ばれ、後に多くの私鉄でも採用されることとなった。

両側に湘南形の顔郵便荷物合造車

1950年度は新形式の郵便荷物合造車のモユニ81形（後のクモユニ81形）が製作され、他の80系は製作両数が追加されて合計129両となった。モユニは沼津側の先頭で解結され、東京で開放後は単独で上野あたりまで行けるように両運転台車であった。

郵便や荷物の専用電車はこれまで改造車しかなく、電車では初の新造車であった。6両とも大井工場で製作されたが、大井工場での製造は1944（昭和19）年に戦時型63系のクハ79形を製造して以来であった。

車体は1950年度の80系と同じく前面は2枚窓の「湘南形」で、中梁を省略した台枠構造だが、工作を容易にするため側柱の先端は屋根の曲面まで伸ばされずに直柱となった。しかし外板の上部は他の80系と同様に屋根の一部まで張り上げられて外観は統一された。

更新工事後のクモユニ81002で、前面はHゴム化されている。写真では分かりにくいが、側面の郵便差入口も撤去されている。両運転台のため、前面上部と側面を結ぶ塗り分けが何度か変更され、最終的には写真の塗色に落ち着いた。湘南色のまま、晩年は岡山で過ごした。
東京　1961年7月27日　写真／沢柳健一

モユニは1950年度のみの製造で、以降はモハ、サロ、クハ、サハの4種類が改良を加えながら1958年度まで製作された。

電車による優等列車 14両編成で運転開始

1950年度製の2次車が揃った1950（昭和25）年10月にダイヤ改正が行われ、国鉄で初の準急電車が運転を開始した。土日に運転される準急「あまぎ」は10月7日から土曜に下り、日曜に上りが設定された、東京〜伊東・修善寺間で運転された。東京〜熱海間では特急並みの速度で走り、東京〜伊東間の客車準急より30分以上速いことから人気を集めた。

基本10両＋付属4両の14両編成で運転され、基本が伊東発着、付属が修善寺発着であった。当初は東京発の場合、修善寺行きが伊東行きの先頭側に連結され、東京行きの場合は修善寺発が伊東発の先頭側に連結された。つまり、上りと下りで編成順序が異なっていた。

準急「あまぎ」は人気を集め、1950年11月1日から土曜に「はつしま」が東京〜伊東間で下りのみ設定された。さらに翌51年3月31日から週末のみ運転されていた東京〜伊東・修善寺間の客車準急「いでゆ」が80系化されて毎日運転となった。この「いでゆ」には「湘南特急」の文字が入ったヘッドマークを掲示するときもあった。

この頃にモユニ81形が完成し、基本編成の沼津側の先頭に連結されることとなり、以降は付属編成が必ず東京側に連結され、上りと下りで編成順序が統一された。

また、1951年度の増備車と東京口のホーム延伸工事の完成で、16両編成の運転が可能となった。基本編成では3号車のサロを5号車に移し、新たに新製したサロを6号車に入れて、サロが2両続く編成となった。従来6号車だったサハは付属編成の増結用として中間に入れ、13号車となった。そして余ったサハは、関西急行電車の増結用として関西の3号車に組み入れられた。この結果、基本編成はサロが2両組み込まれた10両編成、付属編成は5両編成となり、モユニ81形と合わせて最大16両編成の80系が東海道本線で活躍を始めた。

1953（昭和28）年3月には「あまぎ」は「いづ」に改称されて毎日運転となり、1956（昭和31）年11月には土曜に下り、日曜に上り運転の「たちばな」が東京〜伊東・修善寺間で運転を開始した。さらに翌57年10月には土曜下りのみ運転の「十国」が東京〜熱海間で、1959（昭和34）年4月13日から東京〜伊東間で「おくいず」が週末運転で増発された。

一方、沼津以東の東海道本線は電化の進捗に合わせて80系などの電車運転の区間は静岡、島田、浜松と伸びた。そして1956年11月に米原〜京都間が電化され、東海道本線全線の電化が完成した。しかし、電車の運転区間は浜松までで、浜松〜豊橋間の電車の運転はなかった。

80系300番代の登場 田町区から早く転出

1957（昭和32）年10月のダイヤ改正で、東京〜名古屋間で長距離運転用に落成した80系300番代による準急の運転が始まり、田町電車区が1往復を担当した。

また将来、東京〜大阪間を特急電車で運転するには空調設備の完備が必要なため、準備として1957年8月にサロ85020に試験的に冷房装置が搭載された。大井工場で施工され、試験終了後は取り外されて冷房装置の一部はクロ157形に転用された。このように80系は電車全盛時代の基礎を築く役割を果たした。

1958（昭和33）年に新性能電車91系（のち153系）が登場し、田町電車区の80系は1958年11月から「東海」、翌59年6月から「伊豆」などの湘南準急から撤退し、153系に置き換えられた。その後、普通は111・113系、準急は153系、修学旅行の団体輸送は155系に役割を譲った。

80系は発祥の地である田町電車区から転出が始まり、大船電車区に1963（昭和38）年まで在籍したのを最後に、東京圏の配置はなくなった。しかし、静岡運転所の80系が東京〜静岡間で受け持つ普通の定期運用は残り、1往復が東京駅に顔を出していたが、1977（昭和52）年3月末をもって113系に置き換えられ、東京圏から完全にその姿を消した。

同時に静岡運転所から80系が撤退し、一部は広島地区に転用されたが多くは廃車となり、80系初の大量廃車となった。

旧型国電 路線別車両案内

旧型国電の集大成ともいうべき80系300番代。全金属製車体を持ち、居住性が改良され、長距離運転に対応できるように車販準備室が備えられた。優等列車として東海道本線で運行された期間は短いが、新性能電車153系への橋渡しとなった役割は大きい。クハ86311以下 田町電車区　1961年2月18日　写真／沢柳健一

横須賀線

軍都・横須賀を結ぶ路線として敷設された横須賀線には、古くから電車に二等車が連結され、独特な栄え方をした。戦後は連合軍専用車の連結を経て、スカ色の70系が投入された。

横須賀線専用に製造された32系は、当時の最新技術が盛り込まれた高速運転用の電車であった。登場直後は写真のように自動連結器を備えていたが、連結器の隙間があるため車両の前後動の原因となった。そのため、ほどなく密着連結器に交換された。写真／『日本国有鉄道百年写真史』より

軍需路線として開業
東海道本線と同時電化

　横須賀は、江戸時代から東京を守る拠点として軍事上重要な役割を担い、1884（明治17）年に横須賀鎮守府が置かれた。1886（明治19）年6月には陸海軍大臣の連名で、東海道本線と横須賀軍港などを結ぶ鉄道建設の要望が総理大臣宛に出された。翌87年、閣議決定を経て建設が決まり、1889（明治22）年6月に軍用路線として大船〜横須賀間が開通した。

　1925（大正14）年12月に東海道本線の東京〜小田原間が電化されたのに合わせて、大船〜横須賀間が電化され、東京〜横須賀間で電気機関車が牽引する客車列車の運転が開始された。

　その後、輸送量の増加により1930（昭和5）年3月に電車化された。この時に横須賀と東北・常磐線を直通す

る計画ができ、これは時を半世紀以上経た2001（平成13）年になって、新宿経由の湘南新宿ラインとして、東北本線との直通運転が実現した。

　さて、電車運転は京浜線や大阪地区などは新車で開始されたが、横須賀線は新製が間に合わず、東京圏の各電車庫から集めた車両で運転を開始した。用意された車両はいずれも17m車のモハ30形、モハ31形、サロ18形、クハ15形、サハ25形、サハ26形で、モハのみ鋼製車で、ほかの車両はダブルルーフの木製車であった。座席はサロが2扉セミクロスシートで、ほかは3扉ロングシートであった。

　また、モハ30形のうち横須賀側に運転台がある偶数車の5両はモハユニ30形に改造。前半部の座席を撤去して車内をカーテンで仕切り、前扉を郵便用、中扉を荷物用として使用された。

30系と31系で運転
基本編成にサロ連結

　鋼製車のうち30系モハ30形は、戦前製の旧型国電で初の鋼製車体で、屋根はダブルルーフ、魚腹台枠に車体の骨組みと外板は鋼製であった。鋼板はリベットで留められて重厚感があり、側窓は木製車の一段下降窓から二段上昇窓となり、日除けは鎧戸からカーテンに変更された。

　31系モハ31形は丸屋根（シングルルーフ）となった車両で、天井が高くなったため側窓は30系よりも大きくなった。

　編成は基本が横須賀側からモハ＋サハ＋サロ＋モハで、横須賀側のモハはモハユニとなる編成もあった。また、軍用路線のため基本となる編成には必ずサロが入った。

　付属はクハ＋モハで東京側に連結され、解結は品川で行われた。皇族が利用される時は一・二等ともロングシートの皇族用客車ナイロフ20550を借り入れて一等の白帯を青帯に塗り替え、モハ31形の間に連結してモハ＋ナイロフ＋モハの編成で使用された。

　これらの車両は電車化と同時に、札の辻橋下付近にあった東京機関庫田町分庫を継承した田町電車庫に配置された。当区は1936（昭和11）年に田町電車区に改称され、1940（昭和15）年11月に品川駅構内に移転した。

横須賀線用32系登場
付随車は20m級車体

　電車運転の開始にあたり、京浜線

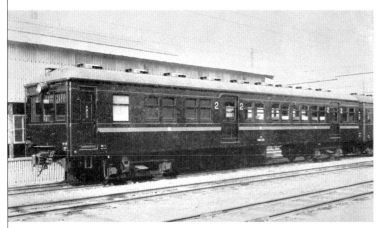

横須賀線用初の皇族用電車クロ49形で、2両が製造された。戦後はお召電車として関西に貸し出されたこともあったが、格下げ改造されて伊東線で使用された。さらに中央の扉は車端に移設されて全室三等車化され、晩年は岡山で過ごした。写真／『車両の80年』より

の電車を使用して試験運転が行われた。その結果、横須賀線は運転速度が速いことから振動や騒音が問題となり、これらを考慮して横須賀線用電車の32系が設計された。

横須賀線用に新たに製造された車両はモハ32形、サロ45形、サロハ46形、クハ47形、サハ48形、クロ49形の6形式で、1930（昭和5）年度と1931（昭和6）年度に製造された。少し遅れて1934（昭和9）年度にはモハユニ44形が登場した。

車体の特徴は31系と同様に、1930年度と1931年度で異なり、リベット溶接から電気溶接の過渡期の特徴が出ている。目立つのはリベットの数で、1931年度は電気溶接を多く採り入れ、リベットが減少している。

また、1931年度に製造されたクロ49形は、ナイロフの代わりに製造された初の皇族専用電車である。2扉の制御車だが先頭に出ることはなく、モハ32形と連結のうえ、常に中間に組み込まれていた。

32系は1930年10月末から運用を始め、1931年4月には統一された。基本は4〜5両、付属は2〜3両となり、最大7両編成での運転となった。

32系の特徴は運転台が非貫通となり、非運転台側は車両間が移動で

きるように引き戸式貫通路と幌が初めて設置された（それまでの旧型国電には車両間の貫通扉がなかった）。

京浜線より長距離運転のため、客用扉は片側2カ所とし、座席はクロスシートで混雑緩和のため客用扉周囲はロングシートとされた。車体長は1両あたりの輸送量を増やすため、電動車モハ32形以外の付随車はすべて、戦前製の旧型国電で初の20m車となった。

モハ32形だけは重量物の床下機器を吊り下げられる20m級電動車の台枠が開発されていなかったため、従来通りの17m車となった。後にこの台枠は完成し、大阪の片町線電化用に用意された1932（昭和7）年度の40系から使用された。また、1934年度に新たに横須賀線に加わったモハユニ44形は20m車となった。

1935（昭和10）年にモハユニ44形の配置でモハユニ30形は転属となり、電車運転開始当初の車両はすべて横須賀線から転属したが、検査の際は応援に戻ってくることもあった。

専用の機器を採用し 長距離電車の第一歩

モハ32形の台車は、振動を抑えるように改良された動力台車TR22

（→DT11）、他の付随車は軸バネ式のTR23が採用された。主電動機は回転数を上げるため弱め界磁を取り付け、歯車比を従来の電車より小さくして高速性能を確保した。さらに、動力台車の騒音を抑えるために歯車や歯車箱に防音装置も取り付けた。ブレーキは応答が早い電磁空気式（AE）ブレーキを採用し、高速運転の保安度が向上した。

32系の連結器は従来通りの自動連結器だったが、連結器間の23mmの隙間が欠点であった。この隙間から生じる前後動を抑えるため、鉄道省では1929（昭和4）年から連結器の試作が行われ、廻り子式密着連結器が開発された。1933（昭和8）年に連結器の試験が横須賀線の電車で行われ、自連と廻り子式密連などを比較し、廻り子式密連が採用された。1934（昭和9）年度から翌35年度にかけて、横須賀線用電車の連結器は廻り子式密着連結器に交換された。

また、営業開始当初、トイレは東京〜横須賀間の所要時間が電車化で短縮されたため設置されなかった。ところが横須賀線を利用する貴族院議員からクレームが出たため、基本編成用のサハ48形とサロハ46形にトイレが設置され、サハは形式名は変わらず、サロハのみサロハ66形に改称された。1937（昭和12）年から基本編成の中間車はすべてトイレ付きのサロハとなった。また、全室二等車のサロはトイレが設けられず、全車が基本編成から外れて付属編成に組み込まれた。そのためサロハが不足し、1936（昭和11）年度にサロ45形のうち2両が半室三等車化とトイレの設置改造をしたサロハ66形となった。

トイレ用の水槽は床下に設けられ、後に主流となる水を空気圧で押し出す給水方式は客車よりも早く、横須賀用の電車から採用された。

こうして32系は長距離電車の第一

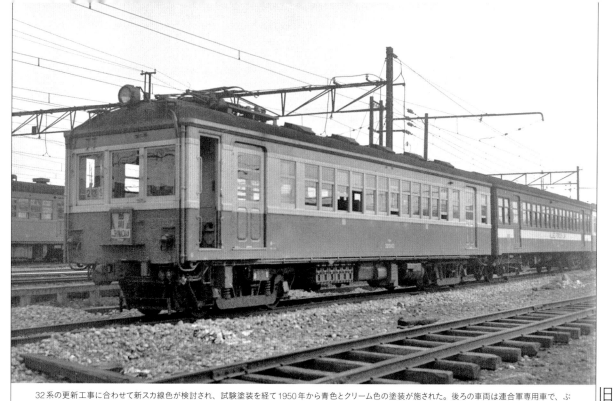

32系の更新工事に合わせて新スカ線色が検討され、試験塗装を経て1950年から青色とクリーム色の塗装が施された。後ろの車両は連合軍専用車で、ぶどう色に白帯が巻かれたことから「白帯車」と呼ばれた。1952年に日本が主権を回復し、ようやく全車が日本に返還された。
モハ32043以下　田町電車区　写真／沢柳健一

歩となったが、高速運転に伴う騒音やローリング振動、左右の復元バネがないため走行中自由に動く密着連結器など迫力ある走りは、横須賀線の名物となった。

戦時下も二等車連結電動車を疎開転出

1938（昭和13）年5月に国家総動員法が施行されて、日本は戦時体制に入った。同年11月に横須賀線と関西急電を除き通勤路線の二等車は廃止され、二等車は三等車へ格下げされたほか、一部が横須賀線に転入した。横須賀線は軍用路線のため、沿線住人以外にも利用する軍人が多いため二等車は残されたのである。

1940（昭和15）年3月には、サロハに改造されたサロ45形2両分の補充用として、中央線のサハ37形に格下げされていた京浜線の元サロ37形2両が復元改造されて転入した。

しかし、戦況の悪化と物資不足に伴い、1943（昭和18）年から電気部

品節約のため弱め界磁の使用を停止し、運転速度は低下した。1944（昭和19）年2月には輸送力増強のため座席半減化工事や2扉車の4扉化工事が始まった。

一方で御殿場線を単線化した資材を転用し、同44年4月に横須賀〜久里浜間が単線で延伸開業した。同月に二等車の連結が廃止され、サロハ全車とサロ45形6両は4扉化工事により三等車化された。しかし同年8月に海軍の要請で二等車が復活し、4扉化されなかった車両を二等車に復帰させた。サロ45形5両、クロハ69形2両、サロ37形2両などで対応したが、二等車を連結した車両の運転本数は1/3も戻らなかった。

1945（昭和20）年に入ると資材不足や空襲の影響で、主電動機などの補修がさらに困難となった。6月からは使用可能な電動車を常磐・横浜線などに疎開を兼ねて転属させ、主電動機を外したモハ30・32形、モハユニ44形などを客車扱いとして

EF53形電気機関車に牽引させる事態となった。

8月に終戦を迎えた後も補修が困難な状況は続き、地方に疎開していた国民が沿線に戻るなどして利用者が増えて、さらに混雑した。応援用として多くの車両が入線し、戦時型電車のモハ63形が先頭に立つこともあった。

多種多様な車両が出入りした戦中戦後

1938（昭和13）年以降、1950（昭和25）年頃までの横須賀線は、軍用路線と輸送力不足のためさまざまな車両が出入りし、32系とモハユニ44形の2扉クロスシートで統一された姿から大きく変わった。

1942（昭和17）年に京阪神緩行線からクロハ69形が転入し、1943（昭和18）年に戦前最後の横須賀線用車両としてモハユニ61形が入線したが、以降は17m車、20m車、2扉、3扉、4扉など多種多様な車両が転入

17

横須賀線復興の象徴「スカ色」が登場

横須賀線を印象付ける車体色を決めるため、1949（昭和24）年12月から翌50年5月までモハ32028を使い試験塗装が施された。向かって左側の側板と前面は窓まわりがクリーム色、上下が濃青色。右側は窓まわりがオレンジ色、上下が淡緑色であった。さらに連結面側は窓まわりの半分が明灰色、半分が黄色、上下は茶色であった。

試験後、窓まわりがクリーム色、上下が濃青色と決まったが、当初のクリーム色はやや黄色味を帯びていた。この塗装は横須賀線電車に順次施され、1951（昭和26）年3月に登場した中距離用電車70系もこの塗装となった。この色は、色調は若干変更されたものの、現在も横須賀線のカラーとなっている。

湘南顔の70系が登場輸送需要増加に対応

70系は1950（昭和25）年度に登場した湘南電車80系2次車の3扉化版で、前面は同じ2枚窓の湘南顔である。クハ76形、モハ70形、モハ71形、サロ46形（→サロ75形）があり、クハ・モハは3扉セミクロスシートである。

70系は80系と同じ両先頭車が制御車、電動車は中間車となったため、横須賀線が電車化されて以来伝統となっていた先頭車が電動制御車となる原則は変更されることとなった。両先頭車が制御車の原則は、現在のE235系1000番代にも引き継がれている。

70系は51系と同様の座席配置で、クハにトイレがあり、サロは2扉クロスシートで、トイレと洗面所がある。80系用のサロと異なり、客用扉と客室の間に仕切り扉はないが、トイレ・洗面所は客用扉から車端側に設置さ

写真のクハ76016は70系の1次車で、1950年度製である。前面窓は木枠で、トイレが広いのが特徴。当時の日本は占領下にあり、乗務員扉に英文で関係者以外立ち入り禁止の表記がされていた。後に乗務員室と客用扉の間に小窓が設けられ、戸袋窓がHゴム化されて新潟で活躍した。
田町電車区　1951年3月頃　写真／沢柳健一

1960年3月から1962年4月にかけて、横須賀線の応援用に大阪の70系が34両転入した。写真左のクハ76089はこのうちの1両で、1960年7月に転入。ぶどう色のまま使用され、後にスカ色に塗り替えられた。5両は大阪に戻ったがこの車両は戻らず、最後は中央西線で使用された。
東京　1960年10月　写真／沢柳健一

旧型国電　路線別車両案内

出し、1945（昭和20）年には42系が転入。70系が新製される前年の1949（昭和24）年までの間に、横須賀線用の32系とモハユニ44形を除き、延べ16形式が在籍した。

編成は1945（昭和20）年11月から基本7両となり、1947（昭和22）年6月から付属2両の増結が復活し、ラッシュ時は最大9両編成となった。1949（昭和24）年1月には全編成が基本7両、付属3両となり、10両編

成に統一された。

なお、戦後は横須賀に米軍基地が設けられ、横須賀線用の車両はのべ26両が連合軍専用車の白帯車として接収された。従来の二等車では不足するため、格上げ改造された三等車もあった。1949（昭和24）年7月に二等車が復活すると一部の白帯車が返還され、残りは1952（昭和27）年3月のサンフランシスコ平和条約発効前に返還された。

れて仕切り扉が設けられている。

側窓は二段上昇式で、通風器はクハ・モハがグローブ型、サロが押込型である。走行装置は80系と同じ性能を持ち、歯車比も同じである。

70系は横須賀線専用ではなく中距離運転用の汎用車で、同時期に京都～西明石間でも使用を開始した。

横須賀線用の70系は1957（昭和32）年まで田町電車区に155両が配置され、この間にモハ32系や戦中からの混乱期に転入した車両などは姿を消した。また、当初は基本編成を組んでいた42系も、70系の増備に合わせて付属編成に移り、後に転属した。

70系は改良を加えながら増備されたがサロは1955（昭和30）年度で増備が終了し、以降は80系のサロ85形を転用した。

横須賀線では70系の増備に合わせてホームの延長工事が行われ、1951（昭和26）年10月から付属の一部が5両編成化されはじめ、最大で12両編成となった。

70系以外のうごきと新性能電車化

70系以外の車両のうごきでは、1950（昭和25）年に輸送力を補うために中央線用の3扉車などを関西に送る代わりに、関西から20m車体の2扉車42系などが横須賀線に転入した。関西で2扉車のまま残っていたモハ42形、モハ43形、クハ58形、流電用のサハ48形が中心で、多くは短期間で他線に転属した。

モハ43形だけはその後も横須賀線に残り、70系と連結して運用するため128kWの主電動機に換装される車両もあり、一部はモハ43形800番代を経て、最終的に出力増強車は全車モハ53形に改称された。さらに1963年度から混雑対策として3扉化され、クモハ43形はクモハ51形200番代、クモハ53形はクモハ50形に

改称され、1965（昭和40）年まで横須賀線で使用された（1959〈昭和34〉年6月1日の車両称号規程改正で、制御車のモハはクモハと改称）。

なお、1955（昭和30）年6月頃に、モハ43形の更新修繕の代車としてモハ40形から両運転台を撤去した中間電動車モハ30形が入線した。車体色はスカ色に塗り替えられ、車内はロングシートのまま70系などと編成を組み、更新工事が終わるまで数カ月ほど横須賀線に在籍した。

その後、1959（昭和34）年2月に編成や運用が大きく変更された。基本・付属とも6両編成となり、ラッシュ時は12両編成、昼間時は横須賀止まりとなり、横須賀～久里浜間は6両編成から分割されたクハ76形＋クモハ53形で運用されるようになった。

1962（昭和37）年5月から新性能電車111系、翌63年12月から113系が横須賀線に投入されて置き換えられ、70系は1968（昭和43）年6月に運用を終了した。

関西のみに配置されていたモハ43形は、戦時中に4扉化される予定だったが、多くは2扉のまま残った。これらは戦後横須賀線用に、関東からのモハ51形改造のモハ41形と引き換えに上京した。モハ53形はモハ43形の出力強化車で、写真の車両は後に飯田線に移った。
モハ53000以下　田町電車区　1957年3月3日　写真／大那庸之助

写真のサハ48029は、元は52系1次流電の中間車である。スカートは撤去されていたが、屋根の肩Rにある通風口は残されて原形の面影を残していた。上のモハ53形と同様に2扉のまま戦後まで残ったことから上京し、後に通風口は塞がれてラッシュ対策のために3扉化された。
田町電車区　1957年4月27日　写真／大那庸之助

横浜線

横浜線は電気機関車の試運転を行うため1925年に電化され、その設備を使用して1932年から電車運転が始まった。初期は2両編成だったが、後年は73系となり、103系に交代した。

旧型国電　路線別車両案内

電気機関車・電車の試験線としても使用

　横浜線は八王子と東神奈川を結ぶ路線で、根岸線にも乗り入れる。1988（昭和63）年3月から快速運転を実施。新横浜では東海道新幹線のほか、横浜市営地下鉄・相鉄・東急と、菊名で東急、中山で横浜市営地下鉄、長津田で東急、町田で小田急、橋本で京王に接続するなど利便性が高い。

　もともと横浜線は、横浜鉄道によって1908（明治41）年9月に東神奈川～八王子が全線単線で開通した路線で、当時の外貨の稼ぎ頭だった生糸や絹製品を八王子から輸出港のある横浜まで輸送するために敷設された。1910（明治43）年4月に鉄道院が借り入れて八浜線となり、1917（大正6）年10月に国化されて横浜線となった。

　運転本数が少なかったことから線路を使った試験が多く行われた路線

電化当初に使用された郵便荷物合造車、クハユニ17069と撮影メモにあるが懐疑点が残る。クハ17形を仮改造した車両とされているが、実見した方によると車内は本格的な木製の仕切りが設置され、荷物室にはスノコが張られていた。また、車体には郵便と荷物の標記が残り、形式もクハユニと書かれていた。東神奈川駅　1940年9月25日　写真／沢柳健一

で、国有化前の1917（大正6）年5月に原町田～橋本間で線路を1本または2本増設して広軌線路の試験が行われた。ほかにも1930（昭和5）年3月に菊名～小机間で国営鉄道初の自動列車停止装置（ATS）の試験を行っている。

　1925（大正14）年12月からの東京～国府津・横須賀間の電化にあたり、試運転用に同年4月に東神奈川～原町田（現・町田）間が電化された。客車列車を牽引する電気機関車の試運転が目的だが、これは1923（大正12）年から山手・中央線で実施していたものの、故障時は他の営業列車に影響が及ぶため、運転本数が少ない横浜線に移されたのである。

　電化完成後は電車運転講習線となり、1926（大正15）年5月に原町田電車運転手講習所が開設された。ここでは鋳鉄制輪子時代のブレーキ操作の基本となる一段制動階段緩めの運転方法が確立されたほか、信号の電球色の試験も行われた。

原町田で電車とガソリンカーが接続

　講習所が三鷹に移されたの1932（昭和7）年10月から、電化された設備を生かして東神奈川～原町田間で電車運転が始まった。運転開始当初から全列車が東神奈川から当時終点だった京浜線の桜木町まで乗り入れた。このほか京浜線の東神奈川折り返し分を補うため、東神奈川～桜木町間の区間運転も行われた。なお、非電化の原町田～八王子間は蒸気機関車が牽引する客車列車であったが、1933（昭和8）年8月からガソリ

ンカーキハ42000形の運転となった（10月の説もある）。

　電化開業の当初は約1時間に1本程度の運転で、横須賀線の予備車モハ32形とダブルルーフの木製車クハ17形を使用したM＋Tの2両編成×3本体制で、ラッシュ時の増結もないまま終日運用された。このうち1本にはクハを改造した郵便荷物合造車クハユニ17形を連結していた。

　横浜線の荷物輸送は合造車で行われ、先述のクハユニ17形のほか、木製の仮クハニ17形、鋼体化改造のクハニ28形、仮クハニ65形、鋼製車の仮クハニ16形、20m級鋼製車のモハユニ61形、クハニ67形が入線した。「仮」とは客室との区切りがカーテンなどで行われた簡易なもので、本格的な改造車と区別するために付けられた名称である。

　横浜線の荷物車は1963（昭和38）年まで使用されて自動車輸送に変更されたが、1970（昭和45）年10月に復活し、クモニ13形が使用された。

　なお、連結器は電車運転開始当初、自動連結器だったが、横須賀線に続いて1935（昭和10）年度に密着連結器に交換された。

　電車運転開始当初は旅客の輸送需要が少なく、単線ということもありこの両数で対応できたが、1936（昭和11）年から陸軍関連の施設が相模原を中心とした沿線に進出したため、通勤輸送が増加した。そのため1940（昭和15）年5月から桜木町乗り入れを中止し、線内のみの運転となった。

　一方、気動車運転の原町田～八王子間は、戦時下に入り燃料の入手が困難になったことと、1940年に発生

した西成線のガソリンカー転覆事故の影響で、1941（昭和16）年4月に電化され、全線が単線電化された。これにより所要時間が約10分短縮された。

東神奈川車庫が被災
進駐軍専用車も運転

1941（昭和16）年12月当時は日中2両編成×5本で運用され、ラッシュ時は2両増結し、夕方ラッシュ時のみ京浜線用の4両編成1本を入れて2両編成1本と運用を交代し、輸送力を増強した。

電化以降は木製車やモハ32形、モハ30形、モハ31形、モハ34形、鋼体化改造車50系クハ65形などの17m車のみであったが、戦時中に京浜線用の40系サロハ56形（三等代用）が入線し、戦後にかけて数種類の20m車が横浜線に転入した。

戦況はさらに悪化し、1945（昭和20）年5月の戦災では、車両のほか東神奈川の駅構内、車庫、事務所が全焼する被害が出た。応援車両を集めて復旧に努め、6月15日からラッシュ時に行った分割併合作業を中止し、終日4両編成とした。

戦後は4両または3両編成で運転され、1946（昭和21）年10月には1運用のみ6両編成となった。1947（昭和22）年4月から進駐軍専用車が東神奈川〜淵野辺間で運転されること

となり、横浜側に1両連結して5両編成で運転された。運転は翌48年7月に終了し、専用車は常磐線に転用された。

また、1947（昭和22）年6月に分割併合が復活し、翌48年4月からラッシュ時に6両編成となった。1948（昭和23）年11月からラッシュ時に臨時だが7両編成が現れ、翌49年7月にはすべて7両編成化された。

需要が増えた60年代
71年には73系に統一

1960（昭和35）年4月から桜木町への乗り入れが復活し、基本編成の2両が東神奈川〜桜木町間に乗り入れた。翌61年から基本が4両編成、付属が3両編成となり、ラッシュ時は7両編成での運転となった。1964（昭和39）年5月の根岸線磯子電化に合わせて、横浜線の車両も磯子まで乗り入れた。その後、1973（昭和48）年4月に根岸線は大船まで全通するが、横浜線からの車両は磯子以西に乗り入れなかった。

横浜線に入線した20m車は3扉車や4扉車があり、主電動機も100kW、128kWなどとさまざまな車両があった。20m車の入線で17m車はクモニ13形を除いてすべて転出し、3扉車はクモハ60形、クハ55形を最後に、1971（昭和46）年に4扉ロングシート車の73系に統一された。

珍しい例では1961（昭和36）年10月に関西からクモハ31形が4両転入したことがある。2扉クロスシートの片運車クモハ43形を4扉ロングシートに改造した車両で、翌62年3月で再び関西に戻った。

横浜線の旧型国電は1972（昭和47）年10月から103系への交代が始まり、1979（昭和54）年9月30日に73系の運行が終了した。合わせて、73系に連結して運用されていたクモニ13形も引退し、横浜線から旧型国電は姿を消した。

初の丸屋根車31系の制御車クハ38形を改番したクハ16形0番代である。客用扉間の窓は、ダブルルーフの30系と同じく2連が2組並ぶ配置だが、窓が下方に70mm広くなった。写真のクハ16009は1964年に事業用車クル29021に改造され、首都圏で活躍した。菊名　1962年1月27日　写真／沢柳健一

101系が関西に配置された見返りに、関西にのみ配置されていたクモハ43形の4扉改造車・クモハ31形が、1961年10月から11月にかけて5両上京した。このうち4両が横浜線に入線したが、わずか5カ月ほどの在籍で、1962年3月に5両とも関西に戻った。クモハ31013　菊名　1962年1月27日　写真／沢柳健一

根岸線

横浜と大船とを結ぶ根岸線は京浜東北線、横浜線と直通運転を行っているが、これは部分開業時から始まっていた。部分開業から撤退まで、旧型国電が走ったのはわずか15年ほどであった。

旧型国電 路線別車両案内

計画から実現に50年を費やす

京浜線の終点である桜木町から路線を延長し、三浦半島南側とを結ぶ計画は1920年代にもあったが、1923（大正12）年の関東大震災により無期延期となった。その後、1937（昭和12）年に鉄道敷設法別表の予定線に桜大線が計画され、一部は着工されたが戦争により中止となった。

現在の路線は1957（昭和32）年4月の建設審議会で建議され、1959（昭和34）年4月に着工されたもので、途中で根岸線に名称が変更された。桜木町から横浜市の官庁街や商業の中心地を通る路線で、住宅地や臨海工業地帯を通り、港南区の住宅地を通り大船とを結んでいる。

1964（昭和39）年5月に磯子まで開業し、併せて横浜〜桜木町間が東海道本線の一部から根岸線となった。1970（昭和45）年3月に洋光台、1973（昭和48）年4月に大船まで開業して全通を果たした。

京浜東北線・横浜線との直通運転

部分開業の頃から根岸線は京浜東北線や横浜線と直通運転を行い、横浜線からは磯子まで直通運転を行っていた。大船まで乗り入れるのは新性能化後の1985（昭和60）年3月からである。

ここでは桜木町〜大船間を走行した旧型国電を紹介する。磯子までの開業時、根岸線には京浜東北線と昼間時のみ横浜線が乗り入れた。京浜東北線は5M3Tの8両編成、横浜線は2M2Tの4両編成で、すべて旧型国電であった。両線の車両とも4扉車の73系や3扉車のクモハ60形などが混在した編成で、磯子まで開業した時の祝賀列車はこれらの旧型国電が担当した。

1965（昭和40）年10月から新性能車103系が入り、洋光台・大船への延長開業時の祝賀列車はいずれも103系が担当した。

京浜東北線の旧型国電は1971（昭和46）年4月に運転を終了したが、横浜線から乗り入れる73系の運転は続き、根岸線から旧型国電の姿が消えたのは、横浜線の73系が運転を終了する前日の1979（昭和54）年9月であった。

根岸線が磯子まで開業した当日の様子。写真は4両編成と短いことから、横浜線から乗り入れてきたことが分かる。先頭のクハ79116はモハ63110を改造した車両で、1974年7月に久里浜で留置中に台風による冠水の被害を受けて廃車となった。山手　1964年5月19日　写真／沢柳健一

伊東線

国鉄線では珍しく、伊豆急行と定期で相互直通運転を行った伊東線は、所属した旧型国電もユニークであった。観光路線でもあり、元貴賓車も格下げされて充当された時期がある。

伊東にある電車区は田町電車区の支区に

1938（昭和13）年12月に熱海～伊東間が電化で開通し、東海道本線と同様に電気機関車が牽引する客車列車が運転を開始した。あわせて伊東には国府津機関区伊東支区が開設された。

戦後の1950（昭和25）年5月に東海道本線は浜松までの電化が決まり、不足する電気機関車を伊東線から捻出するため、1949（昭和24）年5月に改組された沼津機関区伊東支区が電車を担当することとなり、新たに電車用の洗浄台が、機関区支区当時のものを転用して2両分が設けられた。そして50年5月に沼津機関区が静岡鉄道管理局に移管されたため、担当が再度変更されて田町電車区伊東支区となった。

経歴も形態も個性の塊の電車が集結

当区に旧型国電が在籍したのは15年ほどであったが、伊東支区には個性的な車両たちが多く在籍した。クロハ49形やサロ15形はここでしか見ることのできない珍しい形式であった。

支区発足と同時に田町電車区から転入したのは、横須賀線用のモハ32形、クハ47形0番代、モハユニ44形などで、平日は4両編成、土日は7両編成で運転された。

1950（昭和25）年9月に関西から田町電車区に両運転台車モハ42形が転属し、車体色を横須賀線と同じ青色とクリーム色に塗り分け、1951

元クロ49形を、クロハとして使用中の姿。二等車を示す等級帯は前面の妻面まで回っていることが分かる。等級帯の色と横須賀線の青色は色調が近いため、境目にクリーム色の細線を入れて明示している。この直後の更新修繕で付随車化と改番が行われ、サロハ49001となった。1956年6月24日　伊東　写真／大那庸之助

（昭和26）年3月に伊東区に転入した。これによりモハ32形、クハ47形0番代、モハユニ44形は富士や北松本などに転出した。

また、モハユニの代替として、クハ55形の022（平妻）と032（半流線形）の2両が半室荷物車に仮改造された。032は1955（昭和30）年に本改造されてクハニ67900となったが、022は転出し、代わりに津田沼から半流線形のクハ55088がクハニ67902に改造されて入線した。

1953（昭和28）年5月から二等車が組み込まれて5両編成2本体制に増強された。この二等車は2両とも、皇族用貴賓車クロ49形を1953年に格下げ改造したクロハ49形であった。本形式はここで初めて先頭で使用されたが、1956（昭和31）年に運転台とトイレが撤去改造されて、中間車のサロハ49形となった。

1954（昭和29）年には、当区から一旦転出していたクハ47形2両が新たに転入した。いずれも0番代のオリジナル車ではなく20番代で、半流線形43系のサロハ66形の先頭車化改造車である。もともと飯田線にいた車両で、1952（昭和27）年に先頭車化改造され、1954（昭和29）年に更新修繕を受けた。この時にロングシート化とトイレ・車内仕切の撤去が行われて転入したが、伊東線での使用期間は短く、1958（昭和33）年に富士へ転出し、最後は元の飯田線に戻った。

70系初期車が転属17m一等車も活躍

1957（昭和32）年からモハ42形も転出し、一方で1957年から1959（昭和34）年にかけて、田町電車区から70系300番代の増備で押し出されたクハ76形、モハ70形、クモハ43形、クモハ53形が転入した。

1961（昭和36）年12月に伊豆急行

線が開業し、当時は熱海の温泉ブームのため観光客が増加した。この影響で伊東線も輸送力が増強された。

翌62年10月に4扉ロングシート車のモハ72形が2両加わり、ほかの車両に合わせて横須賀線色となった。一方、サロハ49形が格下げされてサハ48形となり、二等車用にサロ15形が2両転入した。

サロ15形は元31系のサロ37形で、2扉クロスシート車である。戦時下で3扉ロングシート化されずに残った幸運な車両で、17m車の一等車で最後まで残った2両であった。1953（昭和28）年にサロ15形に改称され、横須賀線の一等車[※]として使用されたのち、伊東線に転属した。新性能化後は2両ともサハ15形に格下げされて、日光線に転属した。

最晩年は7両編成でクハニ67形＋モハ72形＋サハ48形＋モハ43形＋サロ15形＋モハ70形＋クハ76形という戦前・戦後型、2・3・4扉車、17m・20m車、ロングシート・セミクロスシートという旧型国電のバリエーションを凝縮したような編成が登場した。このうちモハ72形のみは転出先の下十条区向けに一足早くぶどう色に塗装が変更された。

1964（昭和39）年2月に新性能車113系7両編成と交代し、旧型国電は伊東線から撤退した。

※1960（昭和35）年7月1日から二等級制となり、旧二等車は一等車、旧三等車は二等車と改められた。

伊東線などで手小荷物車が不足したため、1955年度にクハ55形の改造が行われた。客室のうち、運転台側の1/3が手小荷物室とされた。当線では2両が使用され、1964年に新性能化されると2両とも高崎へ転属し、高崎〜横川間などで使用された。クハニ67900　熱海　1961年12月9日　写真／沢柳健一

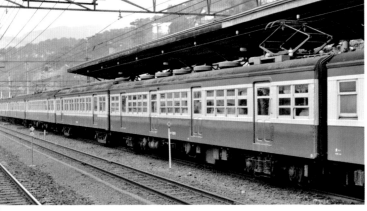

写真のモハ72511は、73系として新造された500番代車で、後年、台枠を使い103系と同形の車体となった。仙石線に転属後、103系3000番代として新性能化されて21世紀まで生き延びた。4扉車、3扉車、2扉車、サロとさまざまな車両が連なる。熱海　1962年12月1日　写真／沢柳健一

鶴見線

鶴見線は私鉄の鶴見臨海鉄道を買収した路線で、さまざまな旧型国電が活躍した。本線の新性能化後も通称・大川支線ではクモハ12形が使用され、首都圏最後の旧国路線となった。

京浜工業地帯の通勤輸送路線

鶴見線は、太平洋戦争中の1943（昭和18）年7月1日に鶴見臨港鉄道株式会社から買収した路線である。旅客営業を行う路線は本線のほか、

芝浦支線と大川支線（ともに通称）がある。京浜工業地帯の中心地を走る路線で、貨物輸送と通勤者の輸送用に建設された。近年、貨物輸送は減少したが、旅客輸送は開業当初からラッシュ時と昼間時の繁閑差が大きいという特徴が現在も残っている。

鶴見駅の京浜東北線ホームから2階に上がると、鶴見線用の2面2線の頭端式高架ホームに出る。このホームを含め、鶴見小野の手前まで続く高架線は、鶴見臨海鉄道時代の名残がよく残っている区間である。

買収当時の架線電圧は直流600V

クモハ11形400番代は、17m級木製車を鋼体化した50系モハ50形を改番したものである。写真のクモハ11430は1960年に廃車となった後、西武鉄道に払い下げられた。前面の行先表示板のデザインは下の写真とは異なる。国道駅の雰囲気は現在もあまり変わっていない。
国道　1958年3月3日　写真／大那庸之助

クモハ11100は、元ダブルルーフの30系モハ30080で、モハ30形時代に丸屋根改造が行われ、1952年1月にモハ30300と改番された。グローブ型ベンチレータを5個搭載し、1953年6月にモハ11100と改番。同年9月の更新修繕でベンチレータが6個に変更された。
新芝浦～海芝浦間　1968年7月28日　写真／大那庸之助

で、買収と同時にダブルルーフの木製の旧型国電モハ10形、サハ19形が8両転入した。Mc＋T＋Mcの編成を組み、不足するTは買収した社形（私鉄時代の車両）で運転設備のないサモハ210形が使用された。社形と連結するモハ10形の連結器は、社形に合わせて自連に交換された。また、座席は戦時下の通勤輸送用にサハ19形を除いて半減化されていた。

17m・4扉の買収車や再買収された車両も

　買収車には17m車で日本初の4扉車となったサモハ220形、サクハ260形（サハ代用）があった。また、モハ140形やモハ310形、サハ360形は鉄道省から払い下げられた木製車両で、買収で再び国有化された。

　再買収された車両のうち、現在、鉄道博物館で保存されているナデ6141は鶴見臨海鉄道に在籍したことのある車両である。私鉄時代はモハ200形202、買収後はモハ140形142と改番され、1948（昭和23）年10月27日付で日立電鉄に譲渡された。1972（昭和47）年3月に日立電鉄から当時の国鉄に返還され、JR化後に動態保存されるまで復元された。鶴見臨海鉄道オリジナルの車両は現存しないため、ナデ6141は鶴見臨海鉄道ゆかりの唯一の車両である。

　なお、これらの社形車両は1949（昭和24）年7月9日のサモハ211を最後にすべて転出や廃車となった。

3扉ロングシートの17m車が集結

　鶴見線は1948（昭和23）年5月1日に1500V化され、昇圧に合わせて鋼製車のモハ30形（→クモハ11形100番代、クハ16形200番代・250番代など）、モハ31形（→クモハ11形200番代、クモハ12形10番代・50番代、クハ16形300番代など）、モハ50形（→クモハ11形400番代、クハ16形600番代など）と木製車のサハ19形やサハ25形の5形式計28両が転入した。

　1950（昭和25）年から翌51年にかけて、大川支線およびラッシュ時の増結用に、両運転台車のモハ34形0番代（→クモハ12形0番代）やモハ34形30番代（→クモハ12形10番代）が7両転入した。日中はMc＋T＋Mcで、朝はMc（クモハ12）＋Tc＋T＋Mc、夕方はTc＋T＋Mcが応援に入り、運行されていた。

　1953（昭和28）年に朝の増結運用がなくなり、クモハ12形は大川支線用を除き、多くが転属した。木製車のサハが姿を消したのは1950年代半ばで、以降は全車が17m車の鋼製車となった。

1996年まで残ったクモハ12形

　1959（昭和34）年に運用合理化のため、昼間時は全線で単行運転を行うこととなり、再び両運転台車が集められた。不足する車両はクモハ11形200番代（←モハ31形）を改造し、クモハ12形50番代050～055となった。従来のクモハ12形10番代とあわせて9両で運行を担当した。

　現在も残るクモハ12052（←クモハ11210←モハ31018。1929〈昭和4〉年川崎製）はこの頃に改造された

クハ16形500番代は、元連合軍専用車クロハ16形800番代の格下げ車である。クロハ時代は京浜東北線の南側先頭車に使用され、格下げ後は撤去された仕切り部分にグローブ型ベンチレータを1個増設する車両もあったが、写真の車両は6個のままである。
クハ16542＋モハ11307　鶴見小野　1969年7月28日　写真／大那庸之助

元モハ63551の改造車で1948年製と車歴は古いが、1965年度の近代化改造で車体の改良や方向幕の設置などが行われた。終の住処となった鶴見線では方向幕は使用せず、行先表示板が使用された。1980年に鶴見線の20m車が新性能化され、これに合わせて引退した。
クモハ73029以下　鶴見小野　1978年9月22日　写真／大那庸之助

た。大井工場による1955（昭和30）年度の更新修繕電車で、準近代化改造が行われた。この改造は、老朽化したモハ11305・307、クハ16559と、踏切事故に遭ったモハ73174（20m車）の4両に行われた。17m車は全室運転台となり、4両とも車内は明るい化粧版が貼られ、床はリノリューム張りとなった。つかみ棒は座席の袖部分から延長したタイプで、このつかみ棒の設置方法は後の101系以降に採用された。

室内灯は、前年に行われた第2次全金属製試作電車（ジュラ電の全金属化改造）で試験的に数種類の方式で蛍光灯が設置されたが、決定しなかったためにこれら17m車はすべて白熱灯となった。モハ11307は3両の17m車の中で最後まで活躍した。

2　鶴見線の17m車 50系編

鋼体化改造車50系のクハ65形のうち、半室二等車であるクロハ65形800番代が格下げ改造されたクハ16形500番代偶数車が7両も在籍していたことは特筆される。旧二・三等を区切る車内の仕切りはないが天井部分の櫛板が残り、旧二等車側の座席は奥行きが三等車より広く、肘掛も残っていた。外観上は仕切り板部分のベンチレータがなく、通常7個のところが2個＋4個と並んでおり、外観に特徴があった。

ユニークなところでは、無人踏切事故を防ぐため、モハ11509（←モハ50127）の前面窓下にオレンジ色の警戒塗装が1959（昭和34）年に施された。さらに電気照明が左右の前面窓下に装備され、警戒色部分を照らして試験も行われたが半年で終了し、撤去された。

73系置き換え後も クモハ12形は残る

1972（昭和47）年3月に中原区か

車両で、1959年11月8日の配置後、40年近く鶴見線を走り続けた。1961（昭和36）年11月20日から、朝夕のラッシュ時以外の南武線浜川崎支線も単行運転となり、これらの車両が使用された。

1962（昭和37）年4月に浜川崎支線の運用は中原区に戻り、昼間は2～4両編成となり、再び単行運転は大川支線のみとなった。1969（昭和44）年頃からは昼間は2両、ラッシュ時は4両編成のみとなり、1969年度を最後にサハ17形が引退した。クモハ12形、クモハ11形、クハ16形の3形式のみとなり、1972（昭和47）年から20m車の73系に置き換えられた。なお、昼間の利用者の少なさから、1971（昭和46）年3月1日には鶴見駅を除き、全駅無人化された。

1　鶴見線の17m車 30系編

17m車時代の鶴見線は車両の種類が豊富で、旧30系、31系、50系、モハ33形、モハ34形のすべての形式が在籍した。

30系ではモハ30形のうち、オリジナルのダブルルーフ車から丸屋根に改造されたトップナンバー、クモハ11000が在籍した。丸屋根の高さは建築限界の小さい地方でも使用できるように湘南電車並みに低くなり、妻面は73系同様に切妻となった。

珍しい車両では40系列の17m車である両運転台車モハ34形を、片運転台化改造したクモハ11307があっ

ら73系が転入。1974（昭和49）年度中に3両編成が12本揃い、車種はクモハ73形、モハ72形、クハ79形に統一された。終日増結はなく、朝夕のラッシュ時は運行本数を増やすことで輸送力を確保した。

ただし、武蔵白石駅構内の大川方面とを結ぶ4番ホームは急曲線のため20m車が入線できず、17m車の両運転台車クモハ12形は大川支線用に引き続き使用された。73系への置き換えにより、これまでの17m車47両から17m車2両と20m車36両の配置となった。

しかし、73系も1979（昭和54）年度から新性能車101系3両編成に置き換えが始まり、1980（昭和55）年1月20日にクモハ73029＋モハ72057＋クハ79392を使用したさよなら運転が行われた。73系は8年ほどの在籍であった。なお、73系投入当初に転入した初期車は、短期間で後期車に置き換えられている。

73系も種類が豊富
オレンジ色の珍車も

鶴見線では73系も、17m車同様にさまざまな種類の車両が在籍し、まさに動態保存の博物館であった。三段窓や二枚窓、アコモ改造車、全金属試作車や量産車まで在籍し、行先方向幕の装備車もあったが、鶴見線では使用せずに方向板を使用した。

最も目立つ珍車は、1972（昭和47）年5月にアコモデーション改善の第1号車としてモハ72587を改造したモハ72970である。郡山工場製で、103系と同じ構造の両開き扉を持つ車体であった。車体色はオレンジ色で12月から鶴見線で運行を始めた。編成はクハ79190＋モハ72970＋クモハ73255で、ぶどう色の中で唯一のオレンジ色の車体は目立っていた。

1974（昭和49）年9月にぶどう色に変更されたが、1979（昭和54）年12月から休車となり、翌80年8月に廃車された。仙石線で使用されていた同じ車体のモハ72971以降の車両は103系3000番代に改造されたが、モハ72970は構造が異なっていたため、103系化は見送られてわずか8年で廃車となった。

首都圏最後の旧国が
大川支線から引退

1962（昭和37）年4月以降、大川支線は17m車クモハ12形の独壇場であった。1968（昭和43）年4月には鶴見線のクモハ12形は051、052の2両となり、運用が終了するまで変わらなかった。鶴見線の車両が73系から101系、さらに103系に交代した後も、クモハ12形は大川支線内だけでなく、一時は鶴見や海芝浦まで運用された。

その後、1996（平成8）年に武蔵白石駅3・4番ホーム（大川方面発着用）が通過扱いとして解体され、20m車が通過できるようになった。これにより同96年3月15日、大川支線におけるクモハ12形の通常営業運転が終了し、103系に交代した。

クモハ12形の引退により、JR東日本は首都圏の冷房化率100%を達成した。2023（令和5）年9月現在、クモハ12052はJR東日本で保管されている。

入念に復元されたクモハ12052。現役末期に付けられた保護棒も外され、全盛期の姿の戻った。
2023年7月2日　写真／PIXTA

南武線

私鉄の南武鉄道が端緒の南武線は、国有化後も社形が走っていた。戦後、旅客輸送の需要が急増し、建築限界を拡大して省形の車両を導入。晩年は73系6両編成が使用された。

青梅と京浜工業地帯を
直結する貨物路線

中央線の立川と東海道本線の川崎・浜川崎を短絡する目的で建設された私鉄が南武鉄道である。川崎河岸から搬出される川砂利の輸送も行い、貨物輸送が主であった。1927（昭和2）年3月に川崎〜登戸間が開業したのをきっかけに、1930（昭和5）年3月に尻手（しって）〜浜川崎間が開通し全通した。

全通当時、浅野セメントが南武鉄道の株主であり、同じく浅野セメントが株を保有していた青梅・五日市鉄道（現・青梅・五日市線）の沿線で採掘された石灰石を鶴見臨海鉄道（現・鶴見線）沿線の浅野セメント川崎工場へ最短距離で輸送するには、南武鉄道は最適な鉄道であった。

南武鉄道全通以前は、立川から中央線、山手線、東海道本線を経由して川崎から浜川崎、浅野セメント川崎工場を結んでいたが、全通により採掘場から工場まで、浅野セメントが関係する会社間のみで輸送できるようになった。

27

南武鉄道は1940（昭和15）年10月に五日市鉄道を買収したが、当時の両社は立川で線路がつながっていた。1944（昭和19）年4月に国有化され、南武線と五日市線に分離されると、旧・五日市鉄道の立川〜拝島間はほとんどが廃止され、青梅線との連絡線として使用されていた立川〜西立川間のみが残された。この区間は現在、中央本線から青梅線に直通する下り線などに使用されている。

南武線は国有化時点で川崎〜武蔵溝ノ口間、宿河原〜登戸間、西国立〜立川間が複線化されていた。戦後は沿線の利用者が急増したことから1960（昭和35）年3月から複線化工事が始まり、1966（昭和41）年9月に複線化が完成した。電車区は開業時から矢向にあったが、1960年4月に中原電車区が設置され、矢向電車区は留置線となった。

国有化後に建築限界を拡大する工事を実施

南武線は国有化当時、2両編成で運転されたが、戦時末期には3両編成で運転されたこともあった。組み込まれたT車は元・青梅電気鉄道のサハ10形で、鉄道省サハ19013の払い下げ車両であった。1945（昭和20）年2月に南武線に転入したが、約3カ月後の5月に空襲で焼失した。これにより再び2両編成のみの運転となった。

南武線の建築限界は小さく、省形の車両が入線できないため輸送力が乏しかった。引き継がれた車両は小型で、戦後は旧・青梅電気鉄道の車両が南武線の応援に入ったが、輸送力不足の解消はできず、省形の車両を導入するには施設の改良が必要だった。

特に川崎〜尻手間の曲線区間と尻手〜武蔵中原間の特別高圧送電鉄塔が設置された区間の軌道中心間隔が狭いのが原因で、広げるには架線柱の鉄柱を移動しなければならなかった。終戦直後から利用者が増えたため車両が不足し、ついに建築限界を拡大する工事が行われた。

1947（昭和22）年5月から工事の終わる10月まで、登戸にあった小田急との連絡線を通じて小田急のデハ1600形などと国鉄のモハ50形＋クハ65形などを交換して改良工事が行われた。限界拡大工事の終了後、小田急の車両は返還され、1947年10月以降は17m車のモハ30形（→クモハ11100番代）、モハ50形（→クモハ11400番代）、クハ65形（→クハ11400、500番代）が転入した。

ちなみに、このとき使用された登戸連絡線は南武鉄道時代の1936（昭和11）年9月に設置され、砂利輸送のために小田急所属貨車を乗り入れる連携運輸や、南武鉄道所属車両の小田急乗り入れ用に使用された。南武鉄道沿線には府中競馬場や花見、花火などの名所があり、車両が不足するときは連絡線を通じて小田急から車両を借り入れて競馬輸送などに充当していた。しかし、拡幅工事完了後はあまり使用されず、1967年3月に廃止された。

乗車率は360％！ホームを延長し3両化

1950（昭和25）年5月時点で南武線の乗車率が360％となったことから、ホームの延長工事が行われてMc＋Tc＋Mcの3両編成化された。それでも1952（昭和27）年の旅客数は1941（昭和16）年に比べて1.5倍となり、輸送力の不足は否めなかった。1952年8月から、南武支線の担当は矢向電車区から弁天橋電車区に移された。

なお、小型で輸送力の乏しい南武鉄道の社形は1951（昭和26）年5月までに全車が宇部線へ転出した。

1953（昭和28）年7月に本線はモハ11形とクハ16形に統一され、翌54年10月までに中間電動車モハ10形0番代が転入した。これは1951（昭和26）年4月に発生した桜木町事故をきっかけに生まれた形式で、中間に連結される車両に貫通扉が設けられ、運転台が撤去された電動車モハ30形はモハ10形0番代となった。80系、70系に次ぐ中間電動車である。

モハ10形が入ったことで下記の3両編成も登場し、以降は複雑な車両の転入・転出が続いた。

←川崎
Tc＋M＋Mc

クモハ11形400番代は鋼製改造車のため、30・31系に比べて車体長が200mm 短いのが特徴である。先頭のクモハ11455は前年の更新修繕でグローブ型ベンチレータに交換されたが、張り上げ屋根の雨樋は残っていた。最後は1964年1月に立川で貨車に追突されて炎上し、廃車となった。
武蔵溝ノ口付近　1954年11月7日　写真／大那庸之助

急激な需要増加で
多様な車両が転入

　1960年代は南武線が急成長した時代であった。1961（昭和36）年に101系が山手線に登場したことで、池袋区から中間車モハ10形、サハ17形が中原区に転入し、少しでも輸送力を増やすために編成中間の車両を運転台のある車両と交換した。

　1962（昭和37）年4月には4両編成化され、同年11月からは川崎～登戸間でラッシュ時に一部の編成が6両編成化された。4両編成にクモハ11形＋クハ16形の付属編成を立川側に

連結し、解結作業は武蔵中原で行われた。この間もホームの延長工事が行われ、1963（昭和38）年10月から川崎～稲城長沼間で6両編成の運転が始まった。

　南武線の17m車のうち、最も珍しい車両は1959（昭和34）年から1963（昭和38）年まで在籍したクモハ11468である。1953（昭和28）年3月に豊川分工場で車内天井の耐火試験のため、屋根の中央と外側にガーランド型ベンチレータを2個ずつ並べる改造が行われた。同じ改造はクモハ11430・435・465にも行われたが、3両とも1960・61（昭和35・36）

年に廃車されて西武鉄道に移った。

　残ったクモハ11468は1962（昭和37）年6月に大井工場へ入場した時に、運行表示窓がHゴム化され、中央のガーランド型ベンチレータがグローブ型に交換された。屋根の外側にあるガーランド型ベンチレータは残されたので、出場後は2種類のベンチレータが搭載された特異な形状となった。後に大阪へ移り、1963年3月にクモヤ22152に改造され、グローブ型2個以外のベンチレータは撤去された。

　クモハ11456は1957（昭和32）年から1967（昭和42）年まで在籍した。

前面の一直線の雨樋がモハ31形の特徴である。そのため屋根が厚く見え、重厚感を出している。写真のモハ11201は元モハ31001で、モハ31形のトップナンバーである。1959年10月に両運転台化されてモハ12051となった。国鉄末期まで鶴見線で残ったが、1986年2月に姿を消した。武蔵溝ノ口　1954年11月7日　写真／大那庸之助

クモハ41023は常磐線の電化開業用に用意された1936年度製の車両である。このグループから全室運転台となり、半流線形となった。総武線などを経由して南武線で活躍した。73系の転入が始まると、輸送力の大きい4扉車の増備が進み、3扉車は高崎に移った。クモハ41023以下　武蔵小杉　1964年4月25日　写真／大那庸之助

先頭のクハ16457は元クハ65077で、1939年度製である。溶接となり、車体からリベットが消えた。張り上げ屋根に伴い雨樋が移り、前照灯は埋込式となった。この後1957年中に矢向電車区から飯田線、さらに同年中に身延線に移り1959年9月に廃車となった。鹿島田　1957年1月27日　写真／大那庸之助

1967年度にモハ72形500番代に運転台を取り付ける改造が行われ、クモハ73形600番代が誕生した。写真のクモハ73622は偶数車で、パンタグラフが後部寄りにあるのが特徴である。改造当初、側窓は三段窓のままであったが、後にアコモ改造で多くが二段窓化された。稲城長沼　1976年1月22日　写真／大那庸之助

1960（昭和35）年8月に武蔵溝ノ口構内で入換機関車と衝突して大破したが、同60年8月に大井工場で復旧工事を受けた際に戸袋窓がHゴム化された。また、乗務員扉が左右で異なるのも特徴であった。

17m車から20m車へ置き換えが始まる

山手線に続いて1963（昭和38）年10月から総武線で101系が運転を開始し、同63年11月にクモハ41026が津田沼区から中原区に転属した。これをきっかけに津田沼から20m車が本格的に転属し、クモハ40形から両運転台とも撤去したモハ30形やクモハ60形、モハ72形などが転入。これにより4両編成の2M2Tのうち、Mの1両は20m車に置き換えられた。

1964（昭和39）年11月にはクモハ73形、モハ72形、クハ79形が大量に入線し、クモヤ22形を含めると旧型車両で最も多い13形式となった。1967（昭和42）年頃には4扉車の73系が中心となり、1969（昭和44）年4月から3扉車のクモハ41形、クハ55形の転出が始まった。この頃は基本編成のうち、川崎側のクハはクハ16形となることもあった。1970（昭和45）年4月に3扉車の転出が完了し、基本は73系に統一された。

南武線の73系はいくつかの種類があり、元ジュラ電のクモハ73901やサハ78900、モハ72形500番代の改造車クモハ73形600番代の偶数車が多く在籍した。これらは当初、京浜東北線で運用されたが、1960年代後半以降は南武線に移り、旧型国電が引退するまで活躍した。

クモハ73形600番代は1952（昭和27）年から製造されたモハ72形500番代の先頭車化改造車である。クモハ73形は運転台付き電動車で、通常は改造車を含めてパンタグラフを運転台側に搭載しているが、クモハ73形600番代の偶数車のみは、パンタグラフを貫通路側に搭載しているのが特徴である。15両製造されたうち11両が集中配置されていたことがあり、南武線の名物であった。

晩年の運用では、付属編成はクモハ73形＋クハ79形が基本的に使用されたが、検査の都合などで南武支線用の17m車クモハ11形＋クハ16形が使用されることもあった。武蔵中原と稲城長沼で分割併合が行われ、クモハ11形が6両編成の先頭に立つこともあった。また、行先表示板は前面の箱に差し込んで使用していたが、73系のうち600番代など方向幕を装備している車両は方向幕を使用した。

新性能化は1969（昭和44）年12月15日から、武蔵小金井区の101系が川崎～登戸間の快速用に入線し、普通用には1972（昭和47）年10月から入線した。1978（昭和53）年7月に南武支線を除いて置き換えが完了し、旧型国電は引退した。

なお、引退する年の1978年1月15日から18日までの4日間、故障した101系の代わりに17m車の付属を2本組み合わせた下記の4両編成で南武線を走行した。

←川崎
クハ16211＋クモハ11248＋クハ16007＋クモハ11244

南武支線

南武線の尻手～浜川崎間は南武鉄道が最後に開業した区間で、南武支線と通称されている。鶴見線大川支線と異なり、1980（昭和55）年には101系に交代した。

2両編成と単行で異なる受け持ち

南武支線尻手～浜川崎間は、1930（昭和5）年3月に南武鉄道が最後に開業した路線で、京浜工業地帯と青梅付近で産出される石灰石を最短距離で結ぶために敷設された。運用は矢向電車区が担当し、後に中原電車区に移ったが、1949（昭和24）年頃から1965（昭和40）年10月の間は運用により鶴見線の弁天橋電車区が担当した。

クモハ12016は、モハ31059を山手線の増結用として1950年11月に両運転台化し、モハ34形30番代に編入してモハ34037とした。1953年6月の改番でモハ12形10番代とされてモハ12016となった。当初、非パンタ側前面は原則通り貫通型だったが、1966年の事故後は非貫通化されて中央の窓はHゴム化された。尻手　1966年11月19日　写真／戸柳健一

この区間は貨物輸送が中心で、京浜工業地帯への通勤客は多いが、昼間の利用客は少ない。運転区間は尻手～浜川崎間で、かつては中原電車区から南武支線に向けて回送を兼ねて武蔵中原発浜川崎行きが早朝に1本運転されたことがあった。これ以外の中原電車区に戻る運用や留置場所である矢向～尻手間の往復は回送のみで、営業運転は行われなかった。

1944（昭和19）年の国有化後も南武支線は2両編成で運行されていたが、1961（昭和36）年11月から運用の合理化で、ラッシュ時以外はクモハ12形の単行運転を開始した。単行は弁天橋区が担当し、ラッシュ時に運転される2両編成は中原区が担当した。

この頃はラッシュ時に特殊な運行が行われ、朝の尻手行き、夕方の浜川崎行きは2両編成を2本連結して4両編成で運転された。ただし増結される2両編成は弁天橋区の車両で、浜川崎側から入線して解結が行われた。1965（昭和40）年10月から単行運用は再び中原区持ちに変更された。

片運の17m車が走った首都圏最後の路線

南武線にはクモハ11形もクハ16形も奇数・偶数車の両方が在籍していたが、1971（昭和46）年に73系に統一された頃にはクモハ11形は奇数車、クハ16形は偶数車に統一された。

1972（昭和47）年3月から20m車の73系が鶴見線に入り、不要となった17m車は廃車や転出することとなった。翌73年11月に弁天橋区から中原区に状態の良いクモハ11形とクハ16形が転入し、南武線のクモハ11形とクハ16形を置き換えた。鶴見線の17m車は蛍光灯装備車よりも白熱灯装備車の方が多かったが、転入してきた車両はすべて蛍光灯装備車であった。

これにより、クモハ11形は奇数車から偶数車、クハ16形は偶数車から奇数車に代わり、連結位置がこれまでと逆になった。クモハ11形は旧31系モハ31形222、244、248、270で、このうちクモハ11222はリベットが少ない試作車であった。一方、クハ16形は2種類が転入した。旧30系モハ30形の電装解除車クハ38形を丸屋根化した211、215と旧31系クハ38形の003、007である。

南武支線は首都圏で17mの片運転台車が運転される最後の路線だったが、1980（昭和55）年11月に101系の2両編成に交代した。

31系の制御車クハ38015で、当初運行灯はなく、前面の雨樋は一直線だった。その後、更新修繕で運行灯が設けられ、雨樋が曲線化された。後年はクハ16011となり、飯田線に転属してトイレが設置され、クハ47011と自車のTR23台車を交換してTR11を履いた。
下総中山　1960年12月3日　写真／沢柳健一

総武本線

私鉄の総武鉄道が開設した総武本線は、国有化後に両国～御茶ノ水間、錦糸町～東京間が建設され、現在の区間となった。旧型国電は総武快速線にあたる錦糸町～東京間を除いて運転された。

両国～御茶ノ水間開通千葉と都心が直結

総武本線は総武鉄道が開業した路線で、両国（1931〈昭和6〉年10月1日までは両国橋）と銚子とを結んでいた。私鉄時代に両国から隅田川を渡り秋葉原まで延長する計画があり、1900（明治33）年6月に免許を取得したが、秋葉原で交差する日本鉄道の高架線工事の都合で着手できないまま、1907（明治40）年9月に国有化された。

延長計画は1923（大正12）年9月に発生した関東大震災の復興に合わせて、両国～千葉間の電化とともに立てられた。最初に両国から秋葉原を越えて中央線の御茶ノ水に接続し、中央線に乗り入れる計画のもとに工事が行われた。電化も同時に行われ、両国～御茶ノ水間は電車専用の高架複線区間となった。秋葉原は3階に総武線、2階に山手・京浜東北線の立体交差となり、当時は「二重高架線」とも表現された。

この路線は両国で滞留した乗客を

都心部へ円滑に輸送する目的をもって建設され、開通後は総武線の利用者は常磐線と同様に大幅に増加。千葉までの電化開業後は駅も多く設置され、現在までに新小岩、本八幡、西船橋、東船橋、幕張本郷、新検見川、西千葉の各駅が設置された。

中央線の急行運転で各駅停車として延長

総武線の電車は1932（昭和7）年7月に2両編成で運転を開始し、中野電車庫（1936〈昭和11〉年9月から中野電車区と改称）の所属であった。車両は木製車が主流で、鋼製車は増備の途中であった。

両国以東の電化は1933（昭和8）年3月に市川まで延び、一般車以外に合造車として仮改造されていた木製車クハ17形を本改造した荷物合造車クハニ28形2両が新たに加わった。

同年9月に船橋まで延び、中央線御茶ノ水〜中野間の複々線化完成に

合わせて朝夕の混雑時に急行（現・快速）運転が始まった。同時に通過駅となった駅用に、総武線の電車が御茶ノ水〜中野間で延長運転を開始した。

1935（昭和10）年7月に千葉まで電化が完成し、津田沼電車庫（1936年9月から津田沼電車区）が開設された。中野電車庫から総武線用の電車の一部が転入し、さらにモハ40形とクハ55形が新造車として配置された。

開設時の津田沼電車庫には鋼製のモハ40形、クハ55形、モハ31形、モハ30形、モハユニ30形、木製のモハ10形、クハ17形、サハ25形、サハ19形が在籍した。このうち、モハ40134はクモハ40054としてJR化後も職員輸送用として残り、現在は青梅鉄道公園で保存されている（休館中）。

また、横須賀線からモハユニ44形の登場で転属となった鋼製のダブルルーフ車モハユニ30形3両が中野庫経由で津田沼庫に入り、クハニ28形

2両は赤羽線（現・埼京線の池袋〜赤羽間）用として池袋庫に転属した。

モハユニ30形は1940（昭和15）年にクハニ67形4両と置き換えられ、モハ30形に復元されたが、モハユニ30200のみ1945（昭和20）年まで使用された。

中央線に乗り入れ開始当初は、基本が2両または合造車を連結した3両編成で、朝夕のラッシュ時用に1〜2両が増結された。また、増発用の4両編成もあり、利用者の増加に伴い基本は3両編成に増強されて戦後を迎えた。

戦時中は津田沼に陸軍関係の施設が集中していたことから、軍人や皇族の乗用として1942（昭和17）年にクロハ69形2両が関西から横須賀線、さらに総武線に転入したのが珍しい例であった。2両とも戦後は連合軍用の全室専用車として接収され、解除後は1953（昭和28）年に二等車の復活に合わせて関西に戻った。

また、1945（昭和20）年には3月と5月に大空襲があり、駅施設や貨車など沿線の被害は大きかったが、電車は幸い被害がなかった。

17・20m車、3・4扉あらゆる電車で輸送

戦後、1946（昭和21）年3月から連合軍専用車として半室専用車が運行を開始した。クハ65形3両が半室専用車として指定され、さらに翌47年2月にクハ55形1両も指定された。1951（昭和26）年10月までに全車が指定を解除されたが、二等車として使用されることはなかった。

合造車は運用が分離されて、モニ13形を使用した単独運転となり、クハニ67形などは転出した。しかしモニ13形を使用した時期は短く、自動車輸送に切り替えられた。

総武線は利用者が急増し、1948（昭和23）年3月から基本は5両編成となり、同年11月からは6両編成が

飯田橋行きのサボを入れた増結用の2両編成。クハ55072は1939年度製の張り上げ屋根でノーシルノーヘッダ車である。新製配置は大阪だったが、1952年に東神奈川区に転入し、撮影時は津田沼区に在籍していた。1966年8月に大阪に戻り、最後は阪和線で使用された。
津田沼電車区　1956年9月16日　写真／大那庸之助

クハ79350を先頭にした御茶ノ水行き7両編成。350は同年9月に落成し、写真は3カ月後の姿である。前面窓や運行灯、戸袋窓にHゴムが採用され、350と352は前面窓に初めて5度の傾斜が付けられた。傾斜5度はこの2両のみで1954年度以降、窓の傾斜は10度に変更された。津田沼　1953年12月13日　写真／大那庸之助

基本となった。1950（昭和25）年4月ダイヤ改正から基本4〜5両、増結2〜3両を組み合わせて市川で解結を行う運用が復活し、最大7両編成となった。その後、再び基本が6両編成、増結が2両編成となった。

1953（昭和28）年9月には72系モハ72形、クハ79形が新造車として配置され、初の4扉車が登場した。これにより、総武線は20m車の3扉、4扉、17m車の3扉車が混在するようになった。1959（昭和34）年11月からは中央線の急行（現・快速）運転時間が早朝深夜を除くすべての時間帯に拡大され、総武線から中央緩行線への乗り入れは昼間も行われるようになった。

1960（昭和35）年4月に基本6両＋増結2両の8両編成化され、1963（昭和38）年から津田沼、中野両電車区に101系8両編成が配置されて新性能化が始まった。

1964（昭和39）年2月頃の中野電車区にはクモハ73形、クモハ40形、モハ72形、サハ78形、クハ79形が在籍し、20m車体の4扉車、戦後製の73系でほぼ統一されていた。一方、津田沼電車区にはクモハ73形、クモハ60形、クモハ41形、クモハ40形、クハ79形、クハ55形、クハ16形、サハ78形、サハ57形、サハ17形が在籍し、20m車の3・4扉車、17m車の3扉車とさまざまな種類の車両が存在した。新性能車101系の登場で戦前の車両は津田沼区から撤退し、旧型国電は73系に統一された。

新性能化後も一部に旧型国電が残る

中野区は1965（昭和40）年、津田沼区は1969（昭和44）年4月の改正で101系による新性能化が完了し、総武緩行線の千葉までの運転は終了した。しかし、1968（昭和43）年に千葉以東が電化され、津田沼区の73系は一部がこの区間に転用された。

千葉以東の電化は1965年11月に決定し、1968年3月28日に千葉〜佐倉間が電化された。また、都賀周辺の宅地化が急速に進んでいたことから、佐倉までの複線化も同時に行われた。車両は73系が使用され、朝夕の都心直通用には101系10両編成が使用された。

なお、1969年4月の新性能化で千葉以西の総武線から73系は撤退したが、実際は津田沼区から千葉以東の運用のため、回送を兼ねた73系の営業運転が津田沼〜千葉間で行われていた。

千葉〜成田間は房総・北総地区で最初に電化されたが、他の区間は成田線の残存区間や鹿島線とともに電化が進められ、1974（昭和49）年10月に佐倉〜銚子間の電化が完成。総武本線全線が電化された。この時は73系6両編成のみが使用された。

総武本線の73系は、1977（昭和52）年9月に113系に置き換えられて千葉〜銚子間の運転が終了した。これにより千葉鉄道管理局管内の旧型国電は運転を終了した。

成田線・鹿島線

成田山の参詣輸送で一足早く電化

成田線は佐倉から成田経由で銚子の一駅手前の松岸まで結ぶ通称・佐松線と、成田から常磐線我孫子を結ぶ通称・我孫子線があり、3度に分けて電化された。なお、1991（平成3）年に開業した成田〜成田空港間は国鉄分割民営化後のため、ここでは扱わない。

北総地区の成田線と鹿島線でも、旧型国電は足跡を残している。3区間に分けて電化された成田線では、成田〜我孫子間のうち上野に直通しないローカル運用で73系が使用された。

1968年3月の成田山御開帳に合わせて、千葉から成田まで電化された。新宿〜成田間を直通する臨時快速電車「快速成田号」が運転され、休日6往復、平日2.5往復が設定された。なお、70系は両毛線に転属予定の横須賀線の車両（成田← 76091-70302-70300-76020＋76083-70063-70057-76066 →新宿）が使用された。酒々井 1968年4月6日 写真／大那庸之助

最初は成田線佐倉〜成田間が、総武本線千葉〜佐倉間と合わせて1968（昭和43）年3月28日に電化された。車両は津田沼区の73系でクモハ73形、モハ72形、クハ79形の3形式を使用した。Tc＋M＋M＋Tcの基本4両編成、Mc＋Tcの付属2両編成が使用され、付属は成田側に連結された。

千葉〜木更津間よりも早く電化されたのは、成田山御開帳1030年記念に合わせるためであった。3月28日から5月28日に成田山御開帳が開催され、成田に向けて727本の臨時列車が運転された。特に横須賀線から両毛線に転出する予定の70系を使い、6〜8両編成で運転された新宿〜成田間の「快速成田号」は、沿線の人々に成田線の電化を印象付けた。

成田線全区間が電化 津田沼以西の運用復活

続いて成田〜我孫子間が1969（昭和44）年9月に電化され、成田〜我孫子間のローカル運用に73系の6両編成が使用された。ほかに成田から我孫子を経由して常磐線に入り、上野へ直通する快速電車が運転され、こちらは103系が使用された。

最後は成田〜松岸間が1974（昭和49）年10月に電化され、こちらも6両編成の73系が運転された。これにより総武本線・成田線・鹿島線の北総三線の電化が完成し、久留里線、木原線（現・いすみ鉄道）を除く千葉県内の国鉄全線が電化された。

しかしダイヤ改正は行われず、一部の普通列車が電車に置き換えられただけで、急行は電車化されなかった。急行の電車化と普通の全列車電車化は、新幹線博多開業に合わせた1975（昭和50）年3月ダイヤ改正で行われた。

1974（昭和49）年10月の電化では、1969年4月以来途絶えていた津田沼以西の旧型国電の運用が復活した。73系の6両編成で、営業用車両であるが客扱いは行わなかった。これは両国側の先頭車両1両のみを荷物室として使用する荷物電車の運用であった。

1日1往復の運転で、朝は銚子発千葉行き（総武線経由）普通で客扱いを行い、千葉に到着後は回送となり、津田沼までは総武線（千葉〜津田沼間の総武快速線は1981〈昭和56〉年に開業）、津田沼から総武快速線を通り、11時29分に両国に到着する。

ここで荷物を積載し、12時50分に両国を出発して千葉に向かう。千葉から再び客扱いを行い、成田線経由で銚子行きとなる運用であった。5カ月間ほどの運用であったが、総武快速線を73系が走り、時には阪和線から転属したオレンジ色の73系車両がぶどう色に交じって運用されるなど、珍しい光景が展開された。

一度減少した73系が 電化拡大で再増加

千葉を中心とした房総・北総地区の電化区間の拡大に合わせて、津田沼区の73系の配置数が急増した。津田沼区から一度転出した73系や首都圏、京阪神緩行線、阪和線などから新性能化で不要となった73系が短期間

先頭のクモハ73289は、1948年製の元モハ63694を改造・整備した車両である。前面妻板の通風口は塞がれたものの前面に木枠が残っていた。側面は三段窓が残り、戸袋窓もHゴム化されず比較的原型を保っていた。後に鶴見線に移り、1979年12月まで使用された。
成田　1968年3月28日　写真／大那庸之助

写真のクハ79388は1954年度製で、前面窓に10度の傾斜が付いた。窓の傾斜は1953年度製のクハ79350、352に5度の傾斜が設けられたのが最初で、窓の上から外気を取り込むことを目的に試作された。1954年度製は通風効果を高めるため、さらに傾斜が付けられて10度となり、以降の基準となった。千葉　1968年7月13日　写真／大那庸之助

で津田沼区に転入した。津田沼区の73系は1969（昭和44）年4月は92両だったが、総武緩行線の新性能化により1971（昭和46）年には50両まで減少した。しかしここから増加に転じ、1975（昭和50）年4月には176両となり、最盛期を迎えた。

しかしその期間は短く、同75年8月末から113系6両編成10本が津田沼区に転入したのをきっかけに、73系の置き換えが開始された。これにより73系の整理も始まり、まずサハ78形が全廃された。形式は成田電化当初の3形式（クモハ73形、モハ72形、クハ79形）となり、113系に置き換えられて73系は数を減らしていった。

1977（昭和52）年9月に成田〜我孫子間の運転が終了し、翌日に銚子発成田線経由千葉行きの運転をもって千葉局管内の旧性能電車の運転は終了した。これにより最盛期からわずか3年で営業用の73系はすべて姿を消した。

鹿島線は電化から3年間は73系が活躍

鹿島線は、鹿島臨海工業地帯の開発を目的に、1970（昭和45）年8月に香取〜鹿島神宮間が開通した。旅客営業は佐原〜鹿島神宮間で行われた。1974（昭和49）年10月26日に香取〜北鹿島間が電化され、73系3両編成が全運用を担当したが、こちらは成田線より早く、1977（昭和52）年6月に113系と置き換えられた。

外房線・内房線

外房線・内房線の両線とも電化に合わせて73系の旧型国電が入線した。輸送力の増強や首都圏の連絡を改善するため、複線化やスイッチバックの解消などの工事も同時に行われた。

夏の風物詩だった房総の夏ダイヤ

外房線・内房線の電化は1968（昭和43）年7月、当時の房総西線千葉〜木更津間から始まった。木更津電化で普通は73系6両編成となり、新たに都心への通勤客用に荻窪〜木更津間で101系10両編成の普通が1往復設定された。

電化完成と同時に千葉鉄道管理局の夏ダイヤが実施された。夏ダイヤとは房総半島に向かう海水浴客用に運転された多数の臨時列車で、戦前は1929（昭和4）年から1940（昭和15）年頃まで、戦後は1950（昭和25）年から運転が開始された。7月中旬から8月下旬にかけて40日ほど実施され、輸送用に早期に落成した気動車や予備車の客車などが全国から集められた。1998（平成10）年を最後にな

1964年夏に運転された準急「白浜」は、新宿→館山→中野で運転された。前年は153系で運転されたが、この年は80系に変更された。DD13形の重連と電源車代用のクハ16形は同じで、新前橋区の80系クハ86110以下6両編成が使用され、スノーブロウを装備したまま運転された。DD13 189＋DD13 165＋クハ16484「電源車」＋80系準急「白浜」。千葉　1964年8月14日　写真／沢柳健一

くなり、現在も数本の臨時列車の設定はあるが、夏ダイヤとされる設定はない。

この夏ダイヤでは、非電化時代の房総東線に旧型国電が走ったことがある。1964（昭和39）年に運転された中野発館山行き「白浜2号」と館山発中野行き「白浜1号」である。前年は153系を使用して「汐風1・2号」の愛称で運転されたが、この年は旧型国電の80系で運転された。中野〜稲毛間は自走し、稲毛〜館山間はDD13形の重連が80系と電源車代用のクハ16484を牽引した。翌65年の

千葉地区では、電化当初は前面に大型の行先表示板を掲げ、遠くからでも行き先の視認が容易であった。ところが1975年3月から車掌側の窓の内側に小型の表示板を掲示する方法に変更された。この措置は1977年9月に千葉局管内から旧型国電が撤退するまで続けられた。
クハ79381以下　蘇我　1968年7月13日　写真／大那庸之助

運転では、1965（昭和40）年10月ダイヤ改正用に早期落成した気動車と交代し、電車を使用した運転は2年で終了した。その後、電化が進み再び気動車が不足すると、ディーゼル機関車が牽引する客車急行が運転された。

4扉電車の投入で通勤客の利便を向上

1968（昭和43）年の木更津電化に合わせて始まった夏ダイヤでは、毎週日曜日に限り、三鷹区の70系8両編成を使用して新宿〜木更津間で「快速富津岬」が1往復運転された。木更津でバスに接続する列車だったが、この年のみの運転となった。

木更津あたりまでは京葉工業地域を走るため通勤利用者が多く、2・3扉車の気動車では乗降に時間を要していた。電化により4扉ロングシート車となり、乗降時間は短縮され、輸送力は格段に増強された。

1968年10月ダイヤ改正では、千葉〜木更津間の普通の増発に加えて、中野〜木更津間に101系10両編成による快速が新たに設定された。電化の延長は夏ダイヤ実施直前に行われ、房総西線の木更津〜千倉間の電化も1969（昭和44）年7月に実施された。当初は館山まで電化の予定であったが、地元の要望で2駅先の千倉まで行われた。普通には73系が使用され、新たに東京地下駅乗り入れを前提に不燃化構造となった113系1000番代も加わった。

気動車王国から電化路線へ

千倉〜安房鴨川間は1971（昭和46）年7月に電化され、房総西線の電化は完成した。普通用には73系と113系1000番代が使用されたが、千葉〜安房鴨川間は123kmもあることからトイレのない73系は不評で、老朽化もあって次第に113系に役目を譲った。

房総東線蘇我〜安房鴨川間は、1972（昭和47）年7月に東京〜津田沼間の複々線化と同時に電化開業した。電化完成と併せて房総西線は内房線、房総東線は外房線と改称された。外房線も普通用には73系と113系1000番代が使用されたが、73系は次第に運用を減らし、1976（昭和51）年10月に内房線・外房線はすべて113系に置き換えられた。

千葉〜木更津間の電化開業当日の様子。木更津駅のホームには電化を祝う飾り付けがされ、駅前にはアドバルーンが上がっていた。木更津まで電化されたが急行は電車化されず、引き続き気動車が使用された。
クハ79381　木更津　1968年7月13日　写真／大那庸之助

右は1955年度製のクハ79381、左は1956年度製のクハ79413。1年の製造年度の違いで前照灯が妻面に埋め込まれ、前面の印象は大きく変わった。1954年度製から前面窓に傾斜が付けられるなど、製造年度ごとに改良が加えられ、徐々に101系の前面デザインに近づいていった。巌根　1968年7月13日　写真／大那庸之助

東金線

大網と成東とを結ぶ東金線でも、電化後の短期間だが旧型国電が足跡を残している。車両は房総地区の統一車種ともいえる73系である。

電化に伴い路線変更 外房線直通が便利に

東金線は外房線大網と房総本線成東とを結ぶ路線で、1973（昭和48）年10月に電化された。運用はすべて73系6両編成が担当し、線内運転か外房線経由で千葉まで乗り入れていた。1976（昭和51）年10月から113系に置き換えられたため、旧型国電の使用期間は短い。

なお、房総東線（外房線）が電化される直前の1972（昭和47）年5月に大網駅が移転・高架化され、線路配置が変更された。これにより蘇我方面から大網でスイッチバックして安房鴨川方面に向かう運行が改められ、スイッチバックをせずに安房鴨川方面へ直接入線できるようになった。

旧型国電 路線別車両案内

COLUMN

総武・房総地区の行先表示板

総武・房総半島地区の旧型国電の行先表示板は、電化以来、前面の箱に入れて表示する方法であった。

しかし、総武・成田・鹿島線の北総三線の全線電化の翌年となる1975（昭和50）年3月ダイヤ改正を機に、表示方法が改められた。新たに横長の表示板が製作され、車掌側の前面窓内側から掲示する方法となった。横長の表示板の上には、紺地に白文字で書かれた編成番号札が付けられた。

これは表示幕や前面の箱の有無に関係なく取り付けられ、線内運転を行う101系にも取り付けられた。横長の表示板は路線ごとに下地の色が異なり、書かれる行先の文字色も異なっていた。

73系時代の組み合わせは下記の通り。上の4種類のみ両端名を表記しているが、下の3種類は行先の駅名のみを表記している。また、7種類とも途中駅行きの行先板は、行先の駅名のみを表記している。内房線や外房線、千葉と東金線を直通する列車は行先名のほかに経由地が記入されていた。

なお、色分けによる行先の表記方法は気動車時代から行われており、旧型国電を経て113系にも一部は引き継がれた。

路線（区間）	表示
総武本線（千葉–（八日市場回り）–銚子）	黄地に黒文字
成田線（千葉–（成田回り）–銚子）	緑地に白文字
成田線（成田–我孫子）	紺地に白文字
東金線（大網–成東）	橙地に白文字
鹿島線（佐原 または 鹿島神宮）	白地に黒文字
内房線（千葉 または 安房鴨川）	紺地に白文字
外房線（千葉 または 安房鴨川）	赤地に白文字

前面の行先表示板を色分けする方法は、看板の時代から採用されていた。写真の「千葉」は緑地で、成田線（千葉～銚子間）の列車を示している。成田　1968年3月28日
写真／大那庸之助

車番の記入方法

現在はシールを使って車番の記入が行われているが、かつては車両工場の職人の手で直接記入されていた。字体は国鉄の図面で厳密に決められており、それに従って書かれるが、職人それぞれに書き方が違っていた。車両メーカーにいた職人は、独特の書き方をされていたという。

書き方は横棒なら横棒ばかりをすべて書き、その後に縦棒だけを順に書くが、文字全体ではバランスがきちんととれており、まさに職人技であった。

書体や文字の大きさなどは写真のように規定で定められていた。当初はモハやクハが数字の上に記されていたが、1953（昭和28）年4月に上の写真のように改められた。その後、1959（昭和34）年5月に、現在のようにモハやクハが数字と同じ並びに変更された（写真下）。

COLUMN

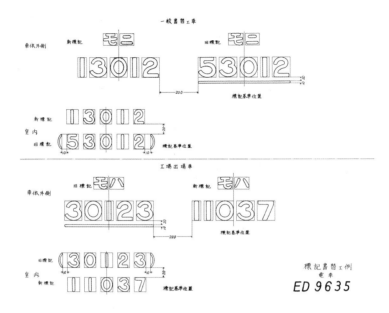

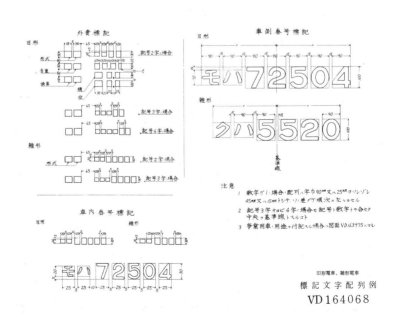

第2章

首都圏各線

［西］

第2章では、国鉄東京西鉄道管理局の管理線区だった中央本線（中央東線）、五日市線、青梅線を取り上げる（一部が同局に属する南武線、横浜線は第1章に掲載）。甲武電車がルーツの中央東線は、国鉄で初めて電車が走った路線でもある。現在の運行の分類である快速線、高尾以西、緩行線に合わせて解説をしている。

中央本線（中央東線）

中央本線は東京〜名古屋間の路線だが、本稿では東京口の中央東線を取り上げる。運用と歴史的経緯から、東京〜高尾間、高尾〜塩尻間、そして現在の中央緩行線に分けて解説する。

旧型国電 路線別車両案内

東京〜浅川（現・高尾）間

JRの最古の電車運転区間

中央本線で最初に電車が運転されたのは1904（明治37）年8月で、飯田町（廃止、現在の飯田橋付近）〜中野間であった。甲武鉄道が開業し、同04年12月には御茶ノ水まで延長開業した。1906（明治39）年10月に国有化され、1919（大正8）年3月に電化区間が東京〜吉祥寺に延長された。当時の架線電圧は600Vであった。

同時に上野〜品川〜東京間で運転されていた山手線と接続して中野まで直通運転されるが、当時、東京〜上野間は未開通のため「の」の字運転が行われた。「の」の字運転は1923（大正12）年9月の関東大震災で中止され、翌24年7月に復活したが、山手線東京〜上野間の建設工事のため、1925（大正14）年2月に直通運転を終了し、中央本線と山手線は分離された。

その後、1926（大正15）年4月に東京〜阿佐ケ谷間が1200V化され、翌27年11月に国分寺まで1200Vとなった。そして1929（昭和4）年6月に立川まで延長されたときに1500V化され、翌30年12月までに電車の運転区間が浅川（現・高尾）まで延長された。

木製単車から鋼製車へ 電車の進化をたどる

開業当初に使用された車両は木製単車だったが、1909（明治42）年から木製ボギー車が現れた。1926（大正15）年に初の鋼製車30系が登場。木製電車時代の名残を留めたダブルルーフだが、車体は鋼製となった。鋼製の外板はリベットで取り付けられ、台枠まで覆われていたことから、これまでの木製車の短冊状の外板とは見た目が明らかに違った。

中央本線には1927（昭和2）年秋から入線したが、まだ車両の多くは木製車が占めていた。1927年は木製車クハが増備された年で、基本3両、付属2両を吉祥寺で分割し、3両が国分寺まで運転されていた。翌28年には付属が3両となり、輸送力が増強されていった。

1929（昭和4）年には30系を改良した31系が登場した。屋根がダブルルーフから丸屋根となったことで天井が広くなり、窓は70mm下方向に拡大されて室内が明るくなった。中央本線用には1929年7月から入り、

水道橋付近の撮影で、左奥に水道橋が見える。電車の後ろに広がる煙突のある建物群は陸軍東京砲兵工廠で、現在は東京ドームシティがある。電車は甲武鉄道時代から国有化後にかけて製造された2軸単車のデ963形で、同形式車は鉄道博物館で展示されている。
写真／『日本国有鉄道百年写真史』より

大正時代頃の万世橋付近の高架を行く電車は、客用扉間の窓配置が1-4-1のため、電動車6310形、6380形、事故復旧車の6250形、制御車6430形のいずれかの可能性が高い。高架下の東京市電は元東京市街鉄道のヨシ251形、右端の乗降口が見える電車は元東京鉄道のヨヘロ1形と思われる。写真／『日本国有鉄道百年写真史』より

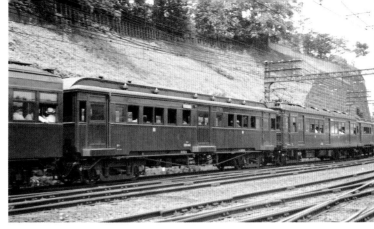

中央線中野行き普通電車。左端の車両は車端部の窓幅が異なることから鋼体化改造車の50系で、中央のダブルルーフの木製車は1914年製の合造荷物車ナニデ6467を改造したサハ19044。その右側は50系のモハ50形、さらに右端はダブルルーフの木製車と、凸凹の編成である。
御茶ノ水　1941年10月　写真／沢柳健一

山手線や京浜線より多い46両が配置された。

1931（昭和6）年7月当時、中央本線は三鷹車庫と中野車庫が担当し、サロの配置はなかった。鋼製車はモハ30形とモハ31形のみでクハ、サハの配置はなく、木製車はモハ、クハ、サハが配置されていた。全365両中、鋼製車はわずか46両で、9割近くが木製車であった。

1932（昭和7）年4月には鋼製のサハ36形やサハ39形が入り、432両中、鋼製車は86両となったが、まだ木製車が8割近くを占めていた。

快速のルーツとなる
急行運転の開始

1933（昭和8）年9月に御茶ノ水〜中野間が複々線となり、東京〜中野間で急行電車（現・快速）の運転が開始された。当時は朝夕各2時間のラッシュ時のみで、日祝日は実施されなかった。両国方面の乗り入れは次項で触れる。

急行運用は三鷹区が担当し、基本編成の3両または5両に付属編成2両を増結し、3〜8両編成で運転された。1934（昭和9）年5月当時も木製車が6割以上を占めていた。のちに中野区も急行運用を担当し、3〜7両編成で運転された。

木製車が多い中、1936（昭和11）年3月に三鷹区へ20m鋼製車で3扉セミクロスシートのモハ51形が登場した。5月から運用が始まり、全部で26両が配置されて三鷹以東の長距離用に使用された。基本4両編成の下り方の先頭に連結され、増結3両編成と合わせて最大7両編成で運転された。

1944（昭和19）年4月には三鷹区の基本編成はすべて4両となり、最大で8両編成での運転となった。翌45年3月の東京大空襲後も急行運用は解結を行っていたが、6月から基本6両編成のみでの運用となった。

機関車牽引も行われた
戦後の電車事情

戦後は利用者の急増と資材不足の中で、稼働できる車両は急減していた。そのため、中央本線でも間引き運転が行われたほか、横須賀線と同様に、1946（昭和21）年11月から立川〜浅川間で電気機関車が不稼働の電車を牽引する事態となった。運行は63系の増備が進むに従い、1948（昭和23）年末には解消されるようになった。

また、進駐軍の駐留により、1946（昭和21）年3月から中央本線でも連合軍専用電車が連結されるようになった。下り方の先頭に連結され、半室が専用車、もう半室が三等車であった。1947（昭和22）年9月から日本人も乗車可能となり、1949（昭和24）年の初め頃から連合軍の指定解除が始まった。この頃から前半分は細い青帯を巻いた日本人が乗車可能な二等車、連結面側の後半分は連合軍用の白帯を巻いた車両が現れた。

また、中央本線には1両だけ専用荷物電車があった。モハ34005で、東京〜立川間で手小荷物輸送に使用された。1949（昭和24）年に解除され、後にクモハ12001となり、大糸線で貨車牽引や、パンタグラフを増設して霜取りなどに活躍し、晩年は沼津機関区で牽引車等に使用された。

連合軍専用車は1951（昭和26）年10月に廃止され、一部は二等車部分を生かして1953（昭和28）年にクロハとなったが、1957（昭和32）年に通勤線区の二等車は廃止された。

7両から10両に増強
新性能電車を初投入

戦後の輸送力増強では、1949（昭和24）年から最大7両編成となり、翌50年4月から解結が復活した。基本編成は4〜5両で付属編成を増結して最大7両編成とした。同50年10月には三鷹区は基本が5両編成、中野区は基本が6両編成となり、付属2両編成を合わせて最大8両編成となった。

さらに1954（昭和29）年には9両編成、1956（昭和31）年には基本6両編成、付属4両編成となって10両編成も出現し、1957（昭和32）年の新性能化時代を迎えた。なお、新性能車に置き換えられる直前の1956年12月の三鷹区には、モハ71形、モハ72形、モハ73形、モハ63形、モハ40形、クハ16形、クロハ16形、クロハ55形、クハ76形、クハ79形、サハ78形の11形式が在籍した。なおモハ63形は、三鷹事件の証拠として保留された車両であった。

10両編成投入後も中央本線の混雑は続き、さらに輸送力を増強するために1957（昭和32）年10月に国鉄初の新性能電車90系（のち101系）

41

かつては武蔵野線府中本町の近くに東京競馬場前駅があった。晩年、混雑時は101系の5両編成、日中はクモハ40形が単行で国分寺〜東京競馬場前間を往復していた。競馬開催日は長編成の臨時列車の直通運転が行われたが、府中本町の開業に伴い1973年4月に廃止された。国分寺付近　1959年7月16日　写真／沢柳健一

前年に廃止された旧中島飛行機の工場への引込線を利用し、1951年4月に三鷹〜武蔵野競技場前間で電車運転が開始された。競技場内にある野球場で国鉄（現・ヤクルト）スワローズが試合を行う時のみ運転されたが、諸事情でこの年のみの運転となった。看板に武蔵野競技場前と表示する。三鷹　1951年　写真／大那庸之助

旧型国電　路線別車両案内

が営業運転を開始した。そして1959（昭和34）年11月から昼間も急行電車が運転されるようになった。急行の休日運転は1966（昭和41）年4月から実施された。

101系による旧型国電の置き換えは進み、快速線は1961（昭和36）年10月に73系から101系となった。なお、新性能化直前の1961年3月に「急行」は現在の「快速」の名称に変更された。

電車運転も行われた今はなき2本の支線

中央本線には2本の支線が存在していた。1934（昭和9）年4月に開業した国分寺〜東京競馬場前間（通称・下河原線、東京競馬場線）は、電化開業とともに電車の運転が行われた。主に行楽客輸送路線のため、東京からの直通電車は不定期運転であった。1944（昭和19）年9月から1947（昭和22）年4月の休止区間を経て、1949（昭和24）年11月から定期運転を開始した。並行する武蔵野線が開通するのに合わせて1973（昭和48）年4月に廃止された。

もう1本は1951（昭和26）年4月に開業した三鷹〜武蔵野競技場前間である。プロ野球の観戦客を輸送する目的で、開催日に合わせて電車の運転が行われた。しかしこのシーズン限りでプロ野球の開催がなくなったことから、翌52年から休止状態となり、1959（昭和34）年10月に廃止された。

浅川(現・高尾)〜塩尻間

狭小トンネル通過が可能な形式を選定

浅川〜甲府間は1931（昭和6）年6月に電化されたが、この区間は電気機関車が牽引する客車列車で運転された。なお、1934（昭和9）年10月から1942（昭和17）年11月まで、浅川〜与瀬（現・相模湖）間で行楽客輸送の臨時電車が運行された実績がある。

浅川以西は小仏や笹子など断面が小さいトンネルがあるため、ここを通過する電車は車両限界が制限されていた。そのため通過できる条件を決めて車種を指定していた。通過できる条件は、パンタ折り畳み高さがレール踏面から4,150mmで、PS11形パンタグラフとTR25（DT12）台車を装備した車両であった。この使用車両指定制度により、モハ33、34、40、41、42、43、51形、モハユニ44形の8種類が通過可能な電車とされた。

中央線の73系。写真のモハ73902は、1956年度に大井工場で製造された第4次全金属製電車。三鷹事件の暴走車モハ73400を種車とした事故復旧車で、1953年度製の第2次全金属製電車（63系ジュラルミン電車の更新車）を基本とし、ウインドシルヘッダを埋め込み、雨樋を張り上げて外板の凹凸をなくした。神田　1957年9月19日　写真／沢柳健一

太平洋戦争末期になると空襲を避けるため工場の疎開も行われ、こうした工場の通勤用に1945（昭和20）年5月から八王子〜大月間で1往復の臨時電車が設定された。8月から浅川〜大月間に変更されて2往復となったが、11月に運転は休止された。

お召電車の運転と新たな通過選定条件

戦後の1947（昭和22）年7月には東京〜与瀬間でお召電車が運転された。編成は下記の通り。

←与瀬　モハ40072＋モハ40050＋クロ49002＋モハ40030　東京→

お召電車の運転に先立ち、戦前に決められた通過可能な車両の確認が行われた。実際にレール踏面から計測したところ、三鷹区で通過可能とされる車両のうち半数ほどしかなかった。そこで通過可能車両の選定条件が見直され、車輪の直径が870mm以下でPS11形パンタグラフを装備した車両でなければ4,150mmという条件を満たせないため、モハ40・41形はこの条件に合うよう整備された。

また、疎開をきっかけに定住するなど、沿線人口が増えたことから、1948（昭和23）年7月から東京〜大月間の運転が臨時電車として復活した。モハ40・41形、サハ78・39形を使用して運転され、1949（昭和24）年6月からは毎日運転となった。49年7月からは大月で分割し、前4両を富士山麓電気鉄道の富士吉田まで乗り入れ、翌50年10月には河口湖まで乗り入れを開始した。

80系の臨時運転とつなぎのモハ30形

戦後、落ち着きを取り戻してくると、学童の遠足や修学旅行が増え、1949（昭和24）年4月から戦前の臨時電車が復活し、新宿〜与瀬間で運行された。

また、休日の行楽客も増えたことから、1950（昭和25）年10月から日祭日に新宿〜甲府間で臨時電車の運転が始まった。しかし三鷹区の車両では足りないため、田町区から80系4両編成を借り入れて運転された。1952（昭和27）年に車両不足が解消したため80系は返却され、以降は三鷹区が担当した。

80系はモハ70形よりパンタグラフの折り畳み高さが低いことから、田町区へ返却後も中央本線に入線することがあった。80系が中央本線で走り始めた同じ頃、1950（昭和25）年9月から身延線の電車を使用し、塩山〜甲府間で電車の定期運転が始まった。

1951（昭和26）年4月に発生した桜木町事故で、電車の発火事故を防ぐため屋根の絶縁を強化することとなり、モハ40・41形の場合は4,150mmを越えることとなった。また、使用車両指定制度が廃止され、使用路線に合う「山用電車」のモハ70形800番代が製造されることになった。

この車両の完成までのつなぎとして、使用条件に合う更新工事を受けたモハ30形が導入された。このモハ30形は、更新修繕の際にダブルルーフを丸屋根に改造した車両である。改造初年の1951（昭和26）年8月から施工された7両はすべて中央本線で使用され、最初の1両は運転台が残されたが、残りの6両は撤去されて中間電動車となった。

80系や70系は車両限界の小さい地方線区でも使用できるように、レール踏面から屋根までの高さが3,650mmに下げられたが、丸屋根の30系はさらに低く3,630mmとなった。モハ30形の導入により、モハ40・41形は置き換えられた。

専用の屋根構造にした中央東線用800番代

1952（昭和27）年に「山用電車」のモハ70形800番代4両と、全金属製モハ71形1両の計5両が大井工場で完成した。800番代は木製車の改

新宿駅に入線する中央線電車（右）。先頭はクハ79401で、続く2両は低屋根のモハ71形。その次は車端部の窓が1枚のため、1951年度以降に製造されたクハ76形の非全金属車である。中央東線の73系4両編成はトイレがないため、クハ76形とクハ79形が差し替えられ、このような編成も現れた。新宿　1960年1月2日　写真／沢柳健一

高尾を出発した中央東線用の三鷹区所属車（71系）。最後尾のクハ76055は1952年度製で、1950年度製の1次車と比べて台車はTR48となり、前面の2枚窓はHゴム支持となった。トイレは線路方向に縮小され、この部分の窓は2枚から1枚となった。後にトイレのない73系の4両編成と差し替えられたクハ76形もあった。高尾　1963年7月25日　写真／沢柳健一

モハ72形の低屋根車850番代モハ72860（手前）と、奥のモハ71形を、クハ76形で挟んだ4両編成。ドアヘッダに書かれた菱形の標記は見切り発車マークと呼ばれるもので、定時運転をするためにここまで扉が閉まっていれば発車してよいという印であった。高尾　1963年7月25日
写真／沢柳健一

造名目の車両で、屋根までの高さが通常のモハ70形より100mm低く3,550mmとなった。また、勾配用に歯車比がモハ70形の2.56から2.87に変更された。800番代の4両は52年5月までに揃い、モハ30形と交代した。

5両目となるモハ71形は、全金属製の試作車両として同52年10月に登場した。車体のすべてから木製品を排除し、金属を多用した車両で、室内化粧板にアルミ板を使用したことから「全鋼製」ではなく「全金属製」と表現された。

多種の金属が使用され、プレス鋼

COLUMN

特徴的な中央本線の臨時電車

中央本線では、戦前から臨時電車が多く運転されてきたが、その中でも特徴的な電車列車をいくつかご紹介したい。

まず、1934（昭和9）年4～6月の日・祭日に新宿～浅川間で運転されたハイキング用の臨時電車は特に注目を集めた。1934年7月の大阪地区・吹田～明石間電化用として用意された20m・2扉クロスシート車のモハ42形とモハ43形が使用されたからである。

当初、これらの電車は吹田工場の電機職場で電装し、宮原電車区に収容する予定であったが、工事の遅れにより大井工場で電装が行われた。そして宮原電車区の完成まで三鷹や蒲田などで収容することとなり、三鷹の車両が大阪に行く前に臨時電車で使用された。

関東では20m車は横須賀線用のみであったが、モハ32形は17m車であったため、すべてが20m車体で統一され、内装がクロスシートのモハ42・43形は注目された。43系の5～6両編成で運転され、往復の運賃が1円だったことから「円電」と呼ばれた。なお、「円電」には横須賀線用の32系の6両編成も使用された。

当時、中野までは複々線、立川までは複線だったが、以遠は単線でタブレット交換が行われた。走行中のタブレット授受も行われ、そのため一部の43系の運転台後部の窓にはタブレットの衝突による破損防止用の鉄棒が取り付けられた。「円電」に使用後、43系は大阪に送られ、戦後、今度は横須賀線に来ることになったのは興味深い。

また、同じ1934（昭和9）年の7～8月の日曜には、新宿～藤沢間で臨時快速電車「かもめ」号が運転された。こちらはすべて三鷹区

の17m車、30・31系等を使用した5両編成で、1日5往復が運転された。

このほか、30・31系等を使用した臨時電車では、1934年から1942（昭和17）年まで、新宿～与瀬（現・相模湖）間で運転された。また、1934年から1942年10月まで、新宿から立川までノンストップで走り、青梅電鉄（のち国有化されて青梅線）の御岳へ直通するハイキング電車も運転された。

戦後の臨時電車は1948（昭和23）年から運転を開始した。臨時運転の季節を過ぎると車両の運用に余裕ができるため、常磐線や横須賀線などに応援に入ることもあった。中でも1954（昭和29）年11月から1955（昭和30）年1月まで71系が大阪に貸し出され、急電用に使用されたのは特筆される。マルーン色とクリーム色に塗り分けられた急電塗装の中で、ブルーとクリーム色に塗り分けられたスカ色は異彩を放っていた。

板製の腰掛やステンレス管を長手方向に配した網棚、断熱材には積層状のアルミニウム箔が使用された。窓は窓枠と巻上カーテンを一体化したユニット窓となり、この車両のみの特徴として上窓の下辺を桟なしとし、下窓の上辺を飛行機の風防ガラスとして使用する透明のアクリル製とした。遠目には窓の中桟がないように見える構造だが、後に普通の2段窓に交換された。

このモハ71001が登場した翌53年に、モハ70形800番代は4両ともモハ71形に改番され、モハ71形002～005となった。これらは当初ぶどう色であったが、後にスカ色に変更された。モハ71形はクハ76形とともに増備が重ねられ、田町区から転入したクハ76形と合わせて1953（昭和28）年までに4両編成8本となった。

73系の800番代登場 クハの前面も変更

1956（昭和31）年度に新たな「山用電車」として、屋根までの高さが3,550mmに下げられたモハ72形850番代が登場した。同時期にクハ79形も製造され、前照灯が妻面に埋め込まれた。また、2次以降の製造分は屋根が鋼板製で曲率が小さくなり、見た目の屋根は浅くなった。

モハ、クハとも中野区に配置され、一部は相模湖（1956〈昭和31〉年に与瀬から改称）行きの臨時電車に使用された。後に山用電車を集中して管理するため全車が三鷹区に転属し、71系の編成に組み込まれるようになった。そして71系に合わせるため1963（昭和38）年までにぶどう色からはスカ色に変更された。

1959（昭和34）年4月から増発と客車列車の電化により71系が不足し、1960（昭和35）年にモハ70001～4が更新工事に合わせて歯数比が変更され、モハ71018～21と改番されて三鷹区に転入した。それでも車

両が不足するため、71系、73系の混用が行われた。また、トイレのない73系のみの編成はなくなった。

甲府以西も電化されて 中央東線全線完成

甲府以西の電化は戦後15年以上行われなかったが、1962（昭和37）年5月に上諏訪～辰野間が電化されて、再び電化区間の延伸が始まった。電化後は飯田線の車両が上諏訪まで乗り入れて電車運転を開始した。

甲府～上諏訪間は1964（昭和39）年8月、塩尻までは翌65年5月に電化され、中央東線の電化が完成。新宿方面から甲府以遠へ直通する普通は電気機関車が牽引する客車列車のみだったが、1966（昭和41）年12月から一部が115系に置き換えられた。

1973（昭和48）年4月から、急行「天竜」の下り1本が気動車から80系電車化され、中央東線に旧型国電が入り始めた。同73年7月ダイヤ改正では、松本運転所の80系が中央東線の客車列車などを置き換えた。同時にサハ87形100番代の先頭車化改造車クハ85形100番代や、身延線の急行用だったモハ80形800番代も使用されるようになった。

1976（昭和51）年3月に甲府までのすべての普通が115系化され、急行「天竜」は1978（昭和53）年5月に165系化された。同78年6月に甲府～塩尻間で運転されていた松本運転所の80系は115系に置き換えられ、身延線からの乗り入れ車両を除いて新性能化された。

最後は、塩山～韮崎間で運転されていた身延線の戦前型車両を使った運用も1980（昭和55）年3月に115系となり、中央東線の新性能化が完了した。

中央緩行線 （御茶ノ水～三鷹間）

総武緩行線と直通し 利便性を向上

関東大震災の復興に合わせて乗客が増えてきたことで、中央本線の輸送力増強が計画された。それまで共用していた線路を電車線と汽車線に分離する工事が行われ、1929（昭和4）年3月に飯田町～中野間が複々線化された。

中央線のモハ50066。戦前の車両の尾灯は片側のみで、両方設置されるのは戦後、占領軍の命令によるものである。前灯と尾灯の覆いは1940年以降、空襲に備えて光が必要以上に漏れることを防ぐために設置されたもので、室内灯にも取り付けられた。これらは終戦とともに取り外された。
中野電車区　1942年1月27日　写真／沢柳健一

写真のクハ79944は、101系量産車と同じ1957年度に製造された。前面窓が3枚とも独立し、客用扉が片開きな点を除けば、ほぼ101系と同じ車体である。ノーシル・ノーヘッダで鋼板屋根、張り上げ屋根とした全金属製の車体を持つ。1956年度の試作車に続く量産車で、73系の最終増備車となった。四ツ谷　1963年3月8日写真/沢柳健一

車掌側の窓に「特発」の文字が見える。緩行線の混雑を少しでも緩和するために予備の車両を集め、時刻表に掲載されている以外の電車がこのように運転された。そのため本文の通り行き先は不定で、輸送に携わる人たちの工夫で生み出された特別な電車であった。クハ16501　飯田橋　1962年2月1日　写真/沢柳健一

この間、電車運転区間は延長され、1930(昭和5)年12月に東京〜浅川間で電車運転が始まった。また、御茶ノ水〜飯田町間で複線を増設する工事が行われ、1932(昭和7)年7月に総武線の両国〜御茶ノ水間が開通したのに続き、翌33年9月に御茶ノ水〜中野間の複々線化が完成した。この時に、平日のラッシュ時に急行(現・快速)運転が始まった。

急行運転の時間帯に通過駅となる利用者向けに、御茶ノ水までの運転だった総武線の電車を中央緩行線に乗り入れ、飯田橋や中野まで延長運転を行った。急行が3分間隔以上で運転される場合は東京〜中野、両国〜中野、両国以東船橋方面〜飯田橋の3系統で運転され、3分間隔以下となると東京〜中野の系統は急行となり、緩行線はすべて総武線と中野を直通する系統のみとなった。

緩行線の車両は中野電車庫が担当したが、1935(昭和10)年7月からは総武線千葉までの電化開業に合わせて開設された津田沼電車庫(1936〈昭和11〉年9月に津田沼電車区に改称)も担当した。

中央本線で行われた密着連結器試験

運転時の衝動を減らすために密着連結器が開発され、各線で試験が行われた。中央本線では1934(昭和9)年1月に中野庫の4両編成3本に取り付けられて試験が行われた。

結果は良好であったことから、同34年11月に採用が決まり、空気回路は自動化、電気回路は引き続きジャンパ栓で接続する方針のもと、中央総武線の連結器交換は1939(昭和14)年に完了した。

後日座談会で開発者は、電気回路も自動で接続することを考慮していたが諸事情で実現できなかったと述懐している。

徐々に増える鋼製車皇族用に優等車も運転

緩行線で使用される車両はモハ1形などの木製車が中心で、横須賀線から転用された荷物合造車の鋼製車モハユニ30形なども使用された。

編成は1937(昭和12)年11月当時、両国まで乗り入れる中野区の車両は基本編成が3〜4両編成、付属編成が2両編成、中野まで乗り入れる津田沼区の車両は基本編成が2両編成、荷扱い電車を連結する編成は3両編成、付属編成が2〜3両編成で、いずれも最大5両編成で運転された。

車両は鋼製車が増え、モハ30形、モハ31形、モハ34形、モハ40形、モハ50形、クハ38形、クハ55形、クハ65形、サハ36形、サハ39形が在籍し、半数近くまでを占めるようになった。

また一時期、緩行線を優等車が走ったことがあった。1943(昭和18)年4月〜翌44年3月の間、サロハ56形が東神奈川区から、クロハ69形が大阪の明石区から田町区を経て皇族用として転入し、4両または6両編成で中野〜千葉間を1往復運転された。戦後、クロハ69形は連合軍専用車となり、解除後は再び出身地の関西に戻った。

戦時下は混雑が激しくなり、1944(昭和19)年4月には津田沼区の基本編成は3両となり、最大7両編成となったが、後に6両編成に戻された。

戦後早々に編成増強連合軍専用車も運転

戦争末期から戦後にかけて車両不足が続く中、63系が増備されたことで1948(昭和23)年末には通常運行に戻った。しかし、中央本線沿線の人口が急増し、当時は6両編成であったが翌49年の冬から7両編成となった。

1950(昭和25)年4月には戦前並みに分割併合が復活し、同50年10月から緩行線を担当する中野区の基本編成は4両から6両に増強され、付

属の2両編成と合わせて最大8両編成となった。

1959（昭和34）年11月から、急行運転が早朝と深夜を除くすべての時間帯で行われるようになり、総武線から乗り入れる中野直通運転の時間帯も拡大された。

なお、連合軍専用電車の運転は1946（昭和21）年から始まり、クハ65形が指定された。1951（昭和26）年まで運転され、指定解除後はクロハとなったが、1957（昭和32）年に二等車は廃止された。

名物「特発電車」と新性能電車化

朝のラッシュ時は輸送力が不足するため、1962（昭和37）年1月から"特発電車"が設定された。これはラッシュ時の乗り残し客を救済するために設定された列車で、時刻表には表示されない幻の運転である。当然、行き先も定まらないが津田沼〜飯田橋・千駄ケ谷・大久保・中野間で運転されていた。前面の車掌側窓の内側に「特発」の札を掲げ、3分間隔運転の間にこの1本を割り込ませて運転された。

編成は津田沼区が仕立てたもので、三鷹区から山線用（スカ色）のモハ72形850番代3両を含む合計5両を借り入れて、6両編成を1本仕立てた。東西線や総武快速線ができるまでの苦肉の策で、それほどまでに当時は混雑していたのである。

1編成あたりの輸送力を上げるには、加減速性能に優れた新性能車101系の導入と車両の増結が有効なため、国鉄では混雑路線に対し、積極的に新性能車の導入を進めた。中野区は早期に新性能化が行われ、1962（昭和37）年4月には101系のみとなり、中央緩行線を走行する旧型国電は津田沼区の車両のみとなった。並行して車両の増結も行われ、1957（昭和32）年に8両化、1964（昭和39）年には10両編成化された。

また、混雑緩和のため中野〜三鷹間の複々線化工事が行われた。1966（昭和41）年1月に中野〜荻窪間、1969（昭和44）年4月6日に荻窪〜三鷹間が完成。この2日後の同69年4月8日に中央緩行線における旧型国電は活躍を終えた。

五日市線

五日市線は1961年に電化され、祝賀列車こそ101系だったが、営業列車は旧型国電で運転された。1978年まで73系とクモハ40形が運転され、愛好家の注目を集めていた。

五日市鉄道時代に南武鉄道が買収

五日市鉄道は、地域住民が大久野村（現・日の出町）の勝峯山から産出される石灰石やセメントを輸送するために設立した会社である。1925（大正14）年4月に拝島〜武蔵五日市間、同25年9月に武蔵五日市〜武蔵岩井間（1971〈昭和46〉年廃止）が開通して全通となった。後に浅野セメントの投資対象となり、1940（昭和15）年10月に同じく浅野セメントの投資対象となっていた南武鉄道に合併され、南武鉄道五日市線となった。

勝峯山から採掘される石灰石は、武蔵岩井の一つ手前の大久野から分岐する浅野セメント専用線を通って、浅野セメント川崎工場まで運ばれた。この輸送は1927（昭和2）年から行われたが、拝島からは青梅電気鉄道、中央本線、東海道本線を経由して浜川

平妻と半流線形の両運転台車2両が73系6両編成の先頭に立つ。東京行きでこれから乗客が増えていく。夏の撮影を示すように、側窓のほとんどが開き、特に前面貫通扉の窓が下降式で開いているのが分かる。ここから入る風は車内の熱気を払うには効果的だった。モハ40023以下　立川　1953年8月11日　写真／大那庸之助

首都圏の新性能化が進んだことと沿線人口の増加で輸送力が求められるようになり、73系が再び青梅線に転入しはじめた。写真のクモハ73185は中野区から転入し、元はモハ63639であった。避雷器は角型で前面は木枠、側面は三段窓のままで63系時代の雰囲気を残している。拝島　1966年12月12日　写真／沢柳健一

昼間などの閑散時は電化以来、クモハ40形が単行で拝島〜武蔵五日市間を往復していた。写真のクモハ40033は関東用の車両として落成し、当初はモハ40113であった。1978年3月に青梅線が新性能化されるまで73系4両編成の増結用に使用され、中原区に転出後は1980年12月まで現役だった。拝島　1962年10月19日　写真／沢柳健一

崎まで運ぶ必要があった。

　そこで、1930(昭和5)年7月に五日市鉄道の拝島と南武鉄道の立川とを直接結ぶため、青梅電気鉄道と並行する立川〜拝島間に五日市鉄道の路線が新たに開通した。その結果、石灰石は浅野セメントの関係する五日市鉄道、南武鉄道のみで浜川崎まで運べるようになった。

　途中、青梅電気鉄道の西立川と五日市鉄道の武蔵上ノ原間に青梅短絡線が設けられ、青梅電気鉄道からの貨車を、中央本線を経由せずに五日市鉄道、南武鉄道に直接通せるようにした。なお、現在、中央本線から青梅線に入る列車や南武線と青梅線を直通する貨物列車は、青梅短絡線を使用している。

　1944(昭和19)年4月の国有化後、旧五日市鉄道の立川〜拝島間は、青梅線と並行していることを理由に立川から青梅短絡線経由で西立川とを結ぶ区間以外は同44年10月に廃止された。

1961年に電化され
旧型国電が運転開始

　非電化で開業し、戦後も非電化のままだった五日市線は、1961(昭和36)年4月に電化される直前は気動車のキハ04形やキハ10系、蒸気機関車のC10形やC11形が牽引する客車列車が運転されていた。

　電化後、五日市線は電車に変更され、混雑時は17m車の2両編成や、立川まで4両編成が乗り入れた。また、昼間などの閑散時はクモハ40形が線内を単行で運転し、青梅線の増

結にも使用された。なお、電化開業当日の祝賀列車では101系が五日市線に入線している。

　電化により、武蔵五日市構内にあった八王子機関区五日市支区と八王子客貨車区五日市派出が廃止され、青梅電車区五日市支区が新設された。17m車2両編成5本と20m車1両編成2本の合計12両を使用し、このうち4両は青梅線と共通運用であった。そのため実際の配置は予備車1両を加えて9両が配置された。電車化により、気動車よりも上りは5分、下りは2分ほどスピードアップした。

CTC化と101系入線
クモハ40形に脚光

　青梅・五日市線と合わせて業務の効率化が図られ、1971(昭和46)年1月27日から全線がCTC化され、拝島に設けられた制御センターで青梅・五日市線全線のポイントと信号機の制御が可能となった。合わせて列車番号が改められ、上りは偶数、下りは奇数となった。

　また、同71年2月1日ダイヤ改正で、電化祝賀列車以来の101系が五日市線に定期列車として入線するようになり、これまで朝晩の青梅線内で発着していた東京直通列車に、奥多摩発着と武蔵五日市発着が新設された。武蔵五日市〜東京間を7両編成で1往復運転され、五日市線内は後部2両の扉が締め切り扱いであった。

　さらに、クモハ40形が単行で朝夕のみ1日6往復運転されていた武蔵五日市〜武蔵岩井間の営業が廃止された。なお、大久野から分岐する日本セメント西多摩工場(当時)への貨物輸送は続けられたため、貨物の専用線として1982(昭和57)年11月まで存続した。

　この71年2月ダイヤ改正当時、豊田電車区には8両のクモハ40形が在籍した。023、030は平妻で運転室直後の窓が1枚、033、039は平妻で

運転室直後の窓が2枚のタイプである。また、039は鋼板屋根の試作車で、残りの4両は半流線形であった。

クモハ40形は73系4両の立川寄りに連結され、立川〜青梅・武蔵五日市間で使用された。また奥多摩行きになるときは青梅で解結していた。なお、後に豊田区に転属し、ニス塗りの車内で有名となったクモハ40071は、当時は武蔵小金井区におり、中央本線支線の通称・下河原線で運用されていた。

青梅線と一体で運行
東京都心で最後の活躍

101系入線後も旧型国電は運行を続けていたが、1976（昭和51）年11月に京浜東北線の103系が蒲田区から豊田電車区に転属し、スカイブルーのまま青梅・五日市線で運用を始めた。これらは後にオレンジ色に塗り替えられた。旧型国電置き換え用の1次投入である。

これにより73系の一部が廃車となったが、クモハ40形に変化はなかった。さらに翌77年10月から2次投入が始まり、クモハ40072が同年11月に廃車となった。残った5両は73系4両編成と組んで5両編成化されて、解結がなくなった。

1971（昭和46）年2月から車両の検修業務が豊田電車区に移ったことで、青梅・五日市線の旧型国電が豊田電車区〜青梅間を回送で走行する

ようになった。出庫するときは2編成を連結し、9両または10両編成で走行していたが、先述の5両編成化後は、10両編成のみが走行するようになった。

旧型国電末期の青梅・五日市線は5両編成のほかに73系基本4両編成、付属2両編成があり、ラッシュ時は6両編成で運転された。また、付属編成を2本連結した4両編成や立川・青梅〜奥多摩間は付属2両編成単独で運転されることもあった。

1978（昭和53）年3月29日にさよなら運転が武蔵五日市・青梅〜立川間で行われ、青梅・五日市線の旧型国電は定期運用から引退した。

青梅線

青梅線は私鉄の青梅鉄道として開業し、電化は1923年と早かった。当初は同社の社形電車で運転され、国有化後は50系や30系が使用された。後に五日市線とともに新性能化された。

石灰石輸送が中心の
鉄道として開業

青梅鉄道は石灰石輸送を目的として設立され、浅野セメントを創業した浅野総一郎も発起人に参加している。1894（明治27）年11月に立川〜青梅間を軌間762mmの蒸気鉄道で開業した。しかし、軌間が異なる国有鉄道へは立川で貨物を積み替える必要があるため、1907（明治40）年4月に1067mmに改軌し、貨車の直通を可能とした。

さらに雷電山の石灰石を輸送するため、1920（大正9）年1月に二俣尾まで延伸し、1923（大正12）年4月に電化された。当初は直流1200Vだったが、後に1500Vに昇圧された。電化と同時に電車化されたが、客車のうち3両が電車に改造された。

残る客車もしばらく電車と並行して使用されたが、後に多くが他社に譲渡された。高畠鉄道に譲渡された1両は、現在も博物館明治村で現役

である。貨車輸送は引き続き蒸気機関車が1933（昭和8）年度まで使用され、電気機関車は1926（大正15）年から使用された。

モハ30形は戦中戦後の酷使により、主電動機が修理不能となる車両が続出した。左側のクハは1949年に電装解除の工事が行われてクハ38形50番代に改番された。台車がDT10のため改番後クハ16112（写真）となり、後に丸屋根化でクハ16230となった。古里　1954年1月12日　写真／大那庸之助

クハ38形50番代の台車はDT10とDT11の2種類があったが、1953年の改番でそれぞれクハ16形100番代と150番代となった。写真はTR10に交換された車両だが、番号区分はされなかった。この後、丸屋根改造が行われ、台車の違いでクハ16形200番代と250番代となった。白丸〜鳩ノ巣間　1953年8月7日　写真／大那庸之助

白帯の進駐軍専用車が日本に返還され、ほとんどが青帯の二等車、仮モロハとなった。青梅線では1957年2月まで運転され、クロハ16形と交代した。写真は運転当時の姿。車掌側の窓下の四角い装置は、中央線で急行運転をする際に「急行」の表示板を掲示する。小作　1953年8月7日　写真／大那庸之助

旧型国電　路線別車両案内

御嶽までは1929（昭和4）年9月に開業し、同時に青梅電気鉄道に改称された。御嶽延長に合わせて沿線の観光開発が始まり、1934（昭和9）年頃から春と秋に、観光客誘致のため省形の乗り入れを実施し、新宿〜御嶽間で運転されたが、戦況悪化に伴い1942（昭和17）年秋で終了した。

1928（昭和3）年頃から沿線の石灰石の産出量は減少しはじめ、さらに上流に鉱床を求めた。そこで需要者である浅野セメントや日本鋼管、青梅鉄道が出資する奥多摩電気鉄道が設立され、御嶽〜氷川間の建設が始まった。資材や労働力不足の中で工事は困難を極め、未完成のまま青梅電気鉄道と同時に1944（昭和19）年4月に国有化。同44年7月に完成し、青梅線に編入された。

酷使で社形が故障し省形の投入が始まる

国有化当時は戦時中で輸送力が不足し、酷使などで社形電車の故障が相次いだ。そのため50系の2編成が応援に入り、1944（昭和19）年10月までに7編成が青梅線に入線した。翌45年7月には省形の2両編成が8本、社形は2両編成と3両編成が各1本となった。運転系統は私鉄時代を踏襲し、立川〜青梅間は2〜3両編成、青梅以遠は単行運転だったが、1945年（昭和20）年10月から4両編成運転を開始し、青梅以遠は2両編成となった。

終戦後の1945（昭和20）年11月ダイヤ改正では社形は運用からほぼ外れ、クハが木製のサハと交換されて、立川〜青梅間は省形の4両編成で運転された。両先頭車はモハ30形やモハ50形で、中間の2両は木製車のサハ19形を使用した。1947（昭和22）年8月ダイヤ改正の頃から輸送状況が改善されると運転系統も整理され、ほとんどが立川〜青梅・氷川間のみとなった。立川〜青梅間は4両編成で、青梅以遠は2両編成であった。

社形は1947年までにすべて青梅線から姿を消し、同47年3月から立川基地などの進駐軍向けに専用車の運転を開始した。AFS（ALLIED FORCES SECTION）と呼ばれる連合軍用の専用車で、運転台側の前半分に白帯が巻かれ、同47年7月までにモハ50形が改造された。専用車は立川側の先頭車に連結され、中間車には木製車サハ25形も使用。4両固定編成と2両ずつに分割できる4両編成、専用車の予備が1両用意された。

専用車は1952（昭和27）年3月まで運転され、返還後は青帯の二等車仮モロハとして使用された。後にクハ16形（1953〈昭和28〉年6月1日にクハ65形から改番）を改造したク

輸送力の大きい73系は当時、輸送需要がひっ迫していた首都圏には不可欠であった。青梅区にも一時73系が配置されていたが、その後池袋区などに移り、青梅線はしばらく17m車の時代が続いた。1962年度初頭にはクモハ73023の1両のみとなった。立川　1954年11月7日　写真／大那庸之助

ロハ16形に1954(昭和29)年6月から置き換えられ、1957(昭和32)年2月まで運転された。

復興整備電車と半室荷物車

　戦後の混乱期から落ち着きを取り戻しつつあった1948(昭和23)年4月に、三鷹電車区が「模範電車」の表示を掲げた電車を登場させた。窓ガラス、吊り手、シートを完全に整備した状態とし、ドアが閉まらないと出発できないドアエンジン連動を復活させた車両で、編成単位で整備が行われた。

　当時は乗客による窓ガラスの破損や吊り手の持ち去り、シートの剥ぎ取りなどが横行し、混雑によりドアエンジンが故障することも多かった。資材が乏しいことから満足な修理ができず、ドアエンジンの故障は連動していると出発できなくなるため、連動しないようにしてドアを開けたまま走行することもあった。

　そこで完全に整備した電車を提供することで、乗客にマナー向上を訴えた。整備の出来栄えは関東の各電車区で競われ、青梅線でも同様の整備が行われ、11月から「復興整備電車」の表示を掲げた4両編成が現れた。

　また、同じ1948年8月から新聞輸送用にクハニ67形2両が転入した。「復興整備電車」として運転されたが、1951(昭和26)年12月に飯田線へ転出した。この2両の代わりに、1952(昭和27)年4月からクハ38形2両の中間に簡易な仕切りを設けて半室荷物車とした。改番は行われずに1956(昭和31)年9月まで使用された。

　同56年5月にはクハ55040を半室荷物車に改造されたクハ67904が転入し、1962(昭和37)年6月まで使用された。これ以降は合造車がなく、普通車の半室をカーテンなどで区切って代用されるようになった。

青梅区にクモハ40形が再び配置された頃の撮影。先頭のクモハ40023は関東用として登場し、当初は補助回路の関係で100番代と区分され、モハ40103であった。その後、青梅線から宇部・小野田線に移り、前面腰板に黄色の警戒色が塗られて、クモハ42形とともに雀田〜長門本山間を中心に運用された。中神　1963年1月11日　写真／沢柳健一

戦後製のモハ72形500番代を地方路線で使用するために先頭化改造し、クモハ73形600番代とした。写真はパンタグラフが運転台側にある奇数車で、前面の上部に屋根布押さえがある。当時の側面は三段窓だったが、後に多くがアコモ改造されて二段窓化された。1971年　写真／大那庸之助

中央本線との直通運転が始まる

　占領下の中で、復興に向けて新たに中央本線への直通運転が始まった。1949(昭和24)年6月から青梅発東京行きの列車を上りだけ試験的に運転。翌50年10月から下りの運転も始まり、ラッシュ時に1往復が設定された。

　下りは立川から南側に分岐して中央本線を立体交差で乗り越し、西立川の南側から合流する青梅連絡線（五日市鉄道・青梅電気鉄道時代の1931〈昭和6〉年6月に建設）を使用し、中央本線を平面交差することなく運転された。なお、中央本線から青梅線への直通列車は、現在も同じ経路が使用されている。

鋼製車への統一と20m車の転入開始

　1950(昭和25)年頃に木製車サハ19、25形は姿を消し、鋼製の17m車に統一された。同じ頃の1950年4月に、青梅〜氷川間の単行運転用としてクモハ40形が配置され、20m車が初めて入線した。しかし、わずか

1年後の翌51年4月に単行運転が廃止されて一旦配置がなくなった。

再び17m車のみとなった青梅線だが、1959(昭和34)年11月から20m車の新性能電車が乗り入れてきた。中央本線から青梅線に直通する電車が、101系で運転を開始したのである。しかし、青梅線内の17m車の置き換え用というより中央本線からの乗り入れであり、青梅・五日市線用に101系が配置されるのは1971(昭和46)年2月ダイヤ改正からである。

一旦青梅線から姿を消したクモハ40形だが、臨時電車「吉野観梅号」として1960(昭和35)年3月に再び姿を現した。中野区の電車を使用して新宿〜御嶽間で運転され、御嶽側の先頭車に使用された。なお、「吉野観梅号」は川崎〜御嶽間でも運転されている。

さらに五日市線電化を翌年に控え、1960(昭和35)年11月にクモハ40形が中野区から青梅区に転入した。電化後はさらに転入し最盛期には8両となり、ラッシュ時の増結用にも使用された。

20m化に向けて1962(昭和37)年12月からクハ55形が転入し、一部のクハ16形を置き換えたが後に転出。クモハ60形も転入したものの、わずか1年で転出した。

1961(昭和36)年11月に大阪の淀川区から三鷹区に転入した4扉車のクモハ73形は、翌年以降も転入が続き、1971(昭和46)年にクモハ11形を置き換えた。

クハ79形は1964(昭和39)年に4カ月程度、そして1967(昭和42)年3月から1両のみの配置が続いていたが、1970(昭和45)年1月から本格的な転入が始まり、73系による2両編成が増え始めた。さらに基本編成を4両編成化するため、1971(昭和46)年夏ごろからモハ72形、サハ78形が転入し、20m車に統一された。

以降は先述の五日市線と同じであり、1978(昭和53)年3月29日に103系化された。

COLUMN

不定期電車と臨時電車

明治時代の電車は終日一定間隔で運転されていた。ところが大正時代になり、通勤利用者で朝夕の混雑が激しくなると、混雑時間帯に限り定期列車の間に新たな電車列車が運転されるようになり、「不定期電車」と呼ばれた。大正時代にできた言葉で、当時の労働者は週休1日のため、「不定期電車」は日曜が運休であった。

最初に設定されたのは山手線で、1913(大正2)年2月から新宿〜呉服橋(仮)間で運転が始まった。中央本線では翌14年1月から万世橋〜新宿間で、京浜線では1915(大正4)年12月から始まった。

1923(大正12)年頃は昼前後の時間帯にも運転されるようになり、また混雑に応じて電車の分割併合が行われるようになった。そして一定間隔の運転から混雑状況に合わせた平日・休日別のダイヤが作られるようになると、「不定期電車」の名称はなくなった。

しかし、「不定期列車」の名称は戦後も残された。普段から「予定臨」として『時刻表』に設定され、必要に応じて運転される列車として運転された。「季節列車」も同じ扱いであるが、最近はこの表現をあまり見かけない。

一方、祝祭日などで行われる花見などの行事に合わせた運転や年末年始の初詣などに合わせて終夜運転をされる臨時列車などは、「臨時電車」と呼ばれた。戦前もこちらの運転は続けられ、ハイキングや海水浴臨時電車は1938(昭和13)年頃まで、代々木の観兵式や横浜の観艦式は戦時中まで運転された。

なお現在でも使われている「臨時列車」は、「予定臨」とは別に必要に応じて設定される列車である。近年は定期以外に運転される列車をまとめて「臨時列車」の言葉で統一されている。

1950年代、60年代の『時刻表』を見ていると、これ以外にも「週末列車」や「短期臨時列車」の表現も見られて興味深い。本稿では、一般に「臨時列車」と呼ばれる列車でも、あえて当時の「臨時電車」「不定期電車」と記載している。

昭和30年代に入ると横須賀線沿線に海水浴客輸送の臨時列車が運転された。運転区間は毎年変更されることが多く、松戸・大宮・八王子・三鷹・東京などと逗子・横須賀・久里浜間などとで運転された。写真は1960年の「かもめ」で、中野〜逗子間に3往復が運転された。
品川 1960年8月14日 写真／沢柳健一

第3章

首都圏各線

［北］

本章では、東京北鉄道管理
局の路線から、東京の顔とも
いえる山手線、山手線の一部
として開業し、現在は埼京線
と呼ばれている赤羽線、そし
て山手線と一部で併走し、電
車区間としては有数の歴史が
ある京浜東北線を取り上げる。
また、常磐線のうち、旧型国
電が走っていた快速線・緩行
線に相当する区間も紹介する。

山手線・赤羽線

東京の主要都市を結ぶ山手線は、電車運転の時期も早く、環状運転が始まる前から行われていた。
ここでは山手線の一部として開業した赤羽線(現・埼京線)も一緒に採り上げる。

旧型国電　路線別車両案内

山手線の一部として開業した赤羽線

山手線は現在、正式には東海道本線に属し、品川〜新宿〜池袋〜田端間を指す。田端〜東京間は東北本線、東京〜品川間は東海道本線である。中央線に次ぐ歴史を有する路線で、品川〜新宿〜池袋〜赤羽間と池袋〜田端間は日本鉄道の買収路線である。

なお、現在、埼京線の一区間を成している池袋〜赤羽間は、現在も正式な路線名は「赤羽線」である。そして、1972(昭和47)年7月に分離されるまでは山手線に含まれていた。当時、山手線は東北本線に属し、品川〜新宿〜池袋〜赤羽間と池袋〜田端間の総称であった。そのため、旧型国電を扱う本書では、赤羽線は山手線と一緒に紹介する。

生糸輸送を目的とした南北を結ぶ路線

1885(明治18)年3月、日本鉄道は東海道方面と東北方面とを結ぶため、品川〜赤羽間を品川線として開業した。当時の輸出商品の主力だった生糸を群馬から港湾のある品川や横浜へ輸送するためでもあった。

品川線は上野などの人口密集地帯を避けるため、当時の東京市街地の西縁の外側を通るルートを選択した。そのため開通当時の沿線人口は少なく、3月1日の開業で設置された駅は渋谷、新宿、板橋の3駅のみで、半月後の3月16日に目黒と目白が追加された。

品川線の列車は品川〜赤羽間の運転であったが、1899(明治32)年12月に品川〜新橋間の官設鉄道線に並行する品川線用の専用線が作業局に

より建設され、新橋〜赤羽間の運転となった。

当時、目白〜板橋間に池袋駅はなかったが、品川線から分岐して常磐線と接続する田端とを結ぶ豊島線として池袋駅の設置が計画された。信号所として設けられた後、1903(明治36)年4月に池袋〜田端間の開業に合わせて駅が設置された。なお、山手線は1901(明治34)年11月に品川線と豊島線を併せて称され、国有化後も名称は引き継がれた。

日本鉄道の国有化から間もなく電化完成

日本鉄道は1906(明治39)年11月に国有化され、山手線は1909(明治42)年12月に電化された。国有化前から新橋付近〜上野間を市街高架線として建設し、山手線と接続して循環線とする計画があり、この準備として新橋北側に烏森(現・新橋)が設けられた。

同時に東北本線上野〜田端間、東海道本線烏森〜品川間も電化され、烏森〜品川〜池袋〜田端〜上野間、池袋〜赤羽間で電車運転が始まった。なお、新橋〜品川〜赤羽間の客車列車の運転は続けられたが、1914(大正3)年12月に廃止された。

市街高架線の工事が進み、1910(明治43)年6月に有楽町、同10年9月に呉服橋仮まで延長された。これは現在の東京駅北側にある呉服橋ガードのそばにあった。1914年2月に池袋〜赤羽間を除いて山手線の複線化が完成し、12月に呉服橋仮を廃止して東京駅が開設された。さらに

電化当初の山手線は2本の架線から集電するポール集電を行っていたが、将来の1500V化と高速運転に備えてパンタグラフ化の工事が行われた。架線を2本から1本にし、レールを帰線に変更する工事を行い、1918年3月から1920年9月にかけて工事が完了した。鶯谷　1918年頃
写真／『日本国有鉄道百年写真史』より

客貨を分離するため、並行路線として1915(大正4)年から山手貨物線の工事が開始された。

開業当初の電車と2カ所の電車庫

電化開業当時、甲武鉄道から引き継いだ2軸単車の電車を連結した2〜3両編成や、電化用に製造された国電初の木製ボギー車ホデ1形(→ホデ6100形)を単行で使用し、烏森〜上野間を所要時間64分で15分間隔、池袋〜赤羽間は単行運転で所要時間11〜12分、30分間隔で運転された。当時は直流600Vの架空2線式で、集電はトロリーポールで行っていた。

山手線の単架線化とパンタグラフ化は1918(大正7)年3月から1920(大正9)年9月にかけて行われ、工事中はトロリーポールとパンタグラフの両方を備えた電車で運転された。架線電圧は1924(大正13)年10月に1200V化され、さらに1928(昭和3)年5月に池袋以北、1931(昭和6)年11月に以南の全線が1500Vに昇圧された。

連結器は当初、螺旋連環連結器(らせん)であったが解結に不便なため、パンタグラフ化後の1920(大正9)年から自動連結器に交換する工事が始まった。車体改造を伴う車両が多く、1922(大正11)年2月に完了した。ところが自動連結器は隙間があることから前後衝動が大きく、これを改善するため1936(昭和11)年3月に密着連結器に交換された。

電車庫は山手線の電車運転開始に合わせ、1909(明治42)年12月に品川駅構内に新宿電車庫派出所として開設された。翌10年6月に有楽町への電化延長を前に、品川電車庫として独立し、後に品川電車区となった。

また、池袋電車庫は池袋駅構内の西側に、新宿電車庫の分庫として1917(大正6)年6月に開設された。新宿電車庫は甲武鉄道時代の

板橋駅の東側から撮影した池袋行きである。ホームの右側にある特徴的な架線柱は戦後も存在した。2両とも木製車デハ63100形を改称したモハ10形で、多くが1934年度から1953年度にかけて鋼体化改造され、50系モハ50形となった。その後、1953年の改番でモハ11形400番代と改称された。板橋　1939年1月　写真/沢柳健一

1909(明治42)年3月に開設されたもので、1921(大正10)年7月に中野へ移転した。この移転に合わせて池袋電車庫は中野電車庫の分庫となり、1923(大正12)年8月に山手貨物線建設のため池袋駅構内北側に移転した。1924(大正13)年5月に中野電車区から品川電車区の分庫となり、翌25年4月にようやく池袋電車庫として独立した。1929(昭和4)年4月に現在の場所へ移転し、これが後の池袋電車区である。

「の」の字運転を開始貨物輸送を増線で分離

山手線の電車は1916(大正5)年3月に全列車が2両編成となった。1919(大正8)年3月に中央線の東京〜万世橋間が開通し、山手線・中央線を直通した運転が開始。中野〜東京〜品川〜新宿〜田端〜上野を結ぶ運転系統で、「の」の字運転と呼ばれた。これに合わせて一部が3両編成となり、12分間隔の運転となった。また、ラッシュ時は臨時電車が増発された。

1922(大正11)年2月にはすべてが3両編成となり、5月に一部が4両編成となった。しかし1923(大正12)年9月に関東大震災が発生し、「の」の字運転は中止。翌24年7月に復旧

したが、環状運転に向けた東京〜上野間の市街高架線工事のため、「の」の字運転は1925(大正14)年4月に終了した。

客貨分離を目的に建設が進められていた山手貨物線は1925年3月に全通し、品川〜池袋〜田端間が山手線専用の複線区間となった。また、池袋〜赤羽間も複線となり、山手線の旅客線が全線複線化された。

環状運転が完成京浜線と線路を共有

東京〜上野間の市街高架線工事は1925(1925)年11月に完成し、山手線の環状運転が始まった(以下、環状線を山手線、池袋〜赤羽間を赤羽線とする)。

当時山手線は4〜5両編成で、12分間隔で運転。ラッシュ時は5〜7分間隔で運転された。また、赤羽線は2〜3両編成であった。山手線・赤羽線とも一部の編成に半室荷物車が連結されていた。

京浜線は環状運転の開始と同時に上野まで乗り入れ、1926(大正15)年1月から一部が田端まで乗り入れた。こうして田町〜田端間は山手線・京浜線が線路を共有する時代が始まった。東京の人口増加で利用者が急増

東武東上線ホームからの撮影。左が赤羽側で次の板橋の手前まで東武線が平行し、戦前は競争する運転手がいたという。写真のクハニ28形は十条の荷扱い場所の関係で、常磐線のクハニと連結位置は反対であった。荷扱いが終了するまで連結位置は変更されなかった。
池袋　1941年7月2日　写真／沢柳健一

40系の17m車版は、片運転台車がモハ33形、両運転台車がモハ34形とされた。写真のモハ11307は、元は両運転台のモハ34026である。1943年から輸送力増強用に片運転台化されてモハ33018となり、改番でモハ11形300番代となった。撤去後は座席を設けず、写真の車両は乗務員扉が残っている。品川　1955年5月1日　写真／大那庸之助

する中でこの区間の混雑は続き、戦前から分離する計画はあったが実現しなかった。そのため混雑の対応は運転間隔の短縮と車両の増結で対応することとなった。

山手線では半室荷物車を基本の3両編成に組み込んでいたが、荷扱いに時間がかかるため遅れが生じていた。そこで旅客と荷物を分離し、1927（昭和2）年から全室荷物室の荷物電車の運転を開始した。しかしこれも遅れの原因となるため、1931（昭和6）年頃から荷物電車用の待避線が池袋・渋谷・東京・上野などに設けられた。また、田町〜田端間の山手線・京浜線の共用区間では、浜松町から南に向かう荷物電車が行先を誤らないよう、「荷物電車」を示す表示板の位置を路線別に右と左を変えて表示した。

木製車から鋼製車へ 荷物車も編成に連結

車両はこれまで木製車だったが、1926（大正15）年に鋼製車が登場した。しかし京浜線用のため、当初は山手線には入らず、ダブルルーフ車30系のモハ30形が蒲田区から初めて転入したのは1928（昭和3）年9月であった。後に丸屋根にした改良型31系のモハ31形も転入し、1933（昭

和8）年頃に新製で配置された鋼製車は31系のクハ38形、40系の17m車版であるモハ33・34形であった。木製車はほかにモハ10形やクハ15形、中間車や合造車などが多数在籍していた。

1937（昭和12）年11月当時、山手線は1周64分の運転であった。4分間隔の運転で共用区間は京浜線と交互運転のため2分間隔となった。この間にさらに荷物電車が運転されていた。車両は基本編成は3両編成、付属編成は2〜3両編成で、3〜6両編成で運転された。連結位置は進行方向に対して基本編成の後部に付属編成が連結されたため、内回りと外回りでは連結位置が異なっていた。

荷物電車は品川区の所属で、モニまたはモハ（代用）の単行運転であった。赤羽線では、1927（昭和2）年に半室荷物車の連結に変更があった。当初は3両編成の2本に組み込まれていたが、これを2両編成3本とし、この1本に半室荷物車のクハニが連結された。赤羽線の所属は池袋区で、クハニを連結した編成のみは、駅での荷扱い場所の位置の関係で連結位置が異なっていた。

この頃の赤羽線の運転を実際に見た人の話によると、池袋を出発するときに東武東上線の電車と競争する

運転士もいたという。あまりスピードが出すぎるとブレーキが間に合わず、板橋を過ぎて旧中山道踏切あたりで停車し、駅までバックするという光景が見られた。今では考えられない、おおらかな時代のことである。

甚大な被害を受けた 戦時中の山手線

1940（昭和15）年以降の戦時下では、朝のラッシュ時は4分間隔、ほかは5分間隔となった。編成は京浜線と同じく基本は4両編成、付属は2両編成に統一された。1942（昭和17）年に一部で7両編成化が実施され、1945（昭和20）年に池袋電車区が焼失するまで運行は続けられた。

山手線用には1941（昭和16）年頃までに木製電車の鋼体化改造車50系が入り、新造車では池袋区に20m車のモハ40形、モハ41形、モハ60形、クハニ67形、品川区にサハ57形が入った。しかし中間車には木製車のサハ19形やサハ25形がまだ残っていた。

戦時中は爆撃による被害が大きく、付属編成の解結も困難になり、基本編成のみが低速で運転された。両運転台の片側撤去や座席の半減化などで修理用資材や輸送力を確保する中、1945（昭和20）年4月13日の空襲は

最大の被害であった。

　池袋電車区が被災し、配置車両の7割にあたる140両が失われた。最新の20m車や17m3扉車で両開き扉の試作車だったサハ75021も被害を受けた。この後も被害を受け、池袋電車区は他線から予備車を集めて電車運行を行うことになった。

戦後の復興に合わせて輸送力を増強

　終戦後、進駐軍の命令により進駐軍専用車が1946（昭和21）年3月から運転を開始した。当初は半室専用車だけであったが、翌47年11月から全室専用車も現れた。6両編成の南端（東京駅基準）に連結され、1952（昭和27）年3月にすべて解除されて運転は終了した。

　1947（昭和22）年から63系の製造が軌道に乗り、山手線に供給され始めたことで復旧しはじめ、ほぼ6両編成で運転されるようになった。1949（昭和24）年2月から一部編成に1両増結され、ラッシュ時は7両編成となった。この頃から急増する乗客の需要に応えられるようになり、輸送力の増強が続けられた。なお、赤羽線は4両編成であった。

　1950（昭和25）年4月ダイヤ改正から戦前並みに復興し、付属編成の解結も再開した。7両編成に変化はないが、基本編成が4～5両編成、付属編成が2～3両編成となった。スピードアップで所要時間も短縮され、1周72分から66分となった。また、赤羽線は基本、付属とも2両編成となり、昼間時は2両編成となった。

　1951（昭和26）年11月から山手線は基本5両編成、付属2～3両編成となり、最大で8両編成となった。当時、ホームの有効長は東側の品川～田端間は170m以上あるため20m車の8両運転が可能であったが、西側は各駅とも150m前後と短く、特に目黒は145mしかなかった。

1編成すべてが73系の最終進化形である全金属製量産車の編成。当時は山手線の混雑が続き、輸送力を増強中の時期であり、客用扉の上部に見切り発車マークがある。写真先頭のクハ79946は京浜東北線から横浜線に移動後、1974年7月に久里浜で受けた台風による冠水被害で廃車となった。高田馬場付近　1961年10月23日　写真／沢柳健一

池袋に到着する赤羽線のクハ16013。旧31系クハ38017であり、クハ38形は全車が1930年度製で、省電の鋼製車で初の制御車であった。前面の雨樋は一直線だったが、運行灯の設置に伴い曲線化された。赤羽線や山手線から転出後は青梅線に移り、1971年8月まで使用された。池袋　1960年10月25日　写真／沢柳健一

17m車の8両編成では5M3Tで運転されたが、ラッシュ時は出力不足で遅延が続き、1952（昭和27）年4月から強力なモハ63形2両と交換して5M3Tのまま編成出力を増強して遅延を解消した。そのため編成長は136mから142mとなり、目黒のホームは3mしか余裕がない状況となった。このため1編成中の20m車は2両以内という制限が設けられた。一方、赤羽線は終日4両編成となった。

その後、山手線西側の駅ではホーム延長工事が始まった。

20m車が主力に新しい電車区を開設

　京浜東北線の分離運転が始まる直前の1956（昭和31）年4月では、基本編成は20m車のみの7両編成、または20m車3両＋17m車2両の5両編成、付属編成は17m車のみの3両編成となった。また赤羽線はクハニ

のない4両編成となった。

そして田町～田端間の複々線化工事が完成し、山手線と京浜東北線が分離された同56年11月から山手線の解結はなくなり、終日17m車5両＋20m車3両の8両編成または20m車のみの7両編成となった。

この頃、山手線の車両は増加の一途をたどり、品川・池袋区では収容が困難となってきた。そこで1956（昭和31）年に京浜東北線を分離運転するのに合わせて輸送力増強用に増備された車両は、京浜東北線の蒲田電車区に疎開収容することとなった。

その後の増備車は下十条電車区に疎開収容することになったが、電車庫までの往復の不経済さをなくすために新たな電車区が計画された。大井工場の整備で余裕ができた土地に品川電車区を移設し、490両を収容できる2階建ての仮称大崎電車区

（のち品川電車区）の建設が計画され、1967（昭和42）年4月から一部の使用が始まった。なお、この頃には山手線から旅客営業用の旧型国電は撤退が完了している。

101系を新製投入 旧国の置き換えを開始

山手線の新性能化は1961（昭和36）年10月から始まり、カナリヤ色の101系が池袋区に7両編成で登場した。これまでのぶどう色に比べて斬新で注目を集めた。さらに20m車8両が運転可能なホームの延長工事が完成したことから、翌62年11月に101系は8両編成となった。

旧型国電の20m車7両編成や17m車＋20m車の8両編成の置き換えが始まり、輸送力が増強された。一方、赤羽線は基本4両編成に加えてラッシュ時に付属の2両編成が連結され

ることとなり、最大で6両編成となった。

赤羽線は山手線が1963（昭和38）年10月に新性能化された後も、旧型国電の73系とサハ17形が池袋区に残り、基本が5両編成、付属が2両編成となり、ラッシュ時は7両編成、それ以外は5両編成で運転された。

中間付随車に17m車のサハ17形を使用しているのは当時の板橋駅のホームの有効長が短く、編成長を136m以下にする必要があったためである。このホームの延長工事が完了した1965（昭和40）年7月から基本編成は6両となり、最大8両編成となった。

そして1967（昭和42）年4月に101系8両編成により新性能化が達成された。これにより品川・池袋区から旅客用の旧型国電は転出した。

奥に写る101系に置き換えが始まり、最後の活躍をする73系。先頭のクハ79228はこの後、京浜東北線に転属。さらに仙石線に移り、1970年に盛岡工場で押込型通風器に改造された。翌年のアコモ改善工事で側窓が上下寸法1:2のアルミサッシの二段窓となった。上野　1961年12月　写真／沢柳健一

京浜東北線

大宮と桜木町とを結ぶ京浜東北線は、元々は南側から開業し「京浜線」と呼ばれた。
30系、31系は初投入路線となったが、新性能化は遅く、103系、101系の順に投入されていった。

京浜線用に用意された木製車デハ6340形＋サロハ6190形＋デハユニ6450形。電車用で初めて二等車が設けられた。車両は車端部の客用扉が従来の折戸から引き戸となり、連結面に開き戸式の貫通扉が設けられた。デハとサロハは後に中央に客用扉が設けられ3扉化された。品川　写真／『日本国有鉄道百年写真史』より

横須賀線電化までは最長電車運転区間

一般に「京浜東北線」と呼ばれる名称は通称で、線籍としては東京〜横浜間の南側は東海道本線、東京〜大宮間の北側は東北本線である。しかし、開業時から通称が使われていて、「京浜線」から「東北・京浜線」を経て現在の「京浜東北線」に至っている。

往年の鉄道雑誌『鉄道』を見ると、1933（昭和8）年12月号に「京浜東北線」の記述があり、公式ではないが戦前から使われていたようである。また、戦後の1956（昭和31）年の『時刻表』には「東北・京浜線」と「京浜・東北線」の両方の記載がある。

京浜東北線は、まず南側が1914（大正3）年12月に東京駅の開業とともに営業を始めた。当時は電車運転

の最長距離を誇り、初めてパンタグラフを装備した都市間連絡用の高速電車が使用された。東京と横浜の二大都市を結ぶ路線であり、東京〜横浜間は列車線（東海道本線）と別線で建設された。

1938（昭和13）年までは必ず二等車が連結され、鋼製車30系、31系も最初に投入されるなど、横須賀線が電車化されるまでは最新の電車が優先して配置されていたエリート路線であった。

最新技術がトラブル開業後に電車を運休

1914（大正3）年12月18日に東京駅で開業祝賀式典が開催され、東京〜高島町（仮）間で公開試運転が行われた。ところが新たに採用した技術に不慣れなため、式典の当日から問題が起きた。

高速走行をするため架線電圧を600Vから1200Vとし、集電方式をトロリーポールから新たにパンタグラフを採用したのだが、架空電線の吊架方式がトロリー方式からカテナリー方式となったものの、吊架技術は未熟であった。

また、現在のスリ板で架線から集電する方式と異なり、ローラーが回転しながら集電する方式のため、このローラーにも不具合があった。さらに、線路の路盤が十分に固まっておらず、重い車両が走行したことから路盤が沈み、動揺でパンタグラフのローラーが架線から外れて停車する故障が続発した。

そのため12月20日から営業を開始したが故障は続き、26日から運転を休止した。列車は蒸機牽引で継続され、設備の総点検とパンタグラフの集電方式をスリ板方式に改める改修が行われ、翌15年5月10日から運転を再開した。

1915（大正4）年8月に高島町付近に二代目横浜駅が完成し、電車は二代目横浜駅に乗り入れ、同時に初代横浜駅は桜木町駅と改称した。同年12月には桜木町〜横浜間が単線のまま、東京〜桜木町間の電車直通運転を開始した。1916（大正5）年4月に横浜〜桜木町間の高架複線化工事が完成し、さらに同年5月に本停車場の桜木町が完成し、京浜線の運転区間は東京〜桜木町間となった。

車両は中央線・山手線よりも車幅・車高とも大型化された木製2扉

写真は省電初の丸屋根車で、後にクモハ11266となった車両。当初前面左上の運行表示板は外側から付けられていた。雨樋は一直線だったが、車体の内側から表示する運行灯窓が設置されると曲線に変更された。クモハ11266は山手線の後、飯田線に移り、晩年は鶴見線で過ごした。蒲田電車区　1941年2月3日　写真／沢柳健一

車で、デロハ、デハ、サロハの3形式が用意された。1916(大正5)年11月には、デハユニやサロハ改造の代用制御車のクハも追加された。運転開始当初は1〜2両編成で15分間隔の運転であった。

1918(大正7)年には3両編成で12分間隔となり、1923(大正12)年には5両編成になった。同年9月の関東大震災から復興する時は4両編成化されていたが、翌24年1月から5両編成に戻っている。

1916(大正5)年11月頃から、上下10本の急行電車が運転された。浜松町、蒲田、川崎、鶴見を通過し、東京〜桜木町間で4分ほど短縮したが、1918(大正7)年7月に運転は中止された。これは現在の快速運転と異なり、運転本数が少ないうえ、浜松町、川崎を除き通過駅を補完する路線がないので、支持を得られなかったものと思われる。

市街高架線の開業で上野、田端まで延伸

通勤客が増加したため、車両の増備過程で3扉車が投入されたが、1922(大正11)年には将来電車による長距離運転の可能性を探るために2扉クロスシートのデハ、トイレ付きのサハ、サロが登場した。しかし翌23年に発生した関東大震災のため、東海道本線小田原までの電化計画の延期や復興のための輸送力確保が優先され、1927(昭和2)年までにサロを除いて3扉ロングシート化された。

震災の復興に合わせて工事が進められた東京〜上野間の市街高架線が完成し、1925(大正14)年11月に運転区間が桜木町〜上野間となった。1926(大正15)年1月からは、一部が田端まで乗り入れた。この頃は定期運用で桜木町〜上野間が6〜7両、不定期運用で蒲田〜田端間が7両編成で運転された。

荷扱いによる遅れを解消するため、1927(昭和2)年5月から郵便荷物合造車を編成から分離して荷物電車の運転を開始している。

一方、赤羽延長に備えて田端の北側で山手線との立体交差化工事が始まり、北行きは山手線の下を通るように線路配置が変更された。これにより山手線は山手台地の端を掘割で通るようになり、それまでのトンネルは廃止された。現在も山手線の西側にトンネルの石垣がわずかに残っている。

また、同じく27年5月、品川〜田町間で北行きの線路と山手線が平面交差から立体交差に変更する工事が行われた。

初の鋼製車30系を京浜線に初投入

1926(大正15)年度から初の鋼製車30系(登場時はデハ73200形、サロ73100形、サハ73500形で、1928〈昭和3〉年の称号改正でモハ30形、サロ35形、サハ36形と改称)が製造され、京浜線に集中的に配置された。

3扉のロングシート車だが、サロのみ2扉で京浜線のみの配置であった。こちらは二等車の廃止で三等車に格下げされ、3扉ロングシート車に改造された。

1928(昭和3)年2月に田端〜赤羽間が電車線として延長された。この時の『時刻表』に初めて「京浜線」と記載された。これで桜木町〜赤羽間が電車区間となったが全線通しの運転はなく、系統は桜木町〜上野間、蒲田〜赤羽間の2系統であった。

基本編成はサロなしの3両編成と、サロありの4〜5両編成で、付属編成の3〜4両編成を連結し、最大8両編成で運転された。

1929(昭和4)年度から丸屋根の31系(モハ31形、クハ38形、サロ37形、サハ39形)が新たに加わった。1932(昭和7)年9月に赤羽〜大宮間が東北本線の列車線と共用で運転を開始。同時に下十条電車区が開設され、蒲田〜大宮間の基本3両編成を受け持った。ラッシュ時には付属のサロ入り4両編成がこれに連結され、蒲田〜赤羽間に二等車が入った。

蒲田、東神奈川区は
❶基本編成のサロ付き5両編成
❷基本編成のサロハ付き4両編成
が所属し、桜木町〜東京・上野間を担当。ラッシュ時には
❶に付属編成のサロ付き3両編成
❷に付属編成のサロ付き4両編成
を連結して赤羽まで運転された。付属編成は赤羽で解放するため、大宮まで二等車が入ることはなかった。なお、赤羽〜大宮間が電車線として独立するのは1968(昭和43)年10月のことである。

新車体色を検討するも時代は戦時体制に進む

1933（昭和8）年から20m車が入るようになり、サハ57形、サロハ56形、1937（昭和12）年に半流線形のモハ41形、1940（昭和15）年に張り上げ屋根にノーシルノーヘッダ車モハ60形、サハ57形が配置された。

また、東京オリンピックが1940（昭和15）年に予定されていたため、1937（昭和12）年9月に車体色の変更が検討された。30系や31系などの丸屋根の車両を使い、赤茶色一色のA案と、ウインドシルより上がクリーム色で下がエビ茶色に塗り分けたB案の2種類があった。この編成は蒲田・東神奈川区が受け持ち、予備車は蒲田・下十条区が受け持った。これらの塗装は1940（昭和15）年までに元に戻された。

しかし、この頃から戦時体制に入っていく。日中戦争への突入に伴い、京浜工業地帯の工場労働者輸送が急増したため、1938（昭和13）年11月に二等車が廃止され、三等車に格下げまたは他線へ転出となった。

太平洋戦争の被害は大きく、1945（昭和20）年の3月から5月にかけての空襲で、京浜線上や蒲田電車区、東神奈川電車区に被害が多く発生し、戦災車両は84両に及んだ。

路線別では最多の連合軍専用電車指定

終戦直後の1946（昭和21）年1月に連合軍から連合軍専用電車の指定を受け、南側先頭車の半室または全室が専用車に改造された。専用車両の部分は白帯が巻かれ、白帯車と呼ばれた。京浜東北線は路線別では最も多い42両が指定を受けたが、ジュラ電（後述）だけは専用車の指定を受けなかった。

サンフランシスコ講和条約の発効により1952（昭和27）年4月までに指定は解除され、青帯に変更して二等車となった車両もあった。京浜線の二等車は1957（昭和32）年6月に廃止され、三等車に格下げのうえ「老幼優先車」として使用された。

カラフルな色見本電車誤乗防止を模索

1946（昭和21）年12月に蒲田電車区に緑色のモハ60形が現れた。さらに翌47年1月から色見本電車とし1両ごとに色が異なる6両編成が京浜線を走り始めた。
←桜木町　クハ65218（赤茶）＋モハ60006（黒緑／鉄屋根灰白色、パンタ銀色）＋モハ60066（黄緑）＋サハ57001（濃黄緑）＋モハ60123（緑褐）＋モハ60023（青緑／鉄屋根灰白色、パンタ銀色）　大宮→

すべて蒲田電車区の所属で、1947（昭和22）年1月1日から1カ月間京浜線で走行し、さらに山手線、中央線と運行線区を変えて運転された。

車両の色を変えて乗客の気分を和やかにする意味もあったが、乗客の反応からか一時期、山手線の車両が緑色となった。これは田町〜田端間の共用区間の誤乗を防ぐために採用された色であった。

写真のモハ73174は事故復旧工事で台枠から上側が新造された。第2次全金属電車と呼ばれるジュラ電更新車の図面を参考にし、大井工場では便宜上、第3次車とされた。当初は事故前の番号だったが、ジュラ電更新車と同じ体質改善車のため、1957年3月にモハ73900と改番された。
東京　1956年7月28日　写真／沢柳健一

戦後の荒廃した車両の整備が落ち着き、63系電車の導入が軌道に乗ったことから、後述する「ジュラ電」が登場した直後の1947年2月24日から間引き運転が解消されて通常運行に戻った。通常運行とは1946（昭和21）年4月の状態に戻る程度の回復で、混雑は続いていた。

1948（昭和23）年は関東の各電車区で車両の整備復興に取り組み、京浜線では東神奈川区で6両編成1本が整備され、「模範電車」の表示を掲げて運転された。

余剰の資材を使用した ジュラルミン電車

終戦後、不要となった戦闘機用資材のジュラルミンを転用した63系電車が1947（昭和22）年1月に現れた。「ジュラ電」と通称される6両編成で、かつて戦闘機を製造していた川崎航空機と同系の川崎車輌（現・川崎重工）が製造した。

ジュラルミンは溶接に不向きなためリベット接合で留められ、他の63系に比べてリベットが目立つ車両であった。車体色はジュラルミンの地肌を生かした銀色で、蒲田区に配置された時には窓下に緑の帯が巻かれていた。

1947年1月に品川〜平塚間で試運転が行われた。鋼板に比べて強度が弱いため、試運転の結果、ラッシュ時には使用されなかった。また、南側の先頭車は進駐軍専用車となっていたが、この編成だけは指定されなかった。

朝夕、蒲田〜浦和間を各1往復するのみの運用だったが、車体の腐食は早く、1950（昭和25）年には外板保護のためぶどう色に塗装された。編成は分解されて使用され、1954（昭和29）年8月に大井工場でモハ71001の試作全金属製電車に続く、第2次の試作全金属製電車として更新され、蒲田電車区に配置された。

6両とも側窓をアルミニウム合金製の二段式ユニット窓とし、室内灯に蛍光灯を本格的に使用した。試作車両として今後の全金属車両の資料とするため、蛍光灯は車両ごとにメーカー、白色・天然白色の光色、交流・直流の点灯方式、20W・40Wの灯体の容量などの違いがあった。また、室内の色彩も車両ごとに異なり、室内のつかみ棒の取り付け方を変えるなど、比較検討用の要素が盛り込まれていた。

京浜線最大の悲劇 桜木町事故の教訓

京浜線にとって最も忘れられない大惨事は、1951（昭和26）年4月24日の桜木町事故である。63系電車の屋根が絶縁不良のため、切断された架線が屋根に触れて流れ込んだ電流を絶縁できず、車体が燃えた事故である。さらに客用扉が開かず、窓が三段窓で貫通路が開き戸で貫通幌もなかったことから乗客が避難できず、被害を大きくした。また、過電流の場合は変電所から電気の供給は止まるが、止まるのが遅れた変電所があったために火災が広がった。

この事故を受けて、電車の構造に緊急諸対策が出された。絶縁対策が強化されたほか、戸閉三方コックの扱い方を車内に標示して、客用扉を手動で開けて車外に脱出できるようにした。

また63系はさらに特別改造と更新修繕が行われた。屋根に鋼板を張り不燃化を強化、三段窓は中段も開閉可能とする、貫通扉を引き戸にして貫通幌を設けるなどの特別改造が施され、併せて戦時設計を標準設計に直す更新修繕も行われた。改造は突貫工事で進められ、2年ほどで完了した。そして工事の完了した車両は73系に改称された。

この事件は燃えない車体である全金属製電車を開発するきっかけとなった。

8両から10両編成へ 設備を整え新性能化へ

1950（昭和25）年4月にはほぼ戦前の状態にまで戻り、基本編成は4〜5両編成、付属編成は2〜3両編成

元連合軍専用車のクハ65112。日本に返還後は二・三等合造車クロハ16854となり、専用車を示す白帯は青帯に変更された。1957年6月30日に国電区間の二等車は全廃されるが、写真のように標記はクロハだがすでに三等車に格下げられて「老幼優先車」とされる車両もあった。
品川　1957年6月26日　写真／大那庸之助

クモハ73351は1949年製のモハ63803を1953年3月に改造して、73系とした車両である。蒲田区から浦和区に移り、京浜東北線で活躍した。写真は南浦和行きで使用中の姿である。63形時代の面影を残したまま1971年に品川区に移り、牽引車として1980年6月まで使用された。
有楽町　1968年11月27日　写真／大那庸之助

で最大8両編成となった。この後は20m車の置き換えが進み、3扉車から4扉車73系への置き換えも進んだ。

中央線をきっかけに新性能化が進む中、京浜東北線でも新性能車10両編成による運転を目指して準備が始められた。1962（昭和37）年4月に浦和電車区を新設。1964（昭和39）年には浦和区は基本8両編成、蒲田・下十条区は基本5両編成と付属3両編成となった。最大8両編成は変わりなく、車両の95％以上は73系が占めるようになった。

1965（昭和40）年から10両編成化に向けたホームの延長工事も始まった。同年11月から新性能化が始まり、103系が運転を開始した。1970（昭和45）年12月からは101系も加わり、西日暮里駅が開業する前日の1971（昭和46）年4月に旧型国電は最終日を迎えた。

常磐線

現在の常磐線では、常磐線快速と常磐緩行線の国鉄線にあたる区間で、旧型国電が運転された。電化は遅かったが、新製車のみの集中投入、引退後の復帰など、興味深い動向があった。

将来の沿線人口増加を予測して電化

常磐線は日本鉄道が建設した路線で、磐城にあった常磐炭鉱（現在のスパリゾートハワイアンズ近辺）から産出される石炭を輸送するために建設された。1906（明治39）年11月に国有化され、東京周辺で唯一非電化であったことから、1935（昭和10）年9月に上野〜我孫子間の電化が決定した。

第1次工事として翌36年12月に上野〜松戸間で電化が完成し、電車運転が開始された。1937（昭和12）年2月から第2次工事として松戸〜我孫子間の電化工事を開始する予定だったが、戦争の影響で中止され、工事は戦後に再開された。

電化工事に合わせて上野駅高架ホームの増設と日暮里〜南千住間で高架工事が行われた。高架区間は人家密集地帯と曲線区間が多く、工事は困難であった。また、鶯谷に駅は設けられず、電車も列車並みの運転となった。上野を発着する松戸以北の客車列車もあるため、常磐線は客車と電車が路線を共用した。電車運転開業時は15〜20分間隔で運転され、通常は2両編成、混雑時は3両編成で運転された。

輸送力増強のため17m車も導入されたが、1960年代に入ると20m車へ置き換えが始まり、1962年度中にクハ16形は松戸区から姿を消した。17m車はサハ17形のみ残っていたが、ほどなく姿を消した。写真のクハ16461は松戸区から中原区に移り、南武線で1969年9月に廃車となった。
松戸電車区　1961年4月1日　写真／沢柳健一

1936（昭和11）年9月1日に電車庫は電車区に改称されたため、同36年11月に開設された松戸電車区は初の新設の電車区となった。本線から離れた場所にあり、単線で引込線が敷かれ、通票閉塞式で電車の出入りを行った。

20m車で車両を統一戦時中は疎開転入も

常磐線の車両はモハ41形・クハ55形・クハニ67形で、すべて新車で用意されたので編成に統一感があった。戦前の珍しい出来事では、常磐線でも試験塗装が行われた。1940（昭和15）年に開催される予定だった東京オリンピックに合わせて車両の塗装を変更する試みが行われ、京浜線などでA案とB案の試験塗装が行われた。松戸電車区ではB案の塗装がモハ41015＋クハ55040に施され、注目を集めた。

当初20m車の半流線形車体で統一された編成であったが、1939（昭和14）年1月に関西から17m車モハ34形が増結用に転入し、編成が乱れ始めた。1941（昭和16）年末までにモハ30形、モハ31形、モハ50形、モハユニ30形、クハ55形、サロ35形（三等代用）、サハ36形、サハ25形などが転入し、編成美どころではなくなった。

常磐線の複々線化工事区間を行くクハ79426以下。1956年度1次車のクハから、前照灯は妻面に埋め込まれた。側窓は三段で、この1次車まで屋根は木製であった。1971年にアコモ改善工事を受け、アルミサッシの二段窓に改造された。晩年は横浜線で新性能化されるまで使用された。松戸～金町間　1970年12月6日　写真／大那庸之助

1941年12月に転入したサハ25065は鋼製車ばかりの松戸区で初の木製車であった。後に鋼製車クハ65形に改造され、木製車体は松戸区の倉庫に転用された。

編成は1941年12月から基本3両編成、付属2両編成とし、1944(昭和19)年6月からすべての基本編成が3両編成となった。なお、合造車は基本編成に組み込まれた。

1945(昭和20)年の戦争末期になると横須賀線から疎開を兼ねてモハ32形、クハ47形、サハ48形が転入した。こちらは戦後1949(昭和24)年11月までにすべてが横須賀線に戻った。1945年6月当時、終日5両編成のみで運転された。

戦後に電化工事を再開 一時は有楽町に直通

戦後の1946(昭和21)年6月に63系が配置されてから復興が軌道に乗ってきた。1948(昭和23)年10月から63系を完全整備した5両編成の1本が「模範電車」の看板を掲げて走り始め、同年11月から占領軍専用車の運転が始まった。占領軍用の半室専用車が松戸区にはないため、東神奈川区から横浜線用の半室専用車を借り、1950(昭和25)年10月まで必要に応じて運転された。

戦後、電化工事が再開され、1949(昭和24)年6月1日に取手まで電化された。電化に合わせてさらに63系が転入し、基本4両編成、付属2両編成となった。解結は松戸で行い、1946(昭和21)年12月からラッシュ時では最大8両編成となった。

1949年末から山手・京浜東北線共用区間の分離工事が始まり、一部完成した施設を利用して1954(昭和29)年4月15日から上野～有楽町間で常磐線から乗り入れ運転を開始した。乗り入れ区間の停車駅は東京のみで、東京～有楽町間は単線運転であった。

運転は朝夕の混雑時間帯のみ13往復の運転で、山手・京浜東北線分離工事が完成した1956(昭和31)年に乗り入れは終了した。乗り入れ用にモハ71形とクハ76形が松戸区に配置されたが、モハ41形、モハ60形なども使用された。

予想以上の利用客増 最大9両編成で運転

常磐線の利用者は増え続け、1954(昭和29)年に基本編成を4両から6両とし、1959(昭和34)年11月にはラッシュ時は最大9両編成で運転された。1965(昭和40)年10月に柏に折り返し設備が設けられたが、混雑の解消には遠い状況で路線の増設が望まれた。

1950年代から60年代初頭の車両は73系以外にも3扉17m車のクハ16形やサハ17形、3扉20m車のクモハ30形、クモハ41形、クモハ60形、クハ55形、サハ57形などが使用された。クハ55形はサハ57形を先頭化改造した300番代が多く在籍した。これは1959(昭和34)年度から増結用に改造された車両で、改造を担当した工場で違いがあり、貫通扉に改造前の引き戸を使用している車両もあった。

1960年代に入るとモハ41形は高出力の主電動機を備えたモハ60形に置き換えられ、その後は4扉の73系化が進められ、1960年代後半には73系とクハ二67002・904に統一された。

新性能化達成後に 旧国が1年ほど復活

1967(昭和42)年12月から103系が入り、1971(昭和46)年4月に綾瀬～我孫子間の複々線化が完成し、旧型国電の置き換えが完了した。

しかし、営団(現・東京メトロ)がストを起こしたとき、常磐線緩行線は綾瀬折り返しとなった。綾瀬・金町・亀有から都心に向かう利用者は松戸まで戻ることとなり、快速は大混雑した。その結果、翌5月から休車となっていた旧型国電の8両編成2本が復帰し、1972(昭和47)年3月14日まで運転を続けた。7M1Tの強力編成で、営団がストの時は2本とも運用に入り、最後の活躍を見せた。

常磐線上野～松戸間の電化に合わせて登場した合造荷物車。40系だが、この車両のみ客用扉間の窓が6枚配置されている。写真のクハニ67007は1940年度に増備されたノーシル・ノーヘッダ車で、当初は張り上げ屋根であった。1962年5月に発生した三河島事故により廃車となった。松戸　1961年4月1日　写真／沢柳健一

第4章

上信越・東北
各線

上野から北関東へ至る高崎
線、東北本線は、80系で電
車運転が本格化した。本章で
はこの2つの路線を軸に、高
崎線からさらに北を結ぶ上越
線、信越本線、篠ノ井線、大
糸線などの群馬・長野・新潟
県の路線や、東北本線から分
岐する日光線を掲載。さらに
国鉄最北の直流電化路線・
仙石線も取り上げる。

高崎線・東北本線

高崎線と東北本線の直流区間（上野～黒磯間）では、現在も車両が共通運用されているが、これは最初の80系投入時から始まっていた。115系の投入が早く、比較的早く置き換えられた。

高崎線の電車運転開始に合わせて80系の新車が投入された。高崎～水上間も走行するため、80系の1956年度増備車は寒地向け仕様となり、クハとサハが100番代、モハが200番代となった。車内の座席間隔と通路幅が広げられ、外観ではスノープロウが取り付けられた。写真は東海道本線で試運転中のもの。平塚　1956年11月10日　写真／沢柳健一

高崎線最初の電車は70系の臨時電車

大宮～高崎間の高崎線は、日本鉄道が上野と高崎とを結ぶ同社初の路線として敷設し、1884（明治17）年5月までに全線を開通した。今も多くの列車が上野まで直通しているが、線籍上は大宮から東北本線に乗り入れる形になっている。高崎で上越線、信越本線と接続するため、新幹線開業前は上野と各方面を結ぶ役割を担っていた。

電化は戦後の1952（昭和27）年4月に完成し、客車列車のみの運転であった。当時、電車は1時間半程度の中距離運転が限界とされていたが、80系の登場で長距離の運転が可能となり、高崎線でも80系の導入が検討された。

高崎線で最初に走った旧型国電は70系である。同52年6月5日に上野～熊谷～秩父鉄道上長瀞間で休日に運転された臨時直通電車「長瀞」で、熊谷から秩父鉄道に乗り入れた。田町区の横須賀線用の70系で、クモハ43形を入れた7両編成を使用した。

そして同52年10月から、上野～熊谷間で毎日3往復の定期運転が始まった。田町区に所属する横須賀線の付属編成で、クハ76形、モハ70形、サハ48形、クモハ43形の4～5両で運転され、上野側にクモハ43形が先頭に立つこともあった。これ

高崎線の電車化当初は、横須賀線の70系を使用して運転された。横須賀線と異なり、前面に行先表示板を掲揚していた。徐々に運転区間を北へ伸ばし、電車運転の実績を重ねていった。高崎線の本格的な電車化は80系で行われたが、80系の前面に行先表示板は掲げられなかった。
上野　1954年頃　写真／沢柳健一

らの運転は東京鉄道管理局（東鉄局）の乗務員が行った。クハ76形の前面には「上野⇔熊谷」と書かれた大型の方向板を掲げ、後に5往復になるほど好評であった。

電車の運用範囲を広げるため、国鉄では関係機関が集まり検討が重ねられた。そして、将来は豪雪時期にも電車が入線できるよう、1955（昭和30）年2月に水上〜石打間で耐雪試験が行われ、結果は高崎線の80系などの設計に反映された。

80系を耐雪仕様にし高崎線で運用開始

高崎線の80系は、1956（昭和31）年11月に40両が高崎第二機関区に配置され、1958（昭和33）年4月には高崎第二機関区新前橋派出所が開設された。翌59年4月に独立して新前橋電車区となり、80系はこちらに移管された。

配置された80系は先の試験結果を取り入れた耐雪構造で、クハ・サハが100番代、モハが200番代に区分された。窓枠がアルミサッシとなったほか、座席間隔が拡大され、座席幅も広げられたことで居住性が改善された。

上野〜高崎間の電車運転は1956年11月から始まり、基本6両編成、増結6両編成で運転された。籠原以南は12両編成となり、同駅で解結が行

われた。そのため、籠原に高崎第二機関区籠原派出所が開設された。後の籠原電車区である。なお、12両編成の場合は当初、編成間の戸閉回路が引き通されていなかった。そのため扉の開閉操作は前部を電車運転助士、後部を車掌が担当した。

1957（昭和32）年12月に両毛線新前橋〜前橋間が電化され、上野〜前橋間で電車の運転が始まった。80系の増備が行われ、全金属車300番代のほかに更新工事を終えた初期車なども転入した。耐寒仕様に改造され、前面窓に電熱線型デフロスタの取り付け、気笛に電気ジャケットと気笛シャッターの取り付け、客用扉のレールにヒータの設置、スノープロウの取り付けなどが行われた。前面3枚窓の初期車の中には、中央の窓に旋回窓が取り付けられた車両もあった。

80系を優等列車に使い上信越方面に直通運転

予備車を活用して、1960（昭和35）年3月から上野〜前橋間を1時間30分で結ぶビジネス準急「あかぎ」が80系の6両編成で運転された。ところが同60年12月に熊谷駅で追突事故が発生し80系が不足したため、1961（昭和36）年にかけてサハ48形、クハ47形が数両転入した。80系と連結するために改造され、湘南色で使用されたが1963（昭和38）年までに

東北本線宇都宮電化を祝うアドバルーンと80系300番代。1970年代までは、祝い事があると地元の歓迎を表すためよくアドバルーンが上げられていた。近年ではほとんど見られない光景だが、地元がいかに心待ちにしていたかが分かる。
クハ86332　宇都宮　1958年4月14日
写真／沢柳健一

転出した。

また、80系の配置以降、高崎線を通って上越、長野原（現・吾妻）、信越本線方面を結ぶ優等列車の増発が相次いだ。80系で運転された珍しい列車では「あらふね」がある。1962（昭和37）年4月から、特定期間の休日に上野から高崎を経て、上信電鉄の下仁田まで運転された。

その後、80系は1963（昭和38）年3月から新性能電車115系に置き換えられ、1965（昭和40）年10月までに地方へ転出した。

東北本線と高崎線は車両を融通する関係

東北本線の上野〜黒磯間は、日本鉄道により1886（明治19）年12月までに開通した。上野〜宇都宮間の電化は1958（昭和33）年4月で、電化と同時に80系電車が運転を開始した。新製された全金属製300番代43両が宇都宮機関区（のち宇都宮運転所）に配置された。

高崎線と同様に基本6両編成、付属6両編成で、上野〜小山間が12両編成、以北が6両編成で運転された。同58年12月に宝積寺まで電化され、1959（昭和34）年5月に黒磯まで電化された。黒磯電化に合わせて80系が増備された。これは東海道本線の準急「東海」の置き換え用に153系

高崎線に入る1952年度製のクハ86065。前面窓はHゴム支持、戸袋窓は木枠、客用扉の窓桟は1本という前年度からの特徴は引き継がれたが、台車はTR48に変更された。関西急電増発用として関西急電色で宮原区に配置されたが、新前橋区に借り入れられて湘南色に変更して使用された。
上野　1959年9月22日　写真／沢柳健一

を製造し、捻出された80系300番代の一部が転入したものである。

宇都宮機関区の検修能力の関係で、多くは新前橋電車区に配置された。そのため車両の運用上、両線で共通運用となり、運用によっては上野で東北本線と高崎線の電車の振り替えが行われた。また、二等車の連結が始まり、サロが宇都宮と新前橋に配置された。

なお、東北・上信越本線の80系には、タブレットの衝突によるガラス破損を防ぐために運転室直後の窓の一部に鋼板が張られていた。

優等列車も担うが比較的早く新性能化

東北本線の電車による優等列車は、1959（昭和34）年9月の日光線電化から運転を始めた上野〜黒磯間の準急「しもつけ」と、上野〜日光間の準急「だいや」である。「だいや」は日光線の項で紹介する。

準急「しもつけ」はサロ1両を入れた7両編成で運転され、1960（昭和35）年8月には上野〜宇都宮間で準急「ふたあら」も運転を開始した。

1959年5月に茅ケ崎付近で事故を起こし前面が破損したクハ86015。同年10月に復旧し、前面窓は153系に似たパノラミックウインドとなった。撮影は復旧翌年の姿で、この後、高槻区を経て晩年は広島に移った。1969年に広島で、他の1次車同様にHゴム支持の3枚窓に改造された。上野　1960年8月21日　写真／沢柳健一

しかし80系の時代は短く、1963（昭和38）年10月までに165系化された。

同時期に115系の増備も東北本線で始まり、80系で行われていた普通運用も置き換えられた。これにより80系は1964（昭和39）年3月までに宇都宮運転所から転出した。

上越線

上越線は戦後に全線電化が完成し、電車運転は70系で幕を開けた。さらに80系を使用した準急が多数運転され、温泉やスキーを楽しむ人々の人気を集めた。本稿では全体の概要と高崎地区を中心に取り上げる。

耐寒耐雪装備を施し豪雪地帯に挑む

上越線は、信越本線経由よりも最短で首都圏と新潟とを結ぶ路線として、1931（昭和6）年9月に高崎〜宮内間の全線が開通した。開通当時、長大な清水トンネルのある水上〜石打間のみが電化され、客貨ともに電気機関車の牽引で運転された。

戦後は1947（昭和22）年4月に高崎〜水上間、同47年10月に石内〜宮内間が電化され、全線が電化された。上越線で最初の電車運転は上野〜水上・石打間で運転された臨時快速列車で、温泉やスキー客向けに1954（昭和29）年11月から休日を中心に運転された。

耐雪工事が施された70系の7両編成で、サロ1両を入れ、車両も乗務員も東鉄局が担当した。クハ76形の前面には「水上行」「石打行」などの大型の行先表示板が掲げられた。

1956（昭和31）年11月に高崎第二機関区に耐寒仕様の80系が配置され、70系に代わり高崎〜水上間で電車による通年運転が開始された。当初、上野〜水上間は1往復だったが、両毛線新前橋〜前橋間の電化により1957（昭和32）年12月から2往復となった。

80系を使用した優等列車を多数運転

80系の優等列車は1958（昭和33）年1月から翌59年4月まで土曜日のみ、上野〜石打間で片道だけ運転される準急「第2ゆけむり」が設定された。全車普通車の6両編成で、車両の定員分のみの列車指定準急券が発売されるほどの人気を集めた。

通年運転の準急は1958（昭和33）年4月に運転を開始した「奥利根」がある。準急券は列車指定制で、下りは上野〜水上間、上りは越後湯沢〜上野間で、同58年10月から上下とも越後湯沢発着となった。

電車の運転区間はさらに延び、1959（昭和34）年4月に上野〜長岡間で準急「ゆきぐに」が運転を開始した。準急券は列車指定制で、一方「奥利根」は休日運転に変更されて列車指定制は解除された。また、「第2ゆけむり」は「みくに」と改称され、準

高崎に停車中の臨時快速電車水上行きで、田町区から借り入れて運転された。先頭のクハ76022は1950年度製の1次車で、前面も戸袋窓も木枠支持である。1954年11月の休日から運転が始まり、11・12月では水上行きは12月26日のみの運転であった。写真は翌55年に運転された時の様子。
高崎　1955年1月15日　写真／沢柳健一

急券の列車指定制は継続された。この3本の準急には同59年9月からサロが連結されて7両編成化された。

　利用者の増加で、1960（昭和35）年3月に上野～水上間で準急「ゆのさと」が毎日運転の不定期列車として運転を開始した。普通車のみの6両編成で、同60年4月のゴールデンウィークから長野原に向かう準急「草津」を併結し、注目を集めた。同様の列車は翌61年5月にも設定され、全車座席指定準急「上越いでゆ」が東京～水上・長野原間で運転を開始した。

　1961（昭和36）年10月ダイヤ改正で一部の列車名が変更され、「ゆきぐに」は「ゆきぐに1・2号」、「奥利根」は「苗場」となった。また、「ゆのさと」にもサロが連結され、上越線の優等列車にはすべてサロが連結されるようになった。これらは間合い運用で普通にも使用された。

　なお、1962（昭和37）年1月に準急「ゆきぐに2・1号」が運転を開始したが、こちらは新性能車153系であった。

上野～新潟間の電車運転が実現

　信越本線長岡～新潟間の電化が1962（昭和37）年6月に完成し、準急「ゆきぐに1・2号」が新潟まで延長され、上野～新潟間の運転となった。併せて急行に格上げされ、下りは「弥彦」、上りは「佐渡」と改称された。上越線初の電車急行で、当時の上越線を代表する列車となった。

　しかし、編成は「ゆきぐに」時代と同じサロ入りの80系7両編成のままで、3枚窓の1次車が運用に入ることもあった。一方、上野～長岡間の準急「ゆきぐに」が新性能車153系で運転されたことから、急行の種別と接客設備に差があることから、1963（昭和38）年3月に165系化された。他の優等列車も1965（昭和40）年度内に165系化されて、80系は運用から撤退した。

　80系が撤退後、上越線の高崎側の普通は新前橋電車区の115系で運転されていたが、1972（昭和47）年10月に高崎～水上間の区間運転用に73系の3両編成が運転された。高崎～水上間、両毛線高崎～伊勢崎間で1往復ずつ運転され、1975（昭和50）年3月まで使用された。

　上越線で最後まで使用されていた旅客用の旧型国電は長岡運転所の70系で、当初は高崎まで乗り入れていたが、後年は越後湯沢までに短縮されて1978（昭和53）年8月に姿を消した。長岡運転所に配置された70系は「新潟色」と呼ばれる赤色と黄色の塗り分けが特徴で、最盛期には高崎で新潟色を見ることができた。こちらは別項で紹介する。

上野～水上間の準急「ゆのさと」で使用中の姿。新前橋区所属の80系で、乗務員扉の形状と窓枠がアルミサッシであることから、クハ86形100番代である。撮影時点ではサロ85形300番代を1両連結し、上野～前橋間の準急「あかぎ」と共通運用で使用されていた。上野　1963年3月18日　写真／沢柳健一

両毛線

両毛線は新前橋〜前橋間が先行して電化され、高崎線から準急や普通が乗り入れた。全線電化後は、サロ85形を先頭車化改造したクハ77形が運行され、旧型国電愛好家に知られていた。

80系から70系に編入された唯一の形式、クハ77形。新前橋区を離れることなく両毛線を中心に運用された、事故車を除いて1978年に全車が引退した。優等車時代の座席を転用したため、座席の奥行きが広く、座り心地が快適であったため利用者に人気があった。
前橋〜駒形間　1970年8月3日　写真／大那庸之助

県庁所在地の前橋まで先行して電化

両毛線は1884（明治17）年8月に日本鉄道が建設した高崎〜前橋間と、1889（明治22）年11月に両毛鉄道が建設した前橋〜小山間を合わせた路線である。同89年12月から日本鉄道が両毛鉄道に連絡し、全線が開通した。1897（明治30）年1月に両毛鉄道は日本鉄道に譲渡され、1906（明治39）年11月に国有化された。

1957（昭和32）年12月1日に新前橋〜前橋間が電化され、高崎〜前橋間で上野からの電車の乗り入れが開始された。同12月20日から高崎〜新前橋間の線籍が上越線となり、両毛線は新前橋〜小山間に変更された。

電車による優等列車の運転は準急「あかぎ」に始まる。1960（昭和35）年3月に、上野〜前橋間で毎日運転される不定期列車として登場した。80系の普通車のみの6両編成で、翌61年にサロが増結された。

そして1963（昭和38）年10月ダイヤ改正で165系化されて、80系の優等列車運用が終了した。高崎〜前橋の電化区間では、線内や上野からの直通運転は引き続き行われ、信越本線電化後は直通運転も行われた。

ご当地限定車両のクハ77形が登場

前橋〜小山間は1968（昭和43）年10月に電化され、70系が配置された。先頭車はクハ76形以外に新たにクハ77形が登場した。これは80系の二等車サロ85形を3扉化し、先頭車化改造をした両毛線独自の名物車両であった。非トイレ側に運転台が設けられ、前面は103系の高運転台に似た形状であった。

車内はゆったりとした二等車の座席が残され、新設された客用扉は1m幅となり、この扉の周囲の座席はロングシート化された。ロングシートの座席はサロ時代の座席を転用し、90度回転して配したもので、座り心地は快適であった。

長野原線（現・吾妻線）電化後は直通運用も行われ、クモハ41形、クモハ60形＋クハ55形が共用された。

1974（昭和49）年頃は70系4両＋40系2両＋70系4両の10両編成も存在した。また、72系3両編成が上越線の区間運転を行っていた時期には、平日の間合いで両毛線高崎〜伊勢崎間でも使用された。

一方で、電化当初から新性能車の115系も使用され、高崎線・東北本線経由の上野直通運転や、線内の普通や快速の一部に充当された。

そして1978（昭和53）年3月、吾妻線用の車両とともに115系に置き換えられた。

70系4両編成＋40系2両編成の6両編成。70系の反対側の先頭車は手前3両と側窓の高さが揃っているため、クハ77形ではなくクハ76形と分かる。70系4両編成は長野原線に入る運用もあった。撮影当時は6両編成にクモユニ74形を連結した7両編成が最長であった。前橋〜駒形間　1970年8月3日　写真／大那庸之助

上の写真の後追いで、最後部のクハ55403は、長野原線の電化に合わせてクモハ41020とともに津田沼区から転入した。クハ55403は転入に合わせてトイレが設置され、クハ55057から改番された。2両とも転出することなく、1978年の新性能化により引退した。前橋〜駒形間　1970年8月3日　写真／大那庸之助

長野原線
（吾妻線）

高崎地区の電化路線の一つである吾妻線は、当初は長野原線と呼ばれていた。沿線に温泉地を有するため、蒸気機関車の牽引で80系電車を入線させた非電化時代のエピソードは有名である。

鉄鉱石輸送のため戦時中に路線を急造

太平洋戦争末期は鉄鉱石の確保が急務とされ、1943（昭和18）年に当時釜石に次ぐ200万トンの埋蔵量を誇るとされる群馬鉄山の開発が始まった。そして、1945（昭和20）年1月に鉄鉱石の搬出のため渋川〜長野原（現・長野原草津口）間が長野原線として開通した。戦時中に急造されたため、急勾配、急曲線でトンネルが続く山岳路線であった。

なお、長野原〜群馬鉄山間は日本鋼管の専用線だったが、1952（昭和27）年10月に国鉄に移管され、終着駅として太子（1971〈昭和46〉年廃止）を設けて長野原線は渋川〜太子間となった。

蒸気機関車の牽引で非電化路線に電車直通

長野原線沿線は川原湯や四万、草津などの温泉地があり、高崎鉄道管理局の発案で東京からの観光客を乗り換えなしで輸送する列車が計画された。そして1960（昭和35）年4月に上野〜長野原間で80系4両編成の週末準急「草津」が運転を開始した。

新前橋区の車両を使用し、5月末まで下りは土曜、上りは日曜に運転され、6月からは毎日運転となった。上野〜渋川間は下りが水上行き「ゆのさと」、上りは長岡発「ゆきぐに」と併結し、非電化の渋川〜長野原間はC11形やC58形の蒸気機関車が牽引した。

当初、DD11形で牽引試験を行っ

電化当初の車体色は写真のぶどう色だったが、短期間で両毛線の写真と同じスカ色に変更された。同様にスカ色で貫通扉を持つ飯田・身延線のスカ色と異なり、新前橋区では最初から貫通扉全面がクリーム色だった（飯田・身延線も後年、貫通扉全面をクリーム色に変更）。クハ55401＋クモハ60101　渋川　1967年7月1日　写真／沢柳健一

たが勾配のため使用できず、C11形やC58形に元空気ダメ管の引き通し線を設けて使用した。さらにC58形には長野・郡山機関区の重油併燃装置を基本に改良式装置を搭載して使用した。当時のC58形349号機の写真を見ると、煙突の後ろに重油タンクを搭載し、連結器右側のブレーキ管以外に左側にもブレーキ管が設置されている。しかし、それでも牽引力不足のため長野原到着は1時間ほど遅れることもあった。

80系は密着連結器、蒸気機関車は自動連結器を使用するため、機関車側に自動連結器、電車側に密着連結器を備えたオハユニ71形を控車として連結した。オハユニ71形は車内に直流2Vの蓄電池を53個積んで簡易電源車とし、80系の客用扉の開閉装

置や室内灯などのサービス電源を供給した。

冬季は牽引運転中に暖房はできず、長野原構内に架線を設けて車内を暖房してから発車する方法が採られた。また、C58形と控車は終点で方向転換をしたが、C11形は上り方向を前向きとして運転され、下りの場合は後ろ向きで運転された。

電化区間では新性能と旧型国電を併結

1961（昭和36）年5月から「草津」の増発用として、全席指定の準急「上越いでゆ」が東京〜長野原間で運転を開始した。下りは土曜、上りは日曜運転で、田町区の車両を使用した。東京〜渋川間は東京〜水上間の準急「上越いでゆ」（上下とも）と併結運転

80系と153系を併結した準急「上越いでゆ」の連結部分。いずれも田町区所属の車両で、車種も行き先も異なるが列車名は同じで、153系は東京⇔水上（左）、80系は東京⇔長野原（右）のサボが入る。80系は耐寒装備を持つ100番代、153系は完成したばかりの500番代である。座席指定準急電車として宣伝された首都圏からの行楽客用の列車で、座席指定券は東京・上野・新宿・池袋・渋谷・大宮で2日前から発売された。
東京　1961年5月25日　写真／沢柳健一

を行った。当初153系のサービス電源は交流のため簡易電源車が使えず、長野原発着は80系4両編成、水上発着は153系4両編成を使用した。

新旧性能車を併結するときは上り下りとも80系を進行方向の先頭側に連結し、80系と共通の自動ブレーキだけを使用した。両形式の連結には153系が19芯、80系側を15芯とする特殊な形状の電気連結栓を使用した。総括制御上、共通で使用できる力行回路、戸閉回路、暖房やブザー回路などだけを接続できる電気連結栓で、方式が異なる電灯制御と車内放送はそれぞれの編成内のみで行われた。

同61年6月に交流電源も供給できるディーゼル発電機に変更されると、80系から153系に置き換えられ、「上越いでゆ」は153系だけで運転されるようになった。

1961（昭和36）年10月ダイヤ改正で毎日運転の「草津」は「くさつ」に改称され、日曜運転の長野原発の上り「上越いでゆ」の時刻は1時間ほど繰り下げられた。そのため、本来の併結相手である水上発東京行きの「上越いでゆ」は単独運転となった。

新たな併結相手は長岡始発の「ゆきぐに1号」となり、上野止まりに変更された。なお「ゆきぐに1号」は車両製造の遅れから運休となり、運転開始は1962（昭和37）年1月となった。それまでは長野原発の上り「上越いでゆ」は単独運転となり、渋川〜上野間では1時間ほどの間隔で同名の列車が2本運転されることとなった。

その後も「くさつ」、「上越いでゆ」は長野原線内で客車扱いの運転が続けられたが、1962年4月28日に「上越いでゆ」は気動車化され、上野発着に変更された。また、「くさつ」も同62年6月10日に気動車化され、蒸気機関車の牽引で電車が直通することはなくなった。長野原線を再び電車が走るのは、電化まで待つこととなった。

電化工事が完成し
旧型国電が運行開始

渋川〜長野原間の電化は1967（昭和42）年4月に完成し、電車運転が始まった。長野原〜太子間は非電化で残り、1両の気動車が5往復運転していたが1970（昭和45）年11月に営業休止となり、翌71年5月に廃止された。

戦時中の突貫工事で建設された路線のため、電化工事は困難を極めた。トンネルの盤下げ工事などは難工事となり、終日運休で工事を行うほどであった。

電化当初は旧型国電の2両編成で、ラッシュ時は2本を連結して4両編成で運転された。東神奈川区などから転入したクモハ60形またはクモハ41形＋クハ55形が使用された。当初はぶどう色で使用されたが、後にスカ色に変更された。クハ55形はサハ57形を先頭車化改造した300番代も在籍し、引き戸式の貫通扉がそのまま残っていた。さらに箱形の行先方向板入れが車掌側に取り付けられるなど、独特の前面であった。

また、1968（昭和43）年10月から両毛線と直通運転が行われ、70系4両編成が入り始めた。そのため高崎〜長野原間以外に小山発新前橋経由長野原行きも運転された。

1971（昭和46）年3月に長野原〜大前間が新たに電化開業し、吾妻線と改称された。東京を結ぶ優等列車は万座・鹿沢口止まりで、いずれも新性能車で運転された。その後、40系が運用を離脱し、1978（昭和53）年3月には70系による長野原発新前橋行きを最後に115系と交代した。これにより新前橋電車区から旧型国電は撤退した。

信越本線
（高崎〜長野間）

並行在来線化でズタズタに分断された信越本線だが、かつては高崎と新潟とを長野、直江津経由で結ぶ一大幹線だった。本稿では碓氷峠区間を含む高崎〜長野間を中心に解説する。

高崎〜横川間の普通列車。この区間では荷物の取り扱いがあったため、クハ55形の運転台側1/3を荷物室に改装したクハニ67形900番代（写真）が2両配置されていた。2両とも伊東線から転属してきた車両で、車体色はスカ色からぶどう色に変更され、運転台の窓は写真の通り後年Hゴム化された。
高崎　写真／大那庸之助

高崎〜横川間で
旧型国電の運転を開始

　信越本線の歴史は、官設鉄道として1885（明治18）年10月に高崎〜横川間が開通したことに始まる。東京と京都とを結ぶ路線として東海道と中山道の路線を比較した結果、中山道沿いが適当であると国の決定を受けて敷設された路線である。

　その後、山岳地帯の難工事により建設費用が多額になることから、幹線は東海道に変更され、横川〜軽井沢間の開通で全通したのは1893（明治26）年4月であった。当初、横川〜軽井沢（碓氷峠）はアプト式で、1912（明治45）年5月に電化された

が、専用の電気機関車による運転のみであった。

　電車の運転は、1962（昭和37）年7月に高崎〜横川間が電化された際からで、クモハ40形の072、059の2両で開始された。ラッシュ時は2両で、ほかは単行で運転された。当初はアプト区間が残り、横川駅構内は電化されているものの600Vであった。そのため、横川駅構内に600V−1500Vのデッドセクションが設けられた。

希少車が転属するが
碓氷峠には入線せず

　1963（昭和38）年7月に横川〜長野間の1500V化が完成し、横川〜軽井沢間で粘着運転が始まったのち、

1964（昭和39）年2月までにクモハ41形、モハ30形（2代目）、クハニ67形900番代が入線し、3両編成で運転が行われた。ただし、碓氷峠を越える運用はなく、高崎〜横川間の運転である。

　モハ30形（2代目）は1953（昭和28）年にクモハ40形の両運転台を撤去して中間車とした車両で、初の鋼製電車となったモハ30形（→モハ11形）とは別形式である。クハニ67形900番代はクハ55形の運転台側を荷物室に改造した車両である。

　2形式とも全部で6両ずつという希少車で、信越本線にはいずれも2両ずつ在籍した。クハニが検査の時はクモハ40形が入り、全電動車編成と

準急「軽井沢」として横川に到着したクハ86001。更新工事で前面窓はＨゴム支持となり、耐雪工事も行われた。スノープロウを装備し、左側のタイフォンカバーは防雪仕様となっている。乗務員扉直後の客用扉はタブレット衝突時にガラス破損を防ぐための鋼板が張られている。
横川　1962年8月19日　写真／沢柳健一

なった。ラッシュ時は2本が連結されて6両編成で使用された。

　運用は高崎〜横川間のほか、新前橋電車区の入出庫時に上りのみ上越線の営業列車として使用されたこともあった。さらに1968（昭和43）年の長野原線電化以降はクモハ60形も使用された。旧型国電による区間運用は1975（昭和50）年頃に終了し、115系に置き換えられた。

粘着運転に切り替わり 80系が碓氷峠を越える

　横川から碓氷峠を越えて、以西に旧型国電が営業列車に入ったのは、1963（昭和38）年7月の軽井沢〜長野間電化からである。アプト区間のラックレールに床下機器が接触する可能性があるため、ラックレールが撤去されて粘着運転が始まってから80系が入線した。

　前年の1962（昭和37）年7月に上野〜軽井沢間に準急「軽井沢」が80系で運転された。しかし、このときはラック区間までは運行されず、横川〜軽井沢間はバス連絡であった。今回は横川から長野まで電車区間を延長し、上野〜長野間の準急として運転された。80系の普通車のみの6両編成で2往復運転されたが、約3カ月後の1963（昭和38）年10月から165系化されて、80系は信越本線の優等列車から撤退した。この時点で碓氷峠を越える80系は一度姿を消すこと

になった。当時、高崎〜長野間を走る旅客列車のうち、電車は優等列車のみで、普通は高崎〜横川間の区間運転を除いて電気機関車牽引による客車列車で運転され、長野〜直江津間が1966（昭和41）年8月に電化された時点でも客車列車だった。

長野から80系が峠越え 松本転属後も充当

　長野地区の旧型国電が碓氷峠を越えて再び高崎に姿を見せたのは1972（昭和47）年3月で、高崎〜長野〜直江津間の客車列車が電車化された際である。使用される長野運転所の80系6両編成には、EF63形と連結できるように通過対策工事が行われ、通過可能な車両には車両表記の左側に白い丸印が書かれた。

　これにより80系が長野側から高崎まで運転されることとなり、準急「軽井沢」が165系に置き換えられて以来、約9年ぶりに80系が信越本線経由で高崎まで来るようになった。なお、長野運転所には70系も配置されていたが、軽井沢以西で使用されており、高崎には入線しなかった。

　1975（昭和50）年3月に中央西線の381系特急「しなの」が長野運転所にも増備されることになり、70系と80系は松本運転所へ転属となった。同所は篠ノ井線、中央西線の普通も担当するため、信越本線用の80系には低限界通過可能なパンタグラフが搭載され、既存の篠ノ井・中央西線用の80系には碓氷峠通過対策の工事が施された。

　また、サハ87形100番代の先頭車化改造車クハ85形100番代や、サロ85形の先頭車化改造車クハ85形300番代が篠ノ井・中央西線を通り、信越本線に入る運用も現れた。

　旧型国電の置き換えは1978（昭和53）年1月から始まり、70系が115系に置き換えられ、3月には80系も置き換えられた。

1963年10月に姿を消して以来、久しぶりに1972年3月から80系が碓氷峠に帰ってきた。碓氷峠の新線開業にあたり、80系は入線可能なように台枠の補強や台車の横揺れ制限機能の取り付け改造などが行われた。こうした装備は数カ月で使用を終了したが、晴れて再登板となった。
横川　1974年5月4日　写真／辻阪昭浩

信越本線（篠ノ井〜直江津間）・篠ノ井線

中央本線と信越本線を結ぶ篠ノ井線は、両線を跨いだ運用が行われてきた。本稿では、信越本線の篠ノ井〜直江津間と合わせて紹介する。

長野で出発を待つ直江津行きのスカ色70系。先頭のクハ76014は更新工事で前面窓、戸袋窓がHゴム化されている。中央西線の電化開業時から使用され、長野運転所に転入した直後の姿である。1972年3月ダイヤ改正の直前の2月24日から、一部の客車列車は電車化されていた。
長野　1972年2月28日　写真／大那庸之助

スカ色と新潟色の70系が行き交う

信越本線の電化は高崎〜長野間が1963（昭和38）年7月、長野〜直江津間が1966（昭和41）年10月に完成した。特急・急行などの優等列車は電車化されたが、電化当初の普通は高崎〜横川間の区間運転を除き、客車列車で運転された。

その後、新幹線岡山開業に合わせた1972（昭和47）年3月ダイヤ改正から、一部の長距離普通列車を除いて電車に置き換えられた。電車は神領電車区など各地から70系やクハ68形、80系を長野運転所に転属させて使用した。

70系はクハ68形とともに4両または6両編成で、軽井沢〜直江津〜柏崎間に充当。スカ色で使用されたため、妙高高原〜柏崎間では新潟色の70系と顔を合わせることもあった。80系は6両編成で、高崎〜直江津間で運転された。

信越・中央両線を結ぶ重要路線の篠ノ井線

篠ノ井線は信越本線篠ノ井から松本を経由して中央本線塩尻を結ぶ路線として計画され、1902（明治35）年12月に開通した。路線は冠着トンネルや第二白坂トンネルなど長大トンネルや急勾配が続く道行きで、スイッチバックの駅もある。勾配を登りつめた姥捨あたりの車窓から見られる善光寺平は、日本三大絶景の一つと賞される。

篠ノ井線の電化は、1965（昭和40）年5月に中央東線の甲府と篠ノ井線の松本まで電化されたのが最初である。松本運転所が開設され、当初は急行形電車165系のみが配置されていた。普通は電車化されなかったが、1966（昭和41）年12月から数本の客車列車を除いて新性能車115系により電車化された。

中央西線より一足先に篠ノ井線が電化開業

その後、篠ノ井線松本〜篠ノ井間は中央西線とともに電化され、合わせて松本運転所に80系が配置された。長野市にある善光寺の御開帳が1973（昭和48）年4月8日から始まるため、篠ノ井線全線のみ4月1日に繰り上げて電化された（中央西線は予定通り同年5月に電化）。

同73年7月ダイヤ改正では、中央西線の中津川から篠ノ井線を経由し、長野に直通する普通のほとんどが80系により電車化された。車両は神領電車区所属の4両編成が基本で、ラッシュ時は8両編成で運転された。この時にサハ87形の先頭車化改造車クハ85形100番代が登場している。

中央西線の電化後、80系を使用した最後の急行となる「天竜1号」が1973（昭和48）年7月に設定された。神領電車区が受け持ち、全車普通車の4両編成で、塩尻発長野行きの下りのみの設定であった。1978（昭和53）年3月に始発を上諏訪に変更し、同78年5月まで運転された。

中央西線を走るスカイブルーの旧国

信州地区の珍しい運用では、中央西線・篠ノ井の電化後に転入した車両を使い、松本周辺で北松本運転所所属の旧型国電を使用した区間運転が行われた。

戦前型の旧型国電クモハ51形、クモハ43形、クハ55形、クハ68形を組み合わせ、セミクロス車2両編成を基本として最大6両編成が組まれた。運転区間は篠ノ井線麻績（現・聖高原）〜中央西線上松間で朝夕夜のみの運転だったが、1978（昭和53）年頃に80系に変更された。

松本運転所に集約広域運用が始まる

中央西線・篠ノ井線電化後、特急「しなの」の増発に伴い381系の配置が増えたことから、1975（昭和50）年3月に長野運転所の旧型国電はクモヤ90形を除きすべて松本運転所に転属となった。そのため、信越本線を中心に使用される70系は入出庫の関係で長野〜松本間にも入線した。

ところで、中央東線・中央西線・篠ノ井線は狭小トンネルが多いため、軌道面上からパンタグラフの折り畳み高さの限界は4,000mmに制限されていた。これまでは低屋根改造をしていたが、折り畳み高さが従来のPS16形の318mmに対し、178mmと低いPS23形パンタグラフが開発され、低屋根改造が不要となった。

中央西線全線電化開業時から使用を開始し、これを搭載した車両は車両表記の左側に白い◆（ひし形）が書かれた。旧型国電では松本運転所のモハ80形や長野運転所のモハ70形などに搭載された。長野運転所の80系は、松本運転所に集約された後は両運転所の車両とも共通運用となるため、PS23形パンタグラフに換装された。

こうして松本運転所の70系は軽井沢〜直江津〜柏崎間と松本〜長野間、80系は高崎〜直江津間と甲府〜長野間で活躍したが、70系は1978（昭和53）年1月に、80系は同78年6月に、いずれも115系などに置き換えられて引退した。

信越本線（直江津〜新潟間）・上越線（長岡地区）・羽越本線（直流区間）・白新線

本稿では信越本線の新潟エリアと、上越線の長岡地区、羽越本線の直流区間、白新線を取り上げる。非常に広範囲だが、いずれも新潟色の旧型国電が足跡を残している。

日本海縦貫線を担う新潟地区の電化路線

新潟県側の信越本線は、工事のしやすい直江津から上田に向けて着工され、1888（明治21）年12月に信越本線軽井沢〜直江津間が全通した。直江津〜新潟間は北越鉄道により直江津側から建設が始まり、1904（明治37）年5月に新潟まで開通した。北越鉄道は1907（明治40）年8月に国有化され、信越本線の一部として引き継がれた。

羽越本線の新発田〜村上間は村上線として1914（大正3）年11月に開業

先頭のクハ68015は1933年度製の関西省電で、元は42系のクロハ59012である。その後3扉化と三等車化、ロングシート化と戦後のセミクロスシート化で、車番はクハ68032→クハ55146→クハ68015となった。新潟転属後の耐寒耐雪工事で、スノープロウの取り付けや運行灯を廃止して補助警笛が設けられた。後に円柱を斜めに切断した形状の補助警笛カバーが取り付けられた。撮影当時は塗装変更の途中で、最後尾の車両は転入前のぶどう色のままである。長岡 1965年1月30日 写真/大那庸之助

した。

白新線は越後線の白山と新発田を結ぶ予定で戦前に計画された路線で、戦後に信越本線の上沼垂信号場〜新発田間に変更され、1956（昭和31）年4月に開業した。新潟と羽越本線を最短距離で結ぶ路線で、日本海縦貫線の役割を担う。

上越線は68ページで詳述した。

今も人気の新潟色
雪対策を満載して登場

ここでは現在も復刻されるほど人気の「新潟色」で有名になった、長岡運転所所属の旧型国電を紹介する。新潟地区の電車の始まりは、1962（昭和37）年4月に大阪から長岡第二機関区に転入した新潟電化用のクハ68形5両、モハ70形5両である。車体色はぶどう色で、4両編成2本と予備車2両の体制で6月10日から新潟〜長岡間で営業運転を開始した。

1962年の年末から1963（昭和38）年2月まで、新潟は大豪雪（サンパチ豪雪）に見舞われた。新潟〜長岡間の旅客列車は全便運転不能となる中で、新潟側に残った4両編成1本が新潟〜新津間で折り返し運転を続け、電車方式の優位性が証明された。

その後、1963年9月に旧型国電が投入されたが、踏切事故を防ぐためなどの理由で赤色と黄色を使った独自の目立つ塗装で登場。既存の車両も順次塗り替えられた。塗装以外に、耐寒耐雪装備を備えているのも特徴であった。前面窓のデフロスタや先端台車のスノープロウをはじめ、クハ68形の貫通扉にツララ切りを備えた車両もあった。

さらに二重タイフォンと呼ばれる予備警笛が設けられ、雪が入り込まない構造になっているのも特徴である。予備警笛は前面の腰板部分や、運行灯を埋めて取り付けられ、斜めに切られた円筒状のカバーを外して使用した。

また、客用扉が凍結して開閉不能になるのを防ぐため、ドアレールにヒータを設けた。この影響で電源が不足しないように、奇数のクハやサハにも2kWの電動発電機（MG）を新たに装備した。

このほか、冬季に入る直前には雪害を防ぐため密連にカバーを装着。主抵抗器など主要機器にもカバーが取り付けられた。さらに、パンタグラフの押上力を強化し、離線による架線の切断を防いだ。また、車内保温のため客用扉が半自動扉となるように整備も行われた。

上越線が全電車化
長岡運転所が発足

1964（昭和39）年になると東京や大阪から新たに10両が転入し、従来の10両と組み合わせて4両編成の5本体制となった。この時に各編成の1両はトイレ付きの車両を入れるようにした。過渡期にはスカ色＋ぶどう色＋新潟色2両といった色見本のような編成も現れた。

先のサンパチ豪雪で電車方式の優

秀さが認識され、電車が増備される中で発生した1964（昭和39）年6月の新潟地震の復旧では、さらに電車方式の優位性が証明されることとなった。地震で新潟の転車台が使用不能となり、機回り線の復旧も進まない状況では機関車は使用できなかった。

客車の前後に機関車を連結するプッシュプル運転を行うより、電車は簡単に方向転換ができることから、関東から40系、73系、70系、80系などの車両が4〜8両編成単位で10月まで借り入れられた。

これ以降、電車の運転区間が越後湯沢まで伸び、1967（昭和42）年10月に上越線の全線複線化完成に合わせて、普通は上野〜秋田間の直通列車を除いてすべて電車化された。この時に新潟色の旧型国電は高崎まで入線した。翌11月には新潟地区の旧型国電は長岡第二機関区から長岡第一機関区、長岡第二機関区、長岡客貨車区を統合して発足した長岡運転所の配置となった。

電化区間が拡大し全盛期を迎える

1969（昭和44）年10月に北陸本線糸魚川〜信越本線宮内間が電化され、二本木までの乗り入れが始まった。さらに1972（昭和47）年8月に白新線電化、羽越本線新津〜村上間の直流電化の完成で、新潟色の電車は白新線経由で村上まで乗り入れて最盛期を迎えた。

1974（昭和49）年には長岡運転所の配置車両数は最大となり、旅客用の旧型国電は106両となった。最盛期の運転区間は新潟を中心に信越本線の妙高高原、上越線の高崎、白新線経由羽越本線の村上まで広がった。4両または6両編成で運用され、ラッシュ時は10両編成も存在した。

形式数が少ない長岡運転所所属車

長岡運転所の車両は、車種が比較的少ないのが特徴である。有名な車両は70系のサロ75形を格下げの上、2扉のまま先頭車化改造したクハ75形であった。ここにしかない車両で5両在籍したが、転属することはなかった。

ほかの先頭車はクハ76形とクハ68形があり、クハ76形は300番代が1両だけ在籍した。クハ68形はオリジナルのほかにクロハ59形の3扉改造車、クハ55形のセミクロス改造車、クハ47形の3扉改造車、サハ48形の3扉化と先頭車化改造車の5種類が存在した。

電動車はモハ70形で統一され、製造時期により台車が異なり、4種類の台車があった。付随車はサハ87形、サハ85形、サハ75形があり、サハ87形以外はサロの格下げであった。いずれも格下げ後も3扉化されず、車内はサロ時代の座席が残る"乗り得"の車両であった。付随車は6両編成のみに組み込まれていた。

車両の置き換えは1976（昭和51）年10月ダイヤ改正から始まった。小山区の115系初期車が転入したのをきっかけに廃車が始まり、定期列車の高崎行きがなくなり越後湯沢までの運用となった。1978（昭和53）年6月から7月にかけて115系がさらに転入し、8月に新潟地区の旧型国電の運転は終了した。

旧型国電　路線別車両案内

先頭のクハ76009は1959年の更新工事で前面窓と戸袋窓がHゴム化された。さらに乗務員扉と直後の客用扉の間に小窓が設けられ、タイフォンは前面腰板下部の2カ所に埋め込まれた。新潟に転入後、耐寒耐雪工事が行われて左側のタイフォンに補助警笛カバーが取り付けられた。新潟　1969年1月26日　写真／大那庸之助

先頭のクハ75形は、サロ75形の非トイレ側に運転台が設けられた先頭車化改造車。サロ75形のトイレ・洗面所は客用扉の車端側に設けられ、臭気を防ぐ仕切り扉が設置された。80系と異なり二等車時代から客室と客用扉の間に仕切り扉はなく、クハ75形に改造後も仕切り扉は設けられなかった。新潟　1969年1月26日　写真／大那庸之助

大糸線

大糸線の電化は早く、初期は社形の電車が運用されていた。1960年代に戦前製の旧型国電が多数転属。スカイブルー単色に塗装され、旧型国電愛好家の注目を集める路線だった。

写真のクモハユニ44003は、クモハユニ44形で低屋根化されなかった最後の1両。登場時は003で1959年12月に000と改番された。大糸線在籍時は運転室の前窓上部にひさしが設けられ、乗務員扉直後の窓にタブレットの保護棒が設置された。後に身延線に移り低屋根化され、1968年9月に803となった。松本運転所　1960年4月29日　写真／沢柳健一

風光明媚な観光路線の個性豊かな車両たち

　大糸線は、北アルプスの山麓である松本と日本海沿いの糸魚川とを結ぶ路線で、松本〜信濃大町間は信濃鉄道により建設され、1915（大正4）年に開業した。1937（昭和12）年6月に国有化され、1957（昭和32）年8月に信濃大町〜糸魚川間が全通した。

　松本〜信濃大町間は非電化で開業したが、私鉄時代の1926（大正15）年1月に電化された。以北は戦後、夏季の観光客輸送用に信濃四ツ谷、信濃森上と徐々に電化され、1967（昭和42）年12月に南小谷まで電化されて現在に至る。

　国有化時に信濃鉄道の木製電車

10両が編入され、20系（初代）の形式名が付けられた。ちなみに20系の2代目は後の151系特急形電車、3代目は元阪和電鉄の電車に付けられた。信濃鉄道の社形は1955（昭和30）年3月までに譲渡または廃車され、すべて戦前製の旧型国電に統一された。

　不足する車両は木製車モハ10形が1939（昭和14）年4月から応援に入り、戦後の1947（昭和22）年8月には初の鋼製車のモハ50形、クハ65形が入線した。

　1951（昭和26）年4月から、ラッシュ時間帯の朝の上りと夕方の下りに快速運転が開始された。当初は1往復で、後に運転時間帯の変更や本数の増減が繰り返されて、現在も運転されている。

大糸線の特徴合造車が貨車を牽引

　これまで大糸線の電車は17m車だけであったが、1943（昭和18）年から電気機関車の代わりに貨車を牽引したモハ10形の代替として、1950（昭和25）年7月に初の20m車モハユニ44形、モハユニ61形が転入した。

　モハユニ44000は横須賀線用に登場した車両で、低屋根化されず横須賀線時代の面影を唯一残す車両であった。1968（昭和43）年に身延線へ転出し、低屋根化改造されてクモハユニ44803となった。

　モハユニ61001は1961（昭和36）年3月に両運転台化されてクモハユニ64000となった。1969（昭和44）

年に8月に運転を終了し、岡山へ転出した。

2両とも自動連結器を装備して貨車を牽引したほか、荷物列車として単独で運転された。また、大糸線の連結器は社形時代から自動連結器のため、他の17m車が貨車を牽引することもあった。しかし、1960（昭和35）年3月に自動連結器から密着連結器に交換された。また、同じ頃に半自動の戸閉装置の設置も行われた。

大糸線の20m車は前述の荷物合造車（モハユニ）の2両のみだったが、1963（昭和38）年3月からクモハ41形が3両転入した。入線前に長野工場で半自動ドア化され、合わせて松本〜信濃大町間で1往復増発された。当時車体色はぶどう色で、基本編成は2両編成、付属編成がMcの1両で、2〜5両編成で運転された。最大両数は後に6両編成となった。

行先表示板は側面の腰板に片側あたり1カ所表示された。また、雪国のため運転台窓にヒサシを設けている車両もあった。

アルプス電化で一変
線内の車両が20m化

1965（昭和40）年7月に「アルプス電化」と呼ばれた中央東線甲府〜篠ノ井線松本間が電化され、夏山の最盛期に新宿発松本行きの急行電車の一部が信濃森上まで延長運転された。電化に先立つ同年4月に松本運転所が設置された。この時に、大糸線を管理する「大糸線南部管理所車務室」（前・北松本電車区）は「松本運転所北松本支所」と名称変更された。

「アルプス電化」に合わせて1965年度から大糸線に大量の20m車（戦前製の旧型国電）が転入し、1966（昭和41）年度までに17m車はすべて廃車または転属となり、クモハ12001を除いて20m車に統一された。

また、1965年10月から大糸線の旧型国電が松本〜塩尻間で区間運転を開始した。それまで大糸線の普通にはトイレが設置されていなかったが、観光客の要望から1966年12月にクハ55304に初めてトイレが設置された。後にクハ55形の多くとサハ57形全車にトイレが取り付けられ、設置改造車は400番代に改番された。サハ57形400番代は大糸線にしかいない車両であった。

この頃から車体色がスカイブルー単色に変更された。当初、車体表記は黒だったが、後に白に変更された。行先表示板は乗り入れてくる165系などと同様に、側面の幕板に差し込む方式となり、片側あたり1カ所表示された。

形態がまったく異なる
低屋根車2両が転入

クモハ41形はロングシートで主電動機出力がクモハ54形やクモハ60形と比べて低いため、1971（昭和46）年4月から翌72年3月にかけて3扉セミクロスシート車のクモハ54形やクモハ51形が転入すると、1972年7月までにすべてが廃車となった。ただし、両運転台車のクモハ40077は入換などに重宝するため、1968（昭和43）年6月に転入後は大糸線の旧型国電の運用が終了するまで活躍を続けた。

1975（昭和50）年3月には2扉クロスシート車のモハ43形とサハ45形が転入した。モハ43形は804・810で、いずれも低屋根改造で800番代となったが、804は本来のモハ43形で前面は切妻、側窓は狭窓だが、810は流線形電車52系の増備車の43系なので、前面は半流線形、側窓は広窓と異なる。また、サハ45形はサロ45形の格下げ車で、座席間隔が広いことから好評であった。

1両の戦後製旧型国電
と霜取り電車

「アルプス電化」に伴う転入で、大糸線の旅客用旧型国電は戦前製のみ

6両が製造されたクモユニ81形。003のみが大糸線に在籍した。1969年8月に新前橋区から転入、スカイブルー単色となった。この塗装の同形式は1両のみで、当線の名物となった。代わりに貨車を牽引する荷物電車代用として使用されたクモハユニ64000が岡山区に転出した。
松本　1972年2月28日　写真／大那庸之助

スカイブルー単色で走る大糸線。大糸線で客用扉間の窓が5枚の半流線形制御車はクハ55形で、さらにジャンパ栓受けがあり、足掛けが尾灯の下にある飯田線の特徴を残すのは041だけである。1936年度製で常磐、山手、京浜東北などの各線から飯田線に移り、1968年9月に身延線から転入した。写真／辻阪昭浩

の配置となっていたが、1969（昭和44）年8月に初めて戦後製となる80系の郵便荷物合造車クモユニ81003が転入した。1両のみ在籍し、1981（昭和56）年7月に他の戦前型旧型国電とともに廃車された。

　大糸線独自の車両運用では霜取り電車がある。冬季に信濃木崎〜神城間にある木崎、中綱、青木の三湖に沿った場所で架線に霜が付く現象があり、パンタグラフや架線を破損する原因となった。そこで、1962（昭和37）年2月の厳冬期から、霜を取るためだけの受電しないパンタグラフをクハ16208に取り付けて、一番電車に使用した。

翌63年はクハ16414にも取り付けて使用された。これらの車両はいずれも1966（昭和41）年11月までに廃車され、以降は17m車で唯一残ったクモハ12001に霜取りパンタが搭載された。

　1967（昭和42）年12月に南小谷まで電化が完成し、一番電車が165系となるため霜取り用パンタをクモヤ90015に移設し、165系の前に併結して運転された。ところが1972（昭和47）年に入るとクモヤ90015が事故で使用できなくなり、3月末まで霜取りパンタが再びクモハ12001に搭載された。そのため、165系の一番電車の前にクモハ12001が単独で信

濃大町〜信濃森上間を走行した。

　なお、クモハ12001の霜取りパンタは再びクモヤ90形に戻された。そして車体色はスカイブルーに変更され、1973（昭和48）年9月に沼津へ転出した。

　松本〜塩尻間の1往復の運転は最後まで大糸線と共通で運用され、1981（昭和56）年7月に塩尻発松本行きを最後に、篠ノ井線・大糸線から旧型国電は姿を消した。この編成は3日後に松本〜信濃森上間で行われた大糸線の臨時「さようならゲタ電」に使用されて引退。115系に置き換えられた。

日光線

157系の準急「日光」が有名な日光線では、補完する準急「だいや」で80系が使用されていた。電化後の普通では旧型国電が使用され、伊東線から転入したサロの格下げ車も充当された。

準急「だいや」に 80系を使用

　日光線は、地元有志によって設立された日光鉄道会社により1887（明治20）年4月に宇都宮〜日光間の建設が計画された。しかし資金難のため頓挫し、創立委員長の渋沢栄一の働きかけで日本鉄道が買収の上、計画を引き継いだ。

　宇都宮〜日光間の全線は1890（明治23）年8月に開通した。宿場町だった鹿沼を南側から進入する路線としたため、東京から日光に向かう場合、宇都宮でスイッチバックする線路配置となった。また、全線単線で鹿沼を出て12.5‰で下ったあと日光まで続く連続25‰の急勾配は、後々首都圏から観光輸送を行う上で問題となった。日本鉄道は1906（明治39）年11月に国有化され、日光線となった。

宇都宮〜日光間で間合い運転に使用中の80系300番代。帯の幅の違いから先頭車の次の車両から3両は300番代ではない。撮影当時の80系は、165系と交代して日光発着の準急「だいや」から撤退し、首都圏と日光を直通する普通電車に使用されていた。宇都宮　1965年4月　写真／沢柳健一

　1929（昭和4）年に東武鉄道日光線が開通し、当初から全線複線で電化された。宇都宮を経由せず最短距離で浅草と日光を結んだのが最大の強

みである。東武側は開通時より最新の電車を投入し、次第に鉄道省側を圧倒していった。

　戦後、国鉄は首都圏と日光を結ぶ

81

観光輸送に本格的に取り組み、キハ55形気動車を1956（昭和31）年10月に投入した。キハ55形はエンジンを2基搭載した強力な走行装置に、10系客車に似た大型車体を組み合わせた気動車である。東武に対抗するため特別料金が安価な「準急」とし、準急「日光」として運転を開始した。

さらに、東武電車に対抗するため日光線が1959（昭和34）年9月に電化され、特急でも使用可能な接客設備を持つ新性能電車157系が投入された。田町区の車両で、準急「日光」「中善寺」などに使用された。

上野〜日光間を直通する157系以外の電車列車では、80系を使用した準急「だいや」が運転された。全車普通車の6両編成で、他の東北本線の80系準急と同じく1963（昭和38）年10月までに165系化されて姿を消した。

この80系は宇都宮機関区の所属で、前年に東北本線の電化が宇都宮まで行われた際に配置された車両である。新製配置ではなく、田町区や宮原区から153系の配置で捻出された車両のため、初期車や300番代もあった。

普通は旧型国電で運転 2両から3両編成に増結

電化前の日光線内の普通はC11形がオハ60・61形客車を牽引する客車列車であった。電化後の普通は、157系などの優等列車の間合い運用や、宇都宮機関区のクモハ41形＋クモハ41形の2両編成が使用された。1962（昭和37）年3月にはクモハ40形が1両転入し、クモハ41形＋クモハ40形で運転されることもあった。このクモハ40054は入換にも使用できるため重宝された。

利用者が増えたことから1964（昭和39）年3月ダイヤ改正から3両編成化され、伊東線の新性能化で不要となったサロ15形の格下げ車サハ15形が2両とも宇都宮運転所（1961〈昭和36〉年11月改組）へ転入した。

この頃は日光線以外にも東北本線宇都宮〜黒磯間でも使用されていたが、わずか半年後の同64年9月にクモハ41089とサハ15001が追突事故により廃車となった。不足するクモハ41形は同64年10月に113が中野区から転入した。この車両は日光線用に在籍しているクモハ41096

と同じ元半流線形の両運転台車だが、113は片側の運転台を撤去した半流線形の跡を更新修繕時に切妻形に改造した車両であった。

観光路線の日光線に 意外な車両も転入

珍しい編成ではクモハ40形にモハ80形＋クハ86形を連結した3両編成となることもあった。1965（昭和40）年6月には中間車用に大船区からサロ75010が転入した。サロはサハ代用で使用され、ぶどう色の中間にスカ色のサロ75形が入ると目立つ存在であった。しかし、1966（昭和41）年3月に飯田線用として豊橋区へ転出した。一方、ぶどう色の他の車両は後にスカ色化された。

なお、前年の1965年7月に豊橋区へ転出したサハ15000は、1966年7月に廃車となっている。豊橋区へ移ったこの2両の中間車に代わり、1964（昭和39）年11月に三鷹区からクハ55030が転入した。後にトイレが設置され、1967（昭和42）年5月にクハ55400と改番された。

1966（昭和41）年3月にサハ57049が津田沼区から転入した。元サロハ56002で京浜線用の二・三等車で、窓配置に面影を残していた。3両編成2本で運用され、ラッシュ時は2本連結されて6両編成で運転された。

1966（昭和41）年7月に小山電車区が開設された。当初は115系などが配置され、日光線用の旧型国電は配置されなかったが、1968（昭和43）年3月に宇都宮運転所からすべて移動し、引退まで小山電車区に在籍した。

1971（昭和46）年10月には鹿沼〜宇都宮間の1往復のみとなり、他の運用は165系の間合い運用と115系が行った。そして1976（昭和51）年3月に115系に置き換えられ、旧型国電の運用は終了した。

日光線内のみで運転される車両は電化以来、40系などの戦前の車両が使用された。撮影当時は40系の3両編成で運転されていて、ラッシュ時は2本を併結して写真のように6両編成となった。クロスシート車は短期間で転出し、全車3扉ロングシート車で運転された。
宇都宮　1968年10月26日　写真／大那庸之助

旧型国電　路線別車両案内

仙石線

国鉄・JR最北の直流電化路線として知られる仙石線は、旧型国電と社形電車の活躍で知られた路線である。寒冷地を走るため通風器が交換されているなど、外観や仕様に特徴があった。

手前側のぶどう色のクハ6341は宮城電鉄モハ801形が起源の社形で、天地方向に大きい二段窓は宮城電鉄の車両で最もスマートとされた。宮城電鉄クハ881が買収直前の1944年4月に電装されてモハ801形806となり、1953年6月の改番でモハ2320形2325となった。1957年7月に電装解除されてクハ6340形6341とされた。陸前原ノ町　1961年1月19日　写真／沢柳健一

私鉄由来の路線
大正時代に電化開業

　仙石線は、宮城電気鉄道が1925（大正14）年6月から1928（昭和3）年11月にかけて仙台～石巻間に開業した路線である。開業当時、仙台駅のホームは東北本線仙台駅の地下にあり、日本初の営業用の地下路線であった。東京地下鉄道（現・東京メトロ）銀座線が開業したのは2年以上後の1927（昭和2）年12月である。地下ホームは戦後の1952（昭和27）年6月に地上駅に移設され、2000（平成12）年3月に再び地下化されたが、開業時の場所とは異なる。

　沿線には陸海軍の工場や海軍の飛行場があり、従事者の輸送が多いことから、1944（昭和19）年5月に国有化された。終戦後、進駐軍専用車として元宮城電鉄の車両が指定された。指定は1950（昭和25）年12月に解除されるが、解除前に新たにモハ34形が指定された。解除後は二等車として青帯が巻かれていたが、1957（昭和32）年4月に運転は終了した。

　また、車両が不足するため1947（昭和22）年7月から戦前製の旧型国電モハ30形、モハ50形（→クモハ11形）、クハ65形（→クハ16形）の17m車が転入した。入線にあたり自動扉は冬季に備えて半自動扉に改造された。なお、社形は手動扉であった。

社形と国鉄型が
共存する時代が続く

　戦後は国鉄型の車両が増え、1951（昭和26）年1月から仙台～高城町間の区間運転は社形、長距離は国鉄型と用途が分けられた。また、同51年4月からクハ16形の半室に荷物室が設けられ、クハニ19形となった。荷物室は客扱いができるように横木はなく、客室との仕切り板も天井近くが開いているなど簡易的な構造であった。1956（昭和31）年3月からクハ16形やクハニ19形の一部にトイレが設けられた。

　1950年代半ばになると、通勤通学輸送に加えて石巻や松島への観光輸送が増えたことから、1957（昭和32）年4月から仙台～石巻間で1往復の快速運転が始まった。また、多客期には仙台～石巻間をガイド付きで結ぶ「金華山」号や、海水浴用臨時電車「まつかぜ」号、釣り客向けの「うらしま」号などが運転された。

　1960（昭和35）年当時、社形は基本編成も付属編成も2両編成で、最大4両編成で運転。国鉄型は基本が3両編成または2両編成で、付属編成がMcの1両、最大で5両編成で運転された。旅客用の在籍形式では国鉄型はクモハ11形、クモハ12形、クハ16形、クハニ19形の4形式、社形は3形式あった。行先表示板は前面が箱サボで側面の横サボも使用していたが、1970（昭和45）年頃以降は前面のみ使用された。

人気のあった
気動車色の電車

　当初の車体色はぶどう色であったが、1959（昭和34）年にウインドシルより上側がクリーム4号、下側が朱色4号の一般形気動車と同じ色に変更された。当初は快速用だったが、後に全車に及んだ。

　仙石線は17m車の天下であったが、輸送力増強用にクモハ41形3両が1963（昭和38）年2月に初めて転入した。社形は小型のため輸送力が小さく、国鉄型と連結できないなどの欠点がありながらも運行を続け、1969（昭和44）年3月に全車が廃車となった。また、1964（昭和39）年から国鉄型の17m車にも貫通幌が取り付けられたが、1967（昭和42）年3月に17m車はすべて転出した。

17m車から20m車、そして73系に統一

1966(昭和41)年4月から73系が仙石線に転入し、20m車に統一された。客用扉は通年半自動扱いのため、客用扉には「ドアーは手で開けて下さい」のシールが貼られた。さらに、1967(昭和42)年5月にはセミクロス車のクモハ54形とクハ68形が転入し、3扉、4扉、ロングシート、セミクロスシートの車両が混在した。1968(昭和43)年8月から車体色に山手線と同じウグイス色(黄緑6号)単色が採用され、1970(昭和45)年8月までに全車に施された。なお、車体標記は白から黒に改められた。

車両には快速運転に備えて、運転室直後の窓にタブレット受領時のガラス破損を防ぐ保護棒が設置された。20m車ではクハニのような半室荷物車の代わりに、一部のクハ68形、サハ78形、モハ72形の車内1/3ほど

の場所にシャッターを取り付け、簡易荷物室として必要に応じて使用された。なお、20m車にはトイレは設けられなかった。

通風器は、グローブ型ベンチレータでは厳冬期に通気が良すぎて室内保温が困難となるため、一部の車両は通風量を調整できる押込型ベンチレータに改造された。他路線では見られない機器のため、転出しても仙石線出身であることが分かった。

便利な快速を増発
牽引車用電車を配置

快速はビジネス用途にも重宝され、1969(昭和44)年10月から増発されたうえ、新たに特快が設定された。当初途中駅には停車しなかったが、後年増発されて一部の途中駅に停車するようになった。また、列車ごとに停車駅の異なる快速も運転された。

1970(昭和45)年当時、基本編成が4両編成または2両編成、付属編成

が2両編成で、最大4両編成の運転であった。簡易荷物室を設けている車両は上りの仙台側から2両目に連結。簡易荷物室の車両はサハ以外にもクハ68形やモハ72形、後にはモハ70形が入ることもあった。

旅客用の在籍形式はクモハ54形、クモハ73形、モハ72形、クハ68形、クハ79形、サハ78形の6形式があり、1970年度にモハ70形が転入し、押込型ベンチレータに改造された車両もあった。また、モハ70形が転入した頃に簡易荷物室車が追加され、モハ70123、クハ68086、サハ78153の3両に施工されたが、シャッターではなくカーテンが取り付けられた。

73系の3段窓は寒冷地に向かないため、大阪で使用していた同タイプの2段式アルミサッシに交換された。これにより隙間風がなくなり、窓桟が減って車内が明るくなった。

また、事業用として使用するため、1972(昭和47)年度に福塩線から青

クモハ12形0番代は、40系の17m車モハ34形である。写真は気動車色時代のクモハ12003で、元は1933年度に製造されたモハ34021であった。赤羽線から飯田・宇部線を経て1950年8月に仙石線へ転属。1951年3月に進駐軍専用車となり、指定されていた社形と交代した。1952年2月の解除後は青帯に変更して半室二等車となり、1957年4月に一般車になった。1957年の更新で運行灯が埋められ、全室運転台化され前後とも非貫通化された。
陸前原ノ町　1960年8月27日　写真／沢柳健一

クハニ19001は30系モハ30007の電装解除でクハ38055、丸屋根化でクハ16105となった。さらに乗務員室直後の客用扉まで荷物用化されて仮クハニ16207となり、トイレが設置された。1960年2月に正式なクハニとなった。仙石線で1967年3月に廃車となった。
1961年1月19日　陸前原ノ町　写真／沢柳健一

輸送力を増強するため17m車を20m車に置き換えることとなり、73系が投入された。先頭のクハ73003は快速運転に備えて、乗務員扉後部の窓にタブレット保護棒が設置されている。また、グローブ型ベンチレータは通風量が調整できないため、1972年4月に押込型通風器に改造された。
陸前原ノ町　1967年8月1日　写真／沢柳健一

20号のクモハ12040が転入した。仙石線の車両が郡山工場に入出場する際に、東北新幹線の工事の影響で陸前原ノ町〜石巻〜小牛田経由で東北本線を通ることになり、陸前原ノ町〜石巻間の牽引車となった。

長寿を誇った仙石線用73系更新車

1970年代に入り老朽化が進んできた73系に対し、身延線では115系タイプの車体で更新されたが、仙石線では103系タイプの車体で更新された。1974（昭和49）年度からモハ72形970番代、クハ79形600番代として4両編成5本が製造された。

この車両の完成で1976（昭和51）年度中に3扉車がすべて転出し、4扉ロングシート車73系クモハ73形、モハ72形、クハ79形、サハ78形の4形式にまとめられた。

なお、車体更新車モハ72形970番代のうち、トップナンバーのモハ72970は1972（昭和47）年に改造されて鶴見線で使用された。以降に改造された仙石線用の車両とは、床下機器の構造などが異なり、他の73系と連結できる構造だったが、鶴見線で他の73系と一緒に引退し、更新後わずか8年で姿を消した。

仙石線のモハ72形970番代、クハ79形600番代の車体は103系高運転台タイプとほぼ同じで、片側両開き4扉のロングシートである。運転台の機器配置は基本的に103系と同じで、客室内の機器配置も非冷房の103系とほぼ同じであった。

車体でひと目でわかる103系との違いは、妻面に設けられた尾灯掛けである。検修・回送時に使用され、103系化改造の際に撤去された。また、乗務員扉の後ろにタブレット受領時の保護板が設けられたのも特徴である。運転室は103系よりも100mm広く、タブレット授受を担当する添乗員の補助腰掛が中央に設けられた。戸閉装置は115系と同じ半自動式で、鴨居部分に設置された。

補助電源の交流化で他の旧国と連結不可

台車と台枠は73系を再使用し、台車の中心間隔は13.6mと103系より0.2m狭い。また、台車枠が103系より厚いため床面が高く、車体裾から客用扉までの間隔が少し広いのが特徴であった。

走行メカニズムは旧性能車だが、従来の旧型国電との併結は考慮されていなかった。PS13パンタグラフや主制御器などの機器類の多くは再使用されたが、ブレーキ制御の引き通し線が24Vから100Vに変更され、室内灯の蛍光灯や扇風機などの補助電源は直流から交流に変更された。

新性能車の冷房化で不要となった20kVAの電動発電機をモハに転用し、主抵抗器や主制御器以外のほとんどの機器配置は変更された。4両を1ユニットとしたため、両先頭車は方向転換できない。また、補助電源が交流化されたため、従来の73系をこの編成に組み込むこともできない。

車体色は73系と同じウグイス色（黄緑6号）で、後に黄5号の警戒帯が入れられた。仙石線を代表する車両として快速運用など使用され、103系の置き換えが始まった1979（昭和54）年度頃から車体色はスカイブルー（青22号）単色に変更された。

1980（昭和55）年5月にオリジナル車体の73系は営業を終了したが、車体更新車は引き続き使用された。しかし1983（昭和58）年10月ダイヤ改正で快速運用から外れ、翌84年6月から新たに転入した103系に置き換えられ、翌85年3月にかけて仙石線から撤退した。

クモハ73307は1967年1月に下十条区から転入し、当初はぶどう色から気動車色となっていたと思われる。1968年8月の鉄道公報により当時の山手線103系と同じ黄緑6号となり、1970年中に塗装が変更された。さらに1978年から前面の窓下に警戒色の帯が入るようになった。1979年8月19日　写真／森中清貴

21世紀まで生き延びた元73系更新車

103系高運転台車と同様の車体に更新されたクハ79605以下4連。見た目は103系高運転台車だが、屋上にクーラーがない。また、旧型車の台枠を使用しているため、車体裾の縦寸法が103系よりも長い。陸前原ノ町 1982年3月28日 写真／大那庸之助

1974年度から73系の台枠の上に103系と同等の車体を載せたアコモ改造車が登場した。当初は黄緑6号だったが、1978年から前面の窓下に警戒色の帯が入った。この後、左の青22号に変更されて、1985年に103系3000番代に改造された。クハ79601 東名 1979年8月19日 写真／森中清貴

車体更新車は1984（昭和59）年6月から翌85年3月にかけて仙石線から撤退したが、新しい車体を生かして新性能車に改造された。73系時代は4両編成だったが、103系3000番代3両編成（1985〈昭和60〉年8月）とサハ103形3000番代（1986〈昭和61〉年3月）となり、別々に運用された。

103系3000番代は1985（昭和60）年9月から電化された川越線で使用され、サハ103形3000番代は豊田電車区の103系の中間車に組み込まれた。サハは電装解除車のため、モハ時代の名残であるパンタ台が残っていた。

国鉄分割民営化ではJR東日本に承継され、乗務員扉の後ろに設けられたタブレット保護板にJRマークが貼付された姿は印象的であった。後に全車が冷房化されている。

その後、川越線の混雑緩和と1996（平成8）年3月の八高線高麗川〜八王子間の電化に備えて川越線の全編成を4両編成化することになった。サハは1995（平成7）年9月に103系3000番代3両編成に戻され、3000番代で統一された4両編成となった。この73系由来の車両は、21世紀にも生き残り、2005（平成17）年11月までに引退した。

青梅・五日市線の中間車だったサハが川越線の4両編成化に合わせて転入し、仙石線時代に組んでいた車両の間に入り、再び4両編成となった。元73系で統一されて床の高さが揃い、青梅・五日市線時代の違和感もなくなった。撮影の翌年に全車が引退した。箱根ケ崎〜金子間 2004年5月26日 写真／森中清貴

川越線用の103系3000番代から外れた中間のモハ1両はサハ化され、青梅・五日市線の103系の中間車となった。種車は73系のため103系に比べて台枠が厚く、客用扉の靴摺から車体裾までが若干広かった。そのため103系の編成の中で、このサハのみ床の高さが異なっていた。豊田電車区 1986年8月23日 写真／森中清貴

第 5 章

中京圏・北陸 各線

中部地方には"旧型国電の博物館"と呼ばれた飯田線があり、1983(1983)年に置き換えられるまで、多くの愛好家が通い詰めた。そのほかにも、身延線があったり、80系1.5次車が神領電車区で晩年を過ごしたりと、話題に事欠かないエリアである。また、北陸で唯一、旧型国電が走った富山港線も本章で取り上げる。

東海道本線（名古屋・静岡圏）

東海道本線の東京地区と同じく、こちらも電化当初は機関車牽引で、電車化後は80系が投入されたが、数年で後継の153系に優等列車の運用を譲り、地方線区の優等列車に活躍の場を移した。

旧型国電　路線別車両案内

1955年の米原電化に備えて大垣区に新製配置された1955年度製の80系。前面窓や戸袋窓などにHゴムが多用される特徴は前年製と同じである。違いは戸袋窓のHゴムが一段凹まず、車体と同一平面となっている点である。車体色の塗り分けは関東式で、側面上部（幕板）が波形となっている。
クハ86073以下　豊橋機関区付近　1957年11月24日　写真／大那庸之助

列車の運用に即して
直後の電車化を見送る

　名古屋・静岡圏の電車の歴史は大垣電車区の発足で始まる。沼津以東の東海道本線の電化は静岡、島田、浜松と延び、名古屋まで電化されたのは1953（昭和28）年7月であった。当時、名古屋地区に電車の運転はなく、1956（昭和31）年11月に米原〜京都間が電化されて東海道本線全線が電化された時も、電車の運転区間は浜松までであった。

　名古屋地区では長距離運転の場合は電気機関車が牽引し、区間運転の豊橋〜大垣間、武豊〜大垣間はC11形蒸気機関車が客車列車を牽引していた。そのため、名古屋までの電化に合わせて区間運転を電車化すると、名古屋以東と以西で運転系統が分離

されて非効率なことから、大垣までの電化を待って電車化された。

　1955（昭和30）年7月に米原まで電化され、豊橋〜大垣間が電車化された。電車は大垣機関区（同年7月15日に電車区となる）が担当し、1955年6月に80系30両と戦前型旧型国電のクモハ40形とクハ16形が4両入線した。

　80系は1954（昭和29）年に増備された関西急電の形状を引き継いだ新造車である。ウインドシル・ヘッダ付きで、前窓枠、運行窓、客用扉、戸袋窓がHゴム化されているのが特徴。車体色と塗り分けは関東と同じであった。

　この80系は東海道本線用で基本編成が4両編成、付属編成が2両編成であった。ラッシュ時には基本の下り側に付属のクハ＋モハを連結す

るが、モハの連結面側にも貫通路があるため、乗客の転落防止用に布製の塞ぎ板が取り付けられていた。

支線向けの2両編成
転属して事業用車に

　クモハ40形とクハ16形は2両編成で使用され、大垣〜垂井〜関ケ原間の通称・垂井線で運転された。また、1958（昭和33）年10月に大垣〜美濃赤坂間の通称・美濃赤坂線が電化され、以降は垂井線と共通運用であった。クハ16形は早くに転出し、クモハ40形2両で運用されていたが、1966（昭和41）年3月にクモハ60形2両が転入してきた。クモハ60形はともに連結面側にパンタグラフを搭載し、背中合わせでMc＋Mcの形で使用された。この4両で垂井線・美濃赤坂線の運転が1971（昭和46）年

垂井線で運転されるクモハ40069＋クハ16454。クモハ40069は鳳区から転入。更新前の姿で尾灯、3列のガーランド型ベンチレータ、乗務員室横の通風口など登場時の名残を残している。旅客営業終了後も大垣区の牽引車として残り、1975年1月にパンタグラフの周囲を低屋根化改造されてクモハ40800となり、神領区に移った。大垣　1956年8月29日　写真／大那庸之助

クモハ60069＋クモハ60076は、2M編成で大垣〜関ケ原間の区間運転や美濃赤坂支線で使用された。晩年は2両とも静岡運転所の牽引車となり、大船工場までの入出場車の伴走も行った。069は1982年の最後の全般検査でぶどう色化された。なお、この069はクモハ60形で最後まで活躍した車両であった。大垣電車区　1970年5月17日　写真／大那庸之助

4月まで行われた。

　その後、クモハ40050は大垣電車区の入換車として1983（昭和58）年1月まで在籍した。クモハ40069も同様に大垣電車区の入換車で残り、1975（昭和50）年1月に神領電車区に転出。入換・牽引車として低屋根改造されてクモハ40800に改番され、1984（昭和59）年7月まで使用された。これは牽引車として長野工場を往復する際、中央西線と篠ノ井線を通過するための改造であった。

　クモハ60069と076はともに1973（昭和48）年2月に北松本支所に移り、同73年10月に静岡運転所に移った。2両とも入換・牽引車として使用され、076は1977（昭和52）年10月、069は1984（昭和59）年4月まで活躍した。

米原から管轄を越え宮原区の80系が入線

　電車運転は好評で、次第に運用範囲を広げていった。1956（昭和31）年4月に名古屋〜飯田線中部天竜間を直通する臨時快速電車「天竜」が運転を開始した（新宿・長野〜飯田線天竜峡間で運転された準急「天竜」とは異なる）。80系4両編成で運転され、飯田線の戦前型の旧型国電で運転される時もあった。

　1956（昭和31）年11月の東海道本線全線電化後は、宮原電車区の80系が管轄内の米原を越えて大垣まで乗り入れるようになった。この米原からの乗り入れはJR化後も続けられ、2016（平成28）年3月まで行われた。

80系の車体色と塗り分けを統一

　1956（昭和31）年11月の東海道本線全線電化に合わせて、80系の塗装と塗り分けの統一が行われた。車体色は関東ではオレンジ色と緑色、前面上部と側面上部をつなぐ塗り分け線は曲線だが、関西ではマルーン色とクリーム色、塗り分けは直線であった。この2つの折衷案として、車体色はオレンジ色と緑色の関東方式、前面の上部から側面にかけての塗り分けは直線の関西方式となった。

　電車の運転がなかった豊橋〜浜松間だが、1957（昭和32）年4月から大垣電車区の車両を使用して電車運転を開始した。これにより、東海道本線全線で電車の運転が行われ、同57年6月に80系を使用して東京〜大垣間で直通運転の試験が行われた。

　試験結果を受け、同57年10月に東京〜名古屋〜大垣間で80系300番代を使用した準急「東海」が運転を開始した。客車時代の1往復から3往復となり、東京〜名古屋間は50分ほど短縮された。客車急行より早く、準急のため特別料金が安価なことから人気を集めた。

　同時に宮原電車区が担当する80系電車の準急「比叡」が大阪〜名古屋間で運転を開始したが、こちらは「東海道本線（京阪神）」で扱う。

80系300番代の準急はわずか1年半

　1957（昭和32）年に投入された80系300番代は旧型国電の最高峰ともいえる車内設備や性能を備えた車両で、車体は軽量客車ナハ10系と同様の全金属製車体となった。ノーシル・ノーヘッダの車体で窓は天地左右とも大きくなり、窓枠は軽金属化されて窓の四隅に丸みが付いた。

　座席幅、座席間隔ともに拡大され、室内灯は蛍光灯で車内環境が格段に向上した。また、サロ85形には長距離運用用の専務車掌室や車販準備室が設けられた。

　準急「東海」はサロを2両入れた10両編成で運転された。大垣電車区で3往復のほかに夜行1往復の全便を担当する予定であったが、大垣電車区の改良工事が終わるまで1往復を田町電車区が受け持った。

　また、夜行の1往復は車両の完成が遅れたことから2カ月ほど遅れ、最初は臨時列車として運転を開始した。定期列車の「東海4号」となるのは1958（昭和33）年10月からである。しかし80系の準急「東海」の運行期間は短く、1958年11月から翌59年4月にかけて新性能電車91系（1959〈昭和34〉年6月から153系と改称）に置き換えられた。

ところが1959年9月ダイヤ改正で、大垣電車区の80系300番代が再度優等列車に復活し、東京〜浜松間の準急「はりま」として10両編成で運転された。しかし153系が増備されると1960（昭和35）年6月以降に153系化された。

80系を使用した
そのほかの優等列車

　名古屋地区を通った80系の優等列車として、1960（昭和35）年6月改正で設定された東京〜姫路間の不定期急行「はりま」がある。田町・宮原の両電車区で10両編成1本ずつを担当したが、こちらも短期間で1961（昭和36）年7月に153系化された。

　153系の増備が進むにつれて、80系の優等列車運用は東海道本線から地方線区や臨時列車に移っていった。1961（昭和36）年3月に名古屋〜豊橋〜辰野間の準急「伊那」が80系300番代の4両編成で運転された。戦前型の旧型国電による快速に代わって運転され、準急料金に見合う車内設備であることから好評であった。

　翌62年4月に1往復増発されて1本が大垣始発となり、5月には1往復が上諏訪まで乗り入れた。1972（昭和47）年3月に165系と交代したが、不定期急行の「伊那51・52号」は80系4両編成で残り、1976（昭和51）年3月に運転を終了した。

　また、大垣電車区の80系を使用し、1961（昭和36）年3月19日から同61年9月24日まで、大垣〜浜松間で日曜・祝日に「かんざんじ」が運転された。浜松で浜名湖かんざんじ温泉を結ぶバスに接続する観光列車で、列車・バスともに座席指定制であった。複数年にわたり運転され、乗車には「指定制往復特殊乗車券」が必要であった。

　大垣電車区では1966（昭和41）年7月に中央西線名古屋〜瑞浪間の電

飯田線から豊橋経由で名古屋に向かう臨時電車。写真は名古屋側の先頭車クモハ42011で、豊橋側の先頭車はクハ47151である。車体色は静鉄快速色で青とオレンジの塗り分けがされていた。臨時のため行先表示板に「名古屋」と達筆な筆書き文字の紙が貼られている。
豊橋　1961年7月26日　　写真／沢柳健一

神領区に転属したクハ86022は1955年度早期落成車で、1次車の台枠を使い、前面を2枚窓とした通称1.5次車。1960年5月の更新工事で前面と戸袋窓がHゴム化された。台枠の関係で鼻筋がない独特の形状は変更されず、更新後も異色車両の特徴を残していた。。神領電車区　1970年5月16日　　写真／大那庸之助

先頭はサロ85形300番代を先頭化改造したクハ85311。1968年8月に神領区が開設され、人垣区の救済のため80系が神領区に転入した。撮影当時は神領区のある中央西線に80系の定期運用はなく、東海道本線専用であった。そのため、名古屋との往復は回送で運転されていた。神領電車区　1970年5月16日
写真／大那庸之助

化に伴い、中央西線用の70系などの旧型国電が配置された。神領電車区の開設後は全車が転属したが、中央西線用の車両を使用して米原〜豊橋間で1往復の運転が行われた。

大垣区の80系が勇退 さよなら列車を運転

名古屋地区の80系は、優等列車から撤退後は6両編成と4両編成で使用された。当初は普通のみの運用だったが、1971（昭和46）年4月から運転を開始した豊橋〜大垣間の快速にも使用された。1955（昭和30）年にC11形蒸気機関車が牽引する客車の快速列車が消えて以来、16年ぶりの快速復活でもあった。

4往復が設定されて一部を80系が担当したが、翌56年3月に1時間ごとの運転に増発され、さらに95km/hから110km/hにスピードアップされたことで153系や165系が担当になり、運用を外れた。

80系は再び普通のみとなるが、晩年は名古屋〜京都間の不定期快速「近江路」でも使用された。1978（昭和53）年3月に113系に置き換えられ、3月25日には大垣電車区の一時代を築いた80系を使い、「さよなら湘南形」号が名古屋〜大垣間で運転された。4両とも大垣電車区初の優等列車用車両だった80系300番代で統一され、東海道本線における80系最後の営業運転が行われた。

静岡運転所が開設 大井川直通列車も運転

静岡地区では1961（昭和36）年10月に静岡運転所が開設され、田町区や大垣区などから80系が178両転入した。主に東海道本線東京口の普通で使用されたが、翌62年10月には静岡地区の区間列車が新たに配属された111系などで電車化されたため、80系の1/3ほどが静岡運転所から転出した。

沼津〜島田間、静岡などの区間運用で使用中の80系。先頭のクハ86104は座席間隔を拡大した100番代車で、ベンチレータが一直線に並んでいるのがわずかに見える。大垣区に新製配置されて最後は静岡運転所に移り、静岡地区の新製化に合わせて1977年5月に廃車となった。
沼津　1969年2月27日　写真／大那庸之助

クハ86036は、新潟鐵工所で製造された最後のクハ86形。2枚窓のデザインを確立した1950年度製グループの車両である。1959年8月に更新工事が行われて前面窓・戸袋窓のHゴム化、客用扉の交換、警笛の前面腰板下部へ埋め込みなどの改造が行われた。後に岡山区に移り1978年1月まで現役だった。神領電車区　1970年5月16日　写真／大那庸之助

また、1964（昭和39）年3月に身延線初の準急「富士川」が運転を開始し、静岡運転所の80系800番代が使用された。こちらは「身延線」の項目で紹介する。

珍しい運用では1969（昭和44）年4月26日から静岡〜千頭間で土日運転の快速「奥大井」が80系で運転され、金谷から国鉄電車が初めて大井川鉄道（現・大井川鐵道）に乗り入れた。身延線の急行用車両80系800番代が使用され、1971（昭和46）年3月6日から111系に交代した。

1967（昭和42）年の7月から8月にかけては、静岡〜新居町間で快速「はまなこ」が運転された。浜名湖の弁天島付近にある海水浴場への輸送を目的とした。「ワッペン列車」と呼ばれる座席定員制の列車で、静岡電車区の80系6両編成を使用し、ワッペンをデザインしたヘッドマークが掲げられた。

晩年は基本7両編成で、最大14両編成で運転され、大垣電車区の6両編成と併結した13両編成の運用もあった。また、12両貫通編成は東京〜沼津間の運用や身延線西富士宮まで乗り入れる団体用に使用された。

1977（昭和52）年3月28日の東京発沼津行きを最後に、静岡運転所の80系は熱海以東の運転を終了し、同77年9月に静岡運転所から80系は姿を消した。

御殿場線

かつて東海道本線の一部だった御殿場線は、戦後の1968年に電化され、電車運転が始まった。急行には当初から165系が投入されたが、路線内の普通は主にスカ色の73系が使用された。

御殿場線電化用に松戸区から転入した1941年度製のクモハ60073。電化当初は3扉のクモハ60形と4扉の73系が使用されたが、クモハ60形は身延線のクモハ14形の代替として転出した。転属後の1970年7月にパンタグラフ周囲が低屋根に改造された。クモハ60802となった。沼津機関区　1968年4月27日　写真／大那庸之助

東海道本線の栄華がしのばれるローカル線

丹那トンネルが開通して1934（昭和9）年12月に東海道本線が熱海経由に変更されるまで、御殿場線は東海道本線の一部であった。東海道本線の建設が始まった当時、長大トンネルを掘削する技術がないため、国府津から御殿場を経由して沼津を結ぶ路線が選択された。

1886（明治19）年11月に工事が始まり1889（明治22）年2月に開通し、1901（明治34）年3月に複線化された。国府津〜御殿場間は60kmほどの距離で、御殿場を頂点に450mの高低差がある。急勾配とトンネルが連続し、山北では急勾配に備えた補機専用の機関庫が設けられた。

丹那トンネルが開通し、御殿場線となった後は1943（昭和18）年に単線化され、ローカル線となった。電化前の旅客列車はD52形蒸気機関車が牽引する客車列車や、気動車が運転されていた。

東京直通電車以外は旧型国電で運転

電化はまず、1968（昭和43）年4月27日に国府津〜御殿場間が部分電化された。東京〜御殿場間を直通する急行「ごてんば」が新前橋区の165系で運転を開始し、朝夕の東京直通列車は大船電車区の111・113系が使用された。

線内の運転には松戸電車区などから転入した60・73系を改造して使用した。一部のサハにトイレが設置され、車体色はぶどう色2号からスカ色（クリーム1号＋青15号）に変更された。客室内は全面改装され、高地を走るため客室のヒータが増強され、客室保温のためドアの半自動化も行われた。

同年7月1日に御殿場〜沼津間が電化され、全線電化が完成した。小田急の気動車が松田から直通運転していたが、電化後は同日から車両が3000形電車（SSE）に変更され、急行「あさぎり」として運転された。

線内の普通は、基本は4両編成、ラッシュ時は8両編成、夕方の1本のみ12両編成で運転された時もあった。一部の運用に荷物輸送があり、客室の一部をカーテンで仕切り、代用荷物室とした。トイレが設置されたサハ78形は1969（昭和44）年12月に400番代に改番された。ただし後にトイレが設置された車両もあったが改番はされなかった。

数少ない臨時準急と朝の小田原乗り入れ

御殿場線の御殿場以西は優等列車の運転はなく、1968（昭和43）年7月21日〜8月18日の日曜に静岡運転所の80系4両編成を使用した静岡〜御殿場間の臨時準急「富士高原号」が唯一であった。御殿場線最後の準急で、静岡で新幹線に接続した。

また、旧型国電の運転は御殿場線内であったが、朝の上り1本のみ珍しい運用が行われた。山北発小田原行きで、国府津で東海道本線を下る運用である。通勤輸送用の列車で、小田原到着後は早川まで回送し、上りも回送で国府津へ送られた。こちらは晩年まで運転された。

早期に73系に統一ユニークな更新車

電化に際して配置された40系はクモハ60形のみであったが、すぐに御殿場線の運用を離れた。1970（昭和45）年9月に2両が大糸線用として北松本支区へ転出し、残り8両は身延用に改造された。身延線のトンネル通過用に低屋根化され、800番代に改番された。

これらのクモハ60形の代わりに、御殿場線用に大阪からクモハ73形が10両転入した。この結果、御殿場線は73系で統一され、編成はクモハ73形＋サハ78形＋サハ78形＋クモハ73形またはクハ79形＋モハ72形＋サハ78形＋クモハ73形の2種類となった。トイレの設置は各編成1カ所のみとされていたので、トイレのないサハ78形もあった。

クモハ73形は1972（昭和47）年頃に、068を除いてほとんどが入れ替わった。晩年までいたクモハ73形のうち、900は蒲田での踏切事故車モハ73174、902は三鷹事件の暴走車モハ73400の車体更新車であった。

クモハ73900はジュラ電の更新工事の翌年に工事されたため、ジュラ電更新車とほぼ同じ構造でシルヘッダ付きであった。違いは室内が白熱灯で、前面の角に大きなRが付き、前面窓中央の上部に方向幕が設けられたことである。また、同年に登場した920番代と同様に前面窓は傾斜していた。

クモハ73902は全金属車で、全金属標準型車920番代の図面を基に製造された。ノーシルノーヘッダで張り上げ屋根が特徴、クハ79形920番代の前面の角に大きなRを付けたような車体形状をしていた。2両とも御殿場線を最後に引退した。

またクモハ73068は、御殿場線の電化当初から新性能化まで在籍した唯一のクモハ73形であった。

モハ72形は元63形の0番代のみであったが、最晩年に全金属標準型車の941が1両だけ転入した。

バリエーション豊富なサハ78形

クハ79形は新製時からクハ79形であった300番代と、73系製造の最終年度である1957（昭和32）年製の全金属標準型車937と939があった。

最もバリエーションが多かったの

沼津機関区から富士に到着した御殿場線用の73系。撮影日は国府津〜御殿場間の電化開業当日である。先頭のクモハ73168は運転台と中央がHゴム化されており、客用扉は3種類の扉が並んでいる。次のサハ78024はトイレが設置改造済みで、改番は1968年12月に行われた。
富士　1968年4月27日　写真／大那庸之助

サハ78030は4扉ロングシート車で73系の一員に組み入れられているが、元は横須賀線用32系のサロ45009であった。1931年度製でサロ45形時代は2扉クロスシートだったが、1944年7月に4扉ロングシート化されてサハ78形となった。御殿場線入線後もトイレは設置されず、1979年9月まで使用された。沼津機関区　1968年4月27日　写真／大那庸之助

はサハ78形である。新製時からサハ78形であった100番代、旧モハ63形をサハ化した300番代、他形式を4扉化改造した009〜034があった。また、トイレ設置改造を行った車両は400番代に改番されたが、晩年に設置された車両は改番されなかったため、車番からトイレの有無の確認は難しい。

4扉化改造された車両は元横須賀線用32系の二・三等車サロハ46形と二等車のサロ45形で、両方とも在籍した。さらに元サロハ46形は2両のうちの1両、元サロ45形は3両のうちの1両だけがトイレを設置した。こちらは2両とも初期の改造のため、400番代に改番されている。

御殿場線の旧型国電の営業は1979（昭和54）年10月18日に終了し、ほと

サハ78453は、元はサハ78形100番代で73系本来のサハである。1946年度にサハ78110として落成し、1968年12月に浜松工場でトイレが設置されて450番代の453に改番された。同じ100番代からの改造でも改番されなかった車両もあり、サハ78024のようにトイレを設置されるが後日に401と改番された車両もあった。
沼津　1969年2月27日　写真／大那庸之助

んどが廃車となった。このうち、クモハ73043とクハ79939だけは富山港線に移り、新性能化される1985（昭和60）年まで活躍を続けた。

中央本線（中央西線）

東京〜名古屋間の中央本線のうち、中央西線と呼ばれる名古屋〜塩尻間の電化は遅く、中津川まで電化されたのは1968年であった。当初は70系が投入され、後年は73系が通勤輸送を支えた。

旧型国電　路線別車両案内

写真のクハ76032以下は1951年度製の1次車で、大船区から明石区、大垣区を経て神領区の開設と同時に転入した。転入後の移動はなく、1978年12月まで在籍した。1次車の特徴を残し、前面窓は木枠で乗務員室後部の小窓も設置されなかった。トイレも大型で、客用扉が交換されたくらいであった。神領電車区　1970年5月16日　写真／大那庸之助

複線化と電化を
ほぼ同時期に実施

　東京側の中央東線は複線化や電化が行われていたが、名古屋側の中央西線は単線のままであった。そこで、名古屋〜中津川間の複線電化工事が計画され、第1次工事として1958（昭和33）年5月から名古屋市内の高架線化と立体交差化の工事が始まった。

　1964（昭和39）年7月に大曾根付近の名鉄瀬戸線との交差部を除いて高蔵寺までの複線化が完成し、複線化に対応する愛岐トンネルなどのトンネルも順次完成した。そして1966（昭和41）年3月に瑞浪、1968（昭和43）年3月に中津川までの複線化が完成した。電化はそれぞれの複線化から少し遅れて、名古屋〜瑞浪間は1966年7月までに、瑞浪〜中津川間は1968年8月までに完成した（電車運転は1968年10月開始）。

　名古屋〜瑞浪間の電化に伴い、中央西線用として大垣電車区に70系などの旧型国電が配置された。名古屋地区で初のスカ色で、基本6両編成、付属4両編成が使用された。ラッシュ時は神領で解結を行い、付属編成は名古屋方に連結したが、中津川で行う場合のみ中津川方に連結した。

　中央西線の車両は70系モハ70形、クハ76形、サハ75形、80系サハ85形、60系クハ68形が在籍した。サハ75形とサハ85形は70系、80系のサロの格下げ車で、後に両形式とも3扉化されて100番代となったが、間隔のゆったりとした座席は好評で、6両編成に組み込まれていた。

　70系は関東・関西から転入した車両のため、浜松工場で塗装の変更以外に幌などの仕様統一と車内整備や暖房器の増設などが行われた。

　クハ68形の塗り分けは、貫通扉全体がクリーム1号であった。当時、中部地方では飯田線がスカ色を採用しており、側面と同様に前面も一直線に塗り分けられていたが、後に中央西線のクハ68形と同様の塗り分けとなった。

　また、クハ68形には70系と連結できるように電磁ユルメ装置が取り付けられ、補助回路の引き通し線も改造された。このクハ68形は1971（昭和46）年度中に長野運転所に移り、神領区の70系の先頭車はクハ76形に統一された。

神領電車区が開設
70系に続き73系も転入

　1968（昭和43）年8月に神領電車区が開設された後は、70系全車が大垣電車区から移動して中央西線で運用された。この70系を使用して東海道本線米原〜豊橋間で1往復の運転が行われた。

　また、神領電車区の開設と同時に大垣電車区から80系の一部が転入した。この80系は東海道本線用の車両で、神領〜名古屋間は回送運転されていた。

　中津川まで電化完成直後の1968年10月8日から、秋の行楽シーズンに毎日曜運転の快速「恵那峡」が名古屋〜中津川間で運転された。こちらは大垣電車区の80系が使用された。

　1972（昭和47）年3月から70系の東海道本線の運用はなくなったが、同年7月23日から8月26日の毎日曜に70系6両編成による海水浴客輸送用の快速「大島号」が中津川〜西小坂井間で運転された。

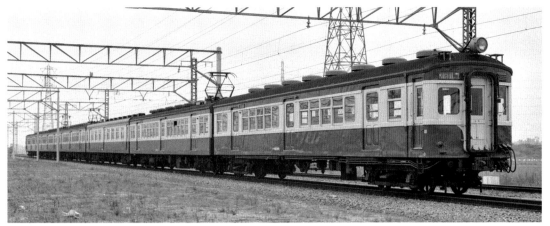

先頭車以外はすべて70系である。クハ68099は1941年度製の元クハ55087で、宮原区時代に連合軍専用車となり、解除後の1953年6月にセミクロスシート化されて改番された。中野区から宮原区などを経て神領区開設時に転入した。後に大糸線に移り1978年1月まで活躍した。神領電車区 1970年5月16日　写真／大那庸之助

　1971（昭和46）年10月に、東京から73系が神領電車区に転入した。1972（昭和47）年3月ダイヤ改正に合わせた中央西線用の車両で、転入した車両はモハ72形とクハ79形のみであった。モハ72形は500番代以降、クハ79形は300番代以降の73系オリジナル車両が多く在籍し、両形式とも全金属製標準型車920番代も含まれていた。

　車体色はスカ色に変更され、行先表示板は前面には取り付けられず、側面の幕板部分に片側あたり1カ所表示された。基本5両編成、最大10両編成で、混雑する名古屋～高蔵寺間で運転され、後に釜戸まで延長された。

　なお、転入に伴い80系の一部は大垣電車区へ戻った。

独自のあゆみを経た全金属製車体試作車

　転入した73系のうち、旧63系由来の車両はモハ72900とクハ79904のみで、大井工場で全金属製電車の試作車として製造されたものである。全金属製車体は大井工場で試作され、1952（昭和27）年製の第1次全金属製電車モハ71001から第4次全金属製電車のクハ79904まで改良が重ねられ、第4次はすぐ後に製作するモハ90形（101系）の予行演習となった。

上の編成の中間に連結されたサハ75015。サロ75形は1966年11月に三等車に格下げされ、1970年3月に3扉化された。工事直後のため増設扉周囲の塗装の光沢が異なる。撮影翌月の6月4日に100番代に改番されてサハ75108となり、0番代の3扉車は3カ月ほどで姿を消した。神領電車区　1970年5月16日　写真／大那庸之助

　モハ72900は1954（昭和29）年度に第2次全金属製電車としてジュラルミン電車モハ63900を改装した車両である。

　クハ79904は桜木町事故の焼損車の後ろに連結されていたサハ78144で、全金属車体試作車の1両である。1956（昭和31）年度事故車復旧電車（第4次全金属製電車）として920番代の図面に準拠して製造されたが、量産車に比べて❶張り上げ屋根、❷前面窓が大きい、❸車体前面にRが付いている、❹前面窓に向かって左下に編成番号表示窓が設けられた、などの特徴があった。

80系を低屋根化改造広域運用が始まる

　1973（昭和48）年7月に中津川～塩尻間の電化が開業し、中央西線全線が電化された。113系の配置で大垣電車区から転出した80系が神領電車区と松本運転所に転入し、中央西線や篠ノ井線の運用を担当した。

　また、気動車で運転されていた名古屋～藪原間の不定期快速「木曽路」が神領電車区の80系4両編成で運転された。1975（昭和50）年5月以降は行き先が松本まで延長され159系化された。

　80系の運用に大きな変化があったのは長野運転所の80系が松本運転所に移り、運用の合理化が行われた1975（昭和50）年3月である。これにより松本電車区の80系と併結する神領電車区の80系は運用が中央西線、中央東線、篠ノ井線などに広がり、80系の一部も広域運用に対応できるよう低屋根化改造され、モハ80形800番代に改番された。また1973（昭和48）年7月から塩尻～長野間で急行「天竜1号」の運用も担当した。

中央西線の新性能化と神領区70系の最晩年

　73系は1977（昭和52）年4月に103系に置き換えられ、名古屋周辺の普通運用は103系と70系が中心となった。80系の多くは中津川以北の運用となった。

　1978（昭和53）年12月に70系が運用を終了し、1980（昭和55）年3月には中央西線から80系の運用が終了し、113・115系化された。そして名古屋〜篠ノ井線聖高原間から80系が姿を消し、神領電車区の旧型国電の配置がなくなった。これにより名古屋鉄道管理局の旧型国電は活躍を終えた。

　なお、最晩年の神領電車区の70系は岡多線（岡崎〜新豊田間）で使用された。これは1976（昭和51）年4月に東海道本線と中央西線のバイパスを目的に開業した路線である。4両編成で使用され、神領電車区〜岡崎間は回送されていた。しかし70系の使用期間は短く、1978（昭和53）年12月に113系化された。

　岡多線はその後、第三セクター化されて「愛知環状鉄道」となり、新豊田〜高蔵寺間が延長されて現在も盛業中である。

身延線

富士身延鉄道を国有化した身延線は、電化は早かったものの狭小トンネルが多い。火災事故を反映して屋根の高さが決められ、独自の低屋根改造を施した旧型国電が使用された。

トンネル断面が小さく当初から車両を制限

　身延線は、富士身延鉄道が1913（大正2）年7月に富士〜大宮（現・富士宮）間を開通したことに始まる路線である。1920（大正9）年5月に身延まで開通し、1927（昭和2）年6月に電化された。身延〜甲府間は路線延長と電化を同時に行い、1928（昭和3）年4月に甲府までの全線電化開業を果たした。

　ところが第一次世界大戦中の工事のため建設費が高騰してしまい、運賃が当時日本一高額となった。そこで1938（昭和13）年11月に経営を鉄道省に委託し、1941（昭和16）年5月に国有化されて身延線となった。

　経営委託直後の1939（昭和14）年2月に木製のモハ1形が応援に入り、国有化と同時にモハ1形と木製車ク

1951年10月にモハ32形が15両も身延線に転入した。1953年6月にモハ14形と改称後、クモハ14002は1955年5月に低屋根化され、1960年1月に800番代のクモハ14800に改番された。車体色は後にスカ色化され1970年6月まで運転された。残る800番代も1970年8月までに姿を消した。
堅堀　1960年5月3日　写真／沢柳健一

ハ17形の2両編成などが追加で入線した。

1944（昭和19）年4月から、木製車モハ10形、クハ17形を鋼体化改造した17m車のモハ62形、クハ77形が身延線用として登場した。前面は非貫通の2扉車で、客用扉周辺はロングシート、それ以外の扉間にクロスシートが並ぶセミクロスシート車である。戦争末期の改造のため車内は簡易改造に留まり、クハにはトイレが設置された。

身延線は建築限界が小さいため、レール踏面から屋根までの高さは3,650mm、パンタグラフ折り畳み高さは4,070mmの低屋根である。2両編成3本が改造され、客室扉の車内側にステップが設けられた。戦後の1953（昭和28）年6月にモハ14形100番代、クハ18形0番代と改番され、1966（昭和41）年9月までに運転された。

戦前の旧型国電が転入 中央東線でも運用

戦後、電気機関車による客車牽引を行うなど、苦難の時期が過ぎた1948（昭和23）年10月に社形が飯田線に転出した。代わりに1950（昭和25）年までに青梅・南武・鶴見各線の社形や戦前の旧型国電モハ30形、モハ50形、クハ15形、クハ38形が転

入した。

20m車は1951（昭和26）年2月に初めてクハ47形が転入し、3月にはクハ58形、モハ41形、モハユニ44形、モハユニ61形が続いた。同51年10月にはモハ32形が15両転入し、省形に統一された。モハユニ44形とモハ32形はいずれも元横須賀線用車両で、平坦地を高速で走行していたことから、勾配線区の身延線用に歯車比を2.26から2.52に変更されてから転入した。

クハ47形、クハ58形は転入直後の同51年4月からトイレが取り付けられた。また、当時は荷物合造車が不足しており、モハ41形は運転台側の客用扉付近を荷物室に改造し、同51年5月にモハニ41形となった。

この頃から身延線の車両が中央東線で使用され始め、1950（昭和25）年9月に中央東線甲府〜塩山間で身延線用の2両編成で運転が始まった。中央東線ではさらに1965（昭和40）年3月から甲府〜韮崎間でも身延線の車両が運転され、後に韮崎〜塩山間に拡大された。この際、乗り入れ用に飯田線からクモハ43形が転入し、一部が低屋根化改造（後述）された。貫通式運転台であることから4両編成の中間に組み込まれた。

また、1950（昭和25）年12月から1952（昭和27）年5月にかけて富士

〜静岡〜島田間で臨時運転が何度か行われ、1953（昭和28）年3月から富士〜島田間で定期運用が開始された。しかし、静岡運転所が1961（昭和36）年10月に完成したことで、運用は消滅した。

2つの事故の教訓で 屋根をさらに下げる

身延線は低屋根の電車の印象が強いが、屋根の高さが決まるまでは過去の事故から得た教訓が生かされている。電気が原因とみられる火災が1950（昭和25）年8月に内船〜寄畑間の島尻トンネルで発生し、4両編成が全焼した。

また、翌51年4月に桜木町事故が起きたことから直流1500Vの場合、電気を完全に遮断できる架線とパンタグラフの距離が検討され、パンタグラフが降下した時の架線との距離を最低250mm確保することが必要であるとの結論が出た。

そこでパンタグラフ折り畳み高さは4,210mmから3,950mmに基準が変更され、屋根は従来の260mmから300mmまで低くすることとなった。

1955（昭和30）年と翌56年に実施された改造では屋根全体が260mm下げられ、モハ14形（元モハ32形）とモハユニ44形に行われた。

クモハユニ44802は元クモハユニ44004で、001、002の2両より遅れて1956年7月に大糸線から転入した。1956年10月に低屋根化改造されてグローブ型ベンチレータが搭載され、1960年1月に802と改番された。3両ともクモハ14形と同様に、全長にわたって低屋根化された。富士電車区　1963年8月27日　写真／沢柳健一

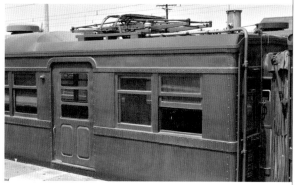

1956年度にクモハユニ44形3両に実施した低屋根化改造を最後に、工期が長期にわたる屋根全体の低屋根化工事は終了した。以降に入線したクモハ51・60・43形とクモハユニ44003はパンタグラフを後位側とし、パンタグラフ周辺だけを低屋根化する工事に変更された。写真はクモハ41800。富士電車区　1963年8月27日　写真／沢柳健一

そして1962（昭和37）年度以降に実施された低屋根化改造からは、後部のパンタグラフ周辺のみを300mm下げる方法に変更され、クモハ41形、クモハ51形、クモハ60形、モハ80形などに実施された。クモハ43形やクモハユニ44803は前側のパンタグラフを後部に移設して低屋根化された。クモハユニ44形は戦後も残った全4両が身延線に集結していたが、低屋根化工事の時期の違いで2種類の車体形状となった。

また、モハ62形やモハ30形の丸屋根改造車は飯田線に転出し、身延線は低屋根車に統一された。

身延線の特徴にはほかに、半自動扉を扱う押しボタン式ドアスイッチもあった。線内は無人駅が多く車掌が改札業務を行うため、1964（昭和39）年から転入したサロ45形を格下げした中間車であるサハ45形にも押しボタン式のドアスイッチが設置され、どの車両からでも客用扉が扱えるようになっていた。

なお、前述の島尻トンネル事故で焼損した17m3扉車のモハ30173は、復旧工事で20m2扉車クハ47023（のちクハ47011に改番）となった。他のクハ47形と異なり切妻で、屋根は標準より100mm低い車両であった（飯田線の項にも記述）。

甲府発富士経由静岡行きの急行「富士川2号」。当時は2往復とも静岡～甲府間の急行「富士川」の愛称で運転されていた。4両とも80系300番代で、本文にあるモハ80形850番代の登場は1970年8月以降である。写真はタブレットをホームにある授受器に入れて十島を通過する様子。十島　1970年3月1日　写真／大那庸之助

快速運転の定着から準急運転の開始へ

身延線全線の直通列車のうち、主要駅のみ停車する列車は1942（昭和17）年11月から設定と廃止を繰り返し、1956（昭和31）年3月から1往復の「快速」が2両編成で運転を開始した。

1964（昭和39）年3月からは静岡運転所の80系4両編成を使い、準急「富士川」2往復が運転を開始した。身延線初の戦後型の旧型国電である。300番代を使用し、電動車はパンタグラフ部分のみを低屋根化したモハ80形800番代が充当された。

同64年10月の東海道新幹線開業に合わせて1往復が静岡まで延長され、1966（昭和41）年4月には急行に格上げされた。これは運賃の改定により、準急は運転区間が100km以下、101km以上は急行とされたためである。もう1往復の身延線内の「富士川」は運転区間が100km以下のため、「白糸」と改称されて準急で運転された。1968（昭和43）年10月ダイヤ改正で2往復とも静岡発着となり、急行「富士川」に統一。利用客の増加から翌69年5月に5両編成となった。

1970（昭和45）年には新たにサハ87形100番代にモハ72形500番代の電気部品を転用し、低屋根化改造したモハ80形850番代が登場した。2両だけの車両で、300番代に比べて座席間隔は狭く、シルヘッダ付きの姿は異彩を放っていた。そのために急行用の非常予備とされ、1972（昭和47）年3月ダイヤ改正前に165系化されると、2両とも松本運転所へ転出した。

線路配置を変更し全車両を方向転換

1960年代後半になると国鉄の経営合理化が進められるようになり、1969（昭和44）年4月に富士電車区の車両は沼津電車区に移管された。これにより富士電車区は運転と仕業検査部門のみとなった。また、この頃からスカ色への塗り替えが始まった。

身延線の近代化を図るため、同69年9月に富士～入山瀬間の線路配置が変更された。以前は東京側から身延線へは折り返して入線していたが、変更後は直接入線できる線路配置になった。

身延線への進入方向が変更されたため、線内の旧型国電は方向を変更することになった。旧型国電の床下機器は東海道本線で海（太平洋）側が空気関係、山側が電気関係の配置であるため、富士駅近くに簡易の三角線を設置して、全電車を対象にこれまでと逆向きに方向転換が行われた。この後、複線化工事も進められ、1974（昭和49）年4月に富士～富士宮間の複線化が完成した。

車両ごとの違いが身延線の旧国の魅力

身延線の旧型国電は同一形式ながら番号ごとの違いが多く、それが魅力となっていた。特にクハ47形は両数が多いうえ、下記のように区分されていた。

❶原型
❷サハ48形の先頭化改造車50番代
❸クハ58形の改番車100番代
❹43系半流線形のサロハの先頭化改造車150番代

さらに❷の50番代ではクロスシートとロングシートがあった。また、❹の前照灯は従来、屋上に搭載していたが、250Wに交換される際、建築限界に接触することから妻面に埋め込まれ、前面の印象が変化した。

1970（昭和45）年1月から20m車クモハ51形、クモハ60形が転入し、いずれも7月までに低屋根化改造を受けて800番代となった。両形式ともすべて下り向き偶数車として使用され、奇数車は方向転換されて偶数

クハ47形0番代は、32系の制御車として1930年度に10両だけ製造された車両。身延線では付属編成の下り先頭に連結された。1951年に横須賀線から身延線に移り、トイレを設置。前面の雨樋は一直線だったが、更新修繕で運行灯の設置とともに曲線化され、前面窓はHゴム化された。
クハ47008　富士電車区　1970年3月1日　写真／大那庸之助

関西急電42系の制御車・クハ58形として25両が製造された。戦後も残った9両は1953年6月にクハ47形100番代と改番され、1951年から身延線に入線した車両にはトイレが設置された。クハ47112は元クハ58021で、1981年8月廃車となった。晩年は前面の行先表示板受がなかった。
富士電車区　1970年3月1日　写真／大那庸之助

クハ47153は、元は半流線形43系の中間車サロハ66018である。1951年11月に飯田線に移り、1952年2月に運転台が設置されてクハ47021となった。1954年6月の更新でロングシート化されて、伊東線を経て1958年12月に身延線に転入。1959年12月の改番でクハ47153となり、1971年に飯田線へ転属した。富士電車区　1963年8月27日　写真／沢柳健一

車に改番された。これにより、8月に17m車として残っていたクモハ14形低屋根の全車が廃車となった。

クモハ51形はオリジナルと、2扉両運転台車モハ42形を3扉片運転台車化したクモハ51830、2扉片運転台車モハ43形を3扉化したクモハ51850があるなど、個性派揃いであった。また、クモハ60形は御殿場線で1年ほど使用されていた車両で、開業祝賀列車に使用された車両もあった。

73系の足まわりに115系の車体で更新

1974(昭和49)年に73系のアコモデーション改良車が登場した。2代目のモハ62形とクハ66形で、中間車はモハ72形やクモハ73形、先頭車はクハ79形やクモハ73形から4両編成が3本が改造された。種車は元63系と当初から73系の2種類があり、モハ62形は0番代と500番代、クハ66形は0番代と300番代に番代区分されている。

73系の台枠を使用して、115系に似た車体の3扉セミクロスシート車を製造した。73系の台枠は垂直なため、車体裾部は直線で、途中から腰部が膨らむ形状であった。PS13パンタグラフと合わせて、これらが見た目の特徴となっていた。客用扉は半自動で手掛が設けられ、先頭車は73系時代になかったトイレが設置された。冷房装置はなく、パンタグラフ周囲は身延線用に低屋根化された。

台車や床下機器は73系から転用し、補助電源は交流化されて室内灯は直流から交流の蛍光灯となった。電動発電機(MG)はM車に搭載され、113系の冷房装置取り付け工事で交換されて不要となったMGを転用した。このため、4両編成の間に従来の73系を連結することは不可能だが、編成の前後に連結することは可能であった。

モハ62形・クハ66形の登場で、中央東線の乗り入れなどに使用されたクモハ43形や一部のクモハ41形、サハ45形、クハ68形は大糸線に転出した。

1970（昭和45）年頃の身延線は2両編成と4両編成があり、富士〜西富士宮間では最大6両編成で運転された。行先表示板は前面と側面で表示していたが、1970年代後半には前面は使用されなくなり、中央東線に乗り入れた時のみ使用していた。

戦前製の旧型国電は1981（昭和56）年8月に引退。戦後製の73系を改造した旧型国電のモハ62形・クハ66形は1984（昭和59）年2月まで運用され、新性能車115系に置き換えられた。仙石線のアコモデーション改良車のように新性能化されずに廃車となった。

73系の台枠より下部分を転用して115系似の車体に更新したクハ66形・モハ62形。台車から旧型国電であることが分かる。台枠が73系のため、側板は垂直に立ち上がってから腰板部分のふくらみが始まる。台枠との境目が、客用扉下部あたりに折り目のように入る。写真／PIXTA

飯田線

さまざまな旧型国電が集まった飯田線は、1960〜70年代に「旧型国電の博物館」と呼ばれ、多くの愛好家の注目を集めた。中でも戦前の高性能電車、流電こと52系の足跡は特筆される。

最晩年の飯田線は豊橋区に戦後型の80系300番代が、伊那松島区に戦前型が集結した。両区とも全線で運用され、途中駅では両世代の交換風景が見られた。写真左側の戦後型が1983年2月に先に引退し、右側の戦前型は半年後の8月に引退し、新性能車に置き換えられた。
七久保　1982年11月2日　写真／稲葉克彦

私鉄4社が敷設
200km弱の長大路線

飯田線は、豊橋〜辰野間に敷設された豊川鉄道（豊橋〜大海間）、鳳来寺鉄道（大海〜三河川合間）、三信鉄道（三河川合〜天竜峡間）、伊那電気鉄道（天竜峡〜辰野間）の4つの私鉄をつないで1936（昭和11）年に完成した路線である。1943（昭和18）年8月に国有化されたが、本長篠（旧・鳳来寺口）〜三河田口間の田口鉄道は買収されず、1952（昭和27）年まで国鉄により運転管理が行われた。

飯田線は私鉄基準で建設されたため、最小曲線は国鉄の160mに対して140m、最急勾配は40‰あり、トンネルも多く、急曲線急勾配の山岳路線である。

国有化時までに全線電化されており、天竜峡以南が直流1500V、以北が直流1200Vだった。なお、東海道本線の浜松電化までは飯田線が日本の電化最長路線であった。全通時の豊橋〜辰野間は192.3km（現在は195.7km）あり、現在でも特急を使っても最速で4時間46分かかる。距離は上野〜越後湯沢間の195.6kmに匹敵し、上越新幹線はこの区間を最速1時間で結んでいる。

なお、豊川〜西豊川間には西豊川支線があり、豊川鉄道時代の1942（昭和17）年5月に開業した。西豊川には豊川海軍工廠があり、当初は午

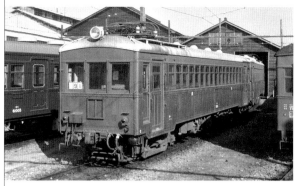

富士身延鉄道の社形で1927年製のモハ100形104。1941年3月の国有化でモハ93形93004となり、1951年までに全車が伊那松島区に移った。1953年6月にモハ1200形1203と改番後、1956年から1958年に廃車となり、多くが弘南鉄道・高松琴平電鉄・大井川鉄道に譲渡された。伊那松島機関区　1957年11月23日　写真／大那庸之助

1914年製の院電デハニ6465が起源のモニ3形3009を三信鉄道が譲り受け、鋼製化でデ101となった。デ301と改番後に電装解除されてクハ301となり、1953年にクハ5800と改番された。1959年2月の廃車後、クハ5801は小湊鐵道で気動車化され、除籍後のキハ5800は現在も同社で保存されている。中部天竜　1957年11月23日　写真／大那庸之助

伊那電気鉄道の社形で1924年製の合造付随客車2。サロハユニフ102からサハユニフ102となり国有化された。社線当時から天竜峡以南は電圧が異なり電動車は直通できず、付随客車が直通運転用に使用された。1953年に救援車のサエ9320形9321となり、1964年9月に廃車された。豊橋機関区　1957年11月24日　写真／大那庸之助

合造荷物車クハニ67形を改造したクハユニ56形。1951年12月に豊橋区に入線後、客室側の荷物室側半分が郵便室に改造された。また、車端部にトイレが設けられ、セミクロスシート化が行われ、1952年4月にクハニ67003からクハユニ56002に改番された。豊橋機関区　1959年11月22日　写真／大那庸之助

前と午後2回の単行運転であったが、工員・学徒輸送用に戦争末期の1945（昭和20）年4月には5両編成化された。

戦後も木製電車で運転され、1956（昭和31）年9月に旅客営業が廃止された。その後は国鉄豊川分工場の引き込み線を経て、現在は日本車輌製造の専用線として使用されている。

社形と省形が共存 他社の社形も転入

買収直後の1943（昭和18）年8月に飯田線へ木製旧型国電モハ10形＋クハ15形の2両編成が2本転入した。さらに木製旧型国電モハ1形＋クハ17形も転入。当初、木製車は近距離用だったが、中距離用とされ、近距離は社形が担当した。

同43年11月には鋼製車モハ34形2両が転入し、モハ34形＋サハ19形＋サハ19形＋モハ34形＋クハ65形

の5両編成で西豊川支線で使用。モハ34形は戦後すぐの1945（昭和20）年10月に転出した。

鋼製車は1947（昭和22）年8月から17m級3扉車のモハ30形、モハ50形、クハ38形、クハ65形が本格的に転入した。翌48年3月にモハ50形がさらに転入。元身延の社形モハ93形、クハユニ95形、クハニ96形の全車は伊那松島機関区に転属し、社形は天竜峡以北に限定された。

1949（昭和24）年7月頃から元青梅、南武、鶴見の社形も転入しクハとして使用されたが、短期間で多くが福塩線用に府中町区へ転出した。

1955（昭和30）年4月15日に、天竜峡以北が1200Vから1500Vに昇圧され、豊橋〜辰野間の直通運転が可能になった。これまでは付随車のみ直通可能で、電動車は乗り換えが必要であったが、1500V用車両が直通運転を開始した。

天竜峡以北を昇圧し 直通運転を開始

直通運転に備え、1950（昭和25）年8月にモハ30形を2扉クロスシートに改造したモハ62形10番代（モハ62011、012→モハ14111、110）が登場した。初期車はダブルルーフだったが、増備車は当初から丸屋根化されている。

この中間車用に流線形のキハ43000形気動車の中間車キサハ43500形を電車用に改造したサハ4300形4301（→サハ6400形6400）が同50年11月に登場した。ノーシルノーヘッダで張り上げ屋根、狭幅車体だがトイレ付きでクロスシートを備えていた。飯田線唯一のオールクロスシート編成となり、座席は80系と同じで、Mc＋T＋Mcの3両編成であった。

その後、飯田線の基本編成が3両

クモハ14形100番代は2両が在籍した。写真のクモハ14101は、木製車デハ43200形43225を起源とする戦時鋼体化改造車。1944年3月に鋼体化されて身延線用2扉クロスシート車モハ62形62003となり、1953年6月の改番でモハ14101となった。1956年に飯田線へ転入し、1963年に大垣区へ転出した。豊橋機関区　1959年11月22日　写真／大那庸之助

2両とも元モハ30系で編成されたモハ11形0番代052とクハ16形150番代161。モハは元モハ30134で、クハは元モハ30193である。クハは戦後電装解除され、1949年10月にクハ38097と改番された。2両とも丸屋根化改造は行われず、飯田線を離れることなく1959年2月に廃車となった。豊橋機関区　1957年11月24日　写真／大那庸之助

編成から2両編成となり、ほとんどの中間車は制御車化された。しかしサハ6400は制御車化改造をされず、気動車の中間車に改造されて1955（昭和30）年6月にキサハ43800（→キサハ04形301）として転出した。

開業以来17m未満の車両で運転されていた飯田線だが、1950（昭和25）年11月に20m車が初めて入線した。クハ47006＋モハ50111で入線試験が行われ、翌51年3月にクハ58形やサハ48形などが転入したが短期間で転出し、5月に転入したサハ48005のみが残り、モハ50形を前後に挟んだ3両編成で使用された。このサハは当線初のスカ色の車両であった。

この時期の20m車ではほかに、1951（昭和26）年11月から翌年に転入したクハニ67形がある。社形合造車の置き換え用で、荷物室に郵便室を追加し、客室をセミクロスシート化し、トイレが設置されてクハユニ56形と改番された。

また、モハユニ61形として製造されながらも未電装だった2両も1952（昭和27）年に転入し、同様の改造を受けてクハユニ56形10番代と改番された。これらは飯田線が新性能化されるまで活躍を続けた。

社形から省形へ車両を置き換え

先述のモハ50形や社形のクロスシート車に代わる長距離運転用の車両が求められ、1951（昭和26）年10月に田町電車区から横須賀線用のモハ32形が転入した。併せてサハ48形が豊橋機関区、中部天竜支区、伊那松島機関区に転入し、当初はスカ色で統一されたモハ32形＋サハ48形＋モハ32形の3両編成で運転された。

モハ32形の転入は1953（昭和28）年3月まで続き、これにより営業用の木製車は1952（昭和27）年5月に全廃となり、モハ50形、モハ30形、クハ65形などの17m級3扉車のほとんどが転出した。また、1952年2月までに豊橋機関区と中部天竜機関支区の社形は転出し、伊那松島区の旧・富士身延鉄道の社形を除き旧型国電となった。営業用の社形がすべて転出するのは20m電動車の増備が進んだ1958（昭和33）年11月である。

モハ32形の転入が続く中で、3両編成は短期間で解消して2両編成が基本となり、サハ、サロハはクハに改造された。飯田線用は1952年から改造され、最初に伊那松島機関区に入ったクハ47023は元17m車の異端車であった。旧モハ30173で1950（昭和25）年8月に身延線で焼失し、復旧の時に20m制御車となった車両である（身延線の項にも記述）。1960（昭和35）年にクハ47011に改称され、移動することなく1978（昭

春秋に名古屋〜佐久間で運転された臨時快速「天竜」は、当初、飯田線の戦前型旧型国電が使用された。1957年の秋シーズンから大垣車区の80系に変更され、特製のヘッドマークが掲げられた。飯田線初の80系入線であるが、80系の定期列車は1961年3月の準急「伊那」まで待つことになる。中部天竜機関区　1957年11月23日　写真／大那庸之助

和53）年11月まで在籍した。

これ以外のサハ48形2両とサロハは2両とも改造後に転出したが、サロハの改造車は2両とも1971（昭和46）年に飯田線に戻り、こちらも1978年11月まで在籍した。

快速に使用された3種類のクハ77形

飯田線は普通のみで運転され、豊橋〜辰野間を6時間30分〜7時間で結んでいた。1952（昭和27）年7月に主要駅のみ停車して4時間30分で結ぶ快速運転を開始した。豊橋区のモハ32系の一部とクハ77形が使用され、1往復の運転であった。車体は快速用に関西急電と同じぶどう色とマルーン色に塗られた。

クハ77形は2扉クロスシート車で3種類ある。0番代は1944（昭和19）年製で、元身延線用の鋼体化車両でモハ62形0番代と同時期に製造された。10番代は1950（昭和25）年製で、30系改造のダブルルーフ車である。50番代は1951（昭和26）年製で、クハ65形の事故復旧車である。700mm幅の窓1つにクロスシートが1つ配置されたため、ゆったりとした車内であった。快速は好評なため1954（昭和29）年10月から2往復となり、4両編成化された。

なお、1954年は20m車の電動車が初めて飯田線に入線した年である。3〜5月に開催された豊橋産業文化大博覧会に合わせて、東京や大阪から借り入れたモハ71形を入れた70系4両編成とモハ51形やモハ41形の4両編成を使い、豊橋〜中部天竜間で臨時快速などが運転された。モハ51形は晩年の飯田線で活躍した旧型国電の主力車種であるが、転入するのは先のことである。

17m車から20m車へ置き換えが本格化

1955（昭和30）年7月に天竜峡以北

快速辰野行きに使用のモハ52001。1957年9月に鳳区から伊那松島区に転入し、快速用に豊橋区に転入した直後の姿である。車体色はぶどう色で、この後快速色に変更された。車体表記は「静トヨ」と書かれず、前所属「静ママ」の「ママ」を消した状態で使用された。
豊川　1957年11月24日　写真／大那庸之助

湘南色時代のクハ47151。1次流電の元サロハ46018である。トイレ設置でサロハ66020→サハ48036となり、先頭化改造車でクハ47025となった。その後、またトイレが設置されてクハ47151となった。1966年の身延線転出時に前照灯が妻面に埋め込まれ、1972年6月に飯田線に戻った。
豊川　1963年1月6日　写真／大那庸之助

が1500Vに昇圧され、同区間の車両速度が向上した。また、同7月に大垣電車区が発足し、名古屋地区の東海道本線の区間列車が電車化された。

翌56年4月に名古屋〜中部天竜間で休日運転の臨時快速「天竜号」が運転を開始した。初の東海道本線に直通する電車で、当初は伊那松島機関区や中部天竜支区の予備車を使用して運転された。1957（昭和32）年4月には鳳電車区から伊那松島機関区に転入直後のモハ52004が使用された。

その後、「天竜号」の受け持ちが大垣電車区となり、80系4両編成で運転されるようになるが、1958（昭和33）年7〜8月にモハ14形やサハ48形などで組成された4両編成が、この快速用に大垣電車区に貸し出されたこともあった。列車名のない時期もあったが、1972（昭和47）年以降は

快速「奥三河」として運転された。

流電モハ52形が転入数度にわたり塗装変更

1957（昭和32）年に入ると「20m車の電動車」が初めて転入した。17m車モハ14形の置き換え用として、1〜3月に田町電車区から豊橋機関区へモハ42形とモハ43形が、4〜9月に鳳電車区から伊那松島機関区に流電のモハ52形が5両転入した。

このうち流電ことモハ52形は、まず004・005が快速運用として豊橋機関区に入り、タブレット授受などの試験が行われた。しかし結果は快速運転には不向きで伊那松島機関区に転出し、後着した001〜003は直接伊那松島機関区に転入した。

そこでモハ42形で快速運用を開始。一方でモハ52形を快速運用に使

普通辰野行きのクモハ52003。前面の快速の表示板は伏せられ、側面の快速を示すサボは外されている。4両とも快速色で、乗務員扉の後部にタブレット保護棒が設置されている。車体色はオレンジ部分が雨樋まであり、1957年12月から塗装された第1次快速色である。
駒ケ根　1959年11月23日　写真／大那庸之助

鳳区から伊那松島区に転入した直後のモハ52004。所属標記は「静ママ」と書かれている。社形のクハ5801と組み、普通辰野行きに使用中の姿。飯田線に転入直後は快速運転が困難と判断されて普通で使用された。快速に使用されるのは豊橋区に転出してからである。
中部天竜　1957年7月28日　写真／大那庸之助

2次流電の中で唯一、雨樋が下の位置にあるモハ52005。1957年4月に豊橋区へ転入時に方向転換が行われた。2両編成のように見えるが4両編成である。前月に第1次快速色になったばかりの姿で、伊那松島を出発したところ。モハ52形の中で最初に快速色となった。
伊那松島　1957年11月23日　写真／大那庸之助

32系の付随車で、1930年度製のサハ48010を1956年11月に先頭化改造したクハ47070。リベットが1931年度製より多く重厚感がある。前面は非貫通で改造当時から運行灯が設けられ、雨樋は曲線である。後ろの車両はモハ42形で、快速のヘッドマークを掲げて運用中の姿。伊那松島　1959年7月3日　写真／沢柳健一

う方法が再検討され、2人乗務で問題が解消された。モハ52形は翌58年2月までに全車が豊橋機関区に転属し、快速運用に備えて快速表示板の取り付け、運転助士席の整備、タブレット保護棒が設置された。

同58年に連結相手としてクハ47形0番代、50番代、100番代が用意された。50番代はサハ48形の先頭車化改造車で、モハ・クハともに腰板が青、上部はオレンジ色の快速色に塗り替えられた。

その後1959（昭和34）年12月、サハ48034から快速色は幕板と妻面を青一色に変更。さらに快速運転終了後、1963（昭和38）年9月から4両固定編成は湘南色、ほかはぶどう色となった。1968（昭和43）年8月には、他線からの乗り入れ車を除きスカ色

化され、1972（昭和47）年冬から貫通扉全体がクリーム1号に塗装変更された。

1957（昭和32）年10月から快速は2両＋2両の4両編成で運転を開始し、20m車化された。さらに4両貫通編成とするため、新たに貫通扉のあるクハ47形100番代が転入し、4両固定編成化された。大型ヘッドマークを掲出し、1959年3月から快速は全盛期を迎えることとなった。快速運用を外れたモハ14形などの17m車は普通用に格下げとなり、その後転出や廃車となった。

1957年から翌58年にかけて、モハ42形、モハ43形、モハ52形をはじめ、20mの2扉車が大量に転入した。さらに社形を17m車で置き換えて淘汰していった。1957年はほかに

モハ40形の出力強化車モハ61形、モハ41形の合造改造車モハニ41形が転入し、1958（昭和33）年は半流線形広窓車モハ43形とモハ43形の出力強化車モハ53形が転入した。

2扉車から3扉車へ転入が続く

20m車の大量転入で17m車と社形の淘汰は進み、飯田線の近代化は進んだ。しかし20m車は2扉車が多く、ラッシュ時には乗降に時間がかかるなど使いにくい面があった。そのため、1965（昭和40）年以降は17m車の置き換え用に3扉セミクロス車が多く転入するようになった。

クモハでは3扉セミクロス車のクモハ51形0番代、モハ41形の車体にモハ42形の高速台車を履きセミク

1963年10月から正規の塗り分け位置となった湘南色のクモハ
52005。前月に湘南色となったが前面がV字型に塗り分けられ、翌月
に改められた。後日スカ色となった時も湘南色と同じ塗り分けとなっ
た。快速運用はなくなったが、サボ受けやタブレット保護棒も残され
ている。豊橋機関区　1965年1月7日　写真／大那庸之助

「飯田線さよならゲタ電」に使用されるクハ68418。元は1932年度
製のクハ55016で、宮原区時代にセミクロスシート化されて1953年
6月にクハ68066に改番された。高槻区から岡山区を経て1967年に
伊那松島区へ転入し、1974年4月にトイレが設置されてクハ68418と
なった。上諏訪　1983年6月30日　写真／大那庸之助

普通豊橋行きで出発待ちのクモハ53007。後ろはクモハ61004で、2
両とも動力車だがクモハ53形はパンタグラフを下ろし、制御車代用で
ある。両車ともトイレは設置されていないが、伊那松島でクハユニ56形
など2両を連結し、長距離列車にふさわしい編成で豊橋に向かった。
岡谷　1963年1月5日　写真／大那庸之助

最晩年を迎えたクモハ52003。104ページの左上の写真から19年後
の姿である。1960年11月に第2次快速色となり、快速運用消滅後の
1963年10月に湘南色化された。1969年2月にスカ色となり終焉を迎
えている。後ろの2両は戦後製の車両だが、クモハ52形の翌年に廃
車となった。中部天竜　1978年8月9日　写真／稲葉克彦

ロス化したクモハ51069、モハ43形
を3扉セミクロス化したクモハ51形
200番代、モハ43形を出力強化し3
扉化したクモハ50形、モハ51形を
出力強化したクモハ54形0番代、ク
モハ60形をセミクロス化したクモハ
54形100番代が転入した、

　クハでは3扉クロスシート車がク
ハ68形のため、これが最も両数が多
い。他形式からの改造が多く、トイ
レ付きの車両は400番代に区分され
ている。

　飯田線に在籍した番号から、クハ
68形の外観上の特徴を示すと次の
ようになる。いずれも戦時中はクロス
シートが撤去されてクハ55形とな
り、戦後セミクロスシートに改造さ
れた。

❶001〜：42系クロハ59形で前面

は平妻。客用扉間の窓配置が二、三
等車跡でそれぞれ異なる。

❷024〜：本来のクハ68形で、前面
は半流、客用扉間の側窓は6枚。

❸060〜：40系クハ55形で、前面
が平妻で扉間の側窓は5枚。

❹076〜：前面が半流の40系クハ
55形で、扉間の側窓は5枚。

❺407：1935（昭和10）年度製1次車
で、前面が平妻で乗務員室後部の窓
が2枚並ぶ。クハ68形となったのは
この1両のみで、元はクハ55027。

戦前製の旧型国電を80系で置き換え

　さまざまな種類の車両が集まった
ことから、飯田線は「旧型国電の博
物館」とも呼ばれた。1972（昭和47）
年以降、他線への転出入がなかった

が、1978（昭和53）年10月から置き
換えが始まった。大垣電車区と静岡
電車区に新性能車113系が導入され、
両電車区の80系60両が豊橋機関区
に転入した。

　これにより飯田線用の戦前型旧型
国電は61両が廃車となり、営業用車
両は53両が残った。荷物電車のクモ
ニ83形100番代とクモニ13形の5
両は豊橋機関区に残り、中部天竜機
関支区などの48両は伊那松島機関
区に集められて中部天竜機関支区の
配置はなくなった。伊那松島機関区
には、飯田線内の転配以外にも、岡
山から静岡運転所に転入したクモハ
ユニ64000が転入してきた。転入当
初はぶどう色だったが、1年ほどでス
カ色に変更された。

　クモハ52形などの廃車予定の車

新旧交代を象徴する風景。クハユニ56形は1978年10月に全車6両が
豊橋区から伊那松島区に移り、飯田線の旧型国電が引退するまで活躍
し、1983年度に揃って廃車された。旅客営業用の車両は119系に、郵
便荷物用はクモユニ147形に交代し、新性能化が完了した。
伊那松島機関区　1983年6月29日　写真／大那庸之助

クモニ83形100番代とクモニ13形の2両編成の荷電は、飯田線のみ
で見られた名物編成であった。東海道本線で使用されていた大垣区の
クモユニ81形6両のうち3両は、1968年10月に飯田線へ転入し、1969
年度に郵便室を撤去して荷物室化する改造が行われ、クモニ83形100
番代となった。伊那本郷　1982年11月2日　写真／稲葉克彦

両は1978年11月19日にお別れ運転
を行い、25日に運転が終了した。廃車
となった車両には80系のサハ87形
や70系のサハ75形100番代もあっ
たが、流電モハ52形の中間車用のた
め流電とともに廃車された。ちなみ
に、流電クモハ52形などの様子はの
ちにレコードが出され、後年CDで再
発売されている。

　豊橋機関区に転入した80系はす
べて全金属車の300番代で、サハ87
形300番代を先頭車化改造したクハ
85形100番代が含まれていた。4両
編成と増結用2両編成を組み合わせ
て最大6両編成で運転された。増結用
モハ80形の連結面側には、転落防止
用に塞ぎ板が設置された。半自動扉
化の改造は行われず、前照灯はシー
ルドビーム2灯化された車両や、側
板中央窓下にサボ受けを移設した車
両もあった。

　伊那松島機関区の旧型国電は2両
編成を基本に、2両編成から6両編成
で運転された。ほとんどが3扉セミク
ロスシート車で、2扉車はクモハ43
形1両、クモハ53形4両、クハ47形
3両の3形式8両が残った。

圧倒的な数が在籍した
旧型国電王国の終焉

　1983（昭和58）年7月の中央東線
塩嶺ルート完成に合わせて、飯田線
でも近代化が進められた。設備面で
は1981（昭和56）年から自動信号化
に合わせてCTC化の工事が始まり、
80系撤退後の1983年3月に飯田〜
辰野間で使用を開始した。豊橋〜飯
田間は旧型国電全廃後の1984（昭和

59）年3月に使用を開始し、全線でタ
ブレット交換はなくなった。

　車両は三次にわたって新性能化さ
れた。第一次では1982（昭和57）年
11〜12月に新前橋区から転入した
165系3両編成10本を導入。第二次
では1983年2月までに105系を基本
とした飯田線用の119系30両を豊橋
機関区に配置。以上により80系60
両を置き換えた。

　165系はデッキ付きで冷房も搭載
し、急行「伊那」の運転実績もある
ため乗務員も対応しやすいため導入
された。

　第三次では1983年6月までに完成
した119系27両とクモユニ147形5
両を豊橋機関区に配置し、豊橋機関
区のクモニ83形100番代とクモニ
13形の計5両と、伊那松島機関区の
戦前形旧型国電48両を置き替えた。
そして同83年6月30日のさよなら運
転で、飯田線の旧型国電は定期運転
を終了して引退した。

　これにより伊那松島機関区の車両
配置はなくなり、飯田線用の車両は
豊橋機関区に集約された。

　1983年4月時点で、旧型国電は仙
石・身延・富山港・鶴見・可部・宇
部線の68両のみであった。1982年
から翌年にかけての飯田線の新性能
化で113両が引退したことから、飯
田線はいかに多くの旧型国電が充当
されていたかが分かる。

クハ68409の最晩年の姿で、同右上のクハ68418とは兄弟車にあたる。登場時の車番は1番違い
だが、戸袋窓と車掌側の前面窓がHゴム化されておらず、印象は異なる。クハ68形400番代は
16両あり、種車の違いから11種類のバリエーションがあった。写真は1983年6月のさよなら運転。
天竜峡　1983年6月29日　写真／大那庸之助

富山港線

かつて北陸の国鉄線で唯一の直流電化路線だった富山港線。ここでも旧型国電が走り、後年は雪対策を施した73系が走っていた。現在は富山地方鉄道の富山港線となり、LRTが走行している。

元豊川鉄道のモハ21形で、国有化を経て戦後、福塩線に転出した。1953年6月の改番でモハ1600形1600となり、富山港線に転入した。2両編成で、後ろの車両のパンタグラフが上がっていることから、モハ1600は制御車代用で使用されている。1957年3月に廃車となった。城川原 1956年8月24日　写真／沢柳健一

元南武鉄道モハ150形155で戦後、可部線に移り、1953年6月にモハ2000形2003と改番された。1950年代半ば頃に富山港線に移り、制御車と組んで2両編成で運転された。1966年1月に廃車。撮影当時、モハ2000形のほかに元南武鉄道のモハ2020形も在籍していた。城川原 1957年8月6日　写真／沢柳健一

買収国電で最も短い わずか8kmの営業距離

　富山港線は、私鉄の富岩（ふがん）鉄道が敷設した路線で、1924（大正13）年7月に富山口〜岩瀬港（→岩瀬浜）間が開通し旅客営業を開始。その後、富山〜富山口間が1927（昭和2）年12月に開通して富山駅に乗り入れた。まず貨物営業が行われ、翌28年7月に旅客営業も開始。全線8kmの単線電化路線で電圧は600Vであった。

　1941（昭和16）年12月に富山電気鉄道に売却して同社の富岩線となり、同社は1943（昭和18）年1月に富山地方鉄道に改称された。同43年6月に富山地方鉄道のうち富岩線は国有化され、路線名は富山港線と改称された。

　電車庫は富山機関区城川原支区となり、1955（昭和30）年1月に城川原電車庫として独立。1967（昭和42）年3月に富山第一機関区城川原派出所となった。

　沿線は工場が多く、通勤輸送用に国有化翌年の1944（昭和19）年に木製旧型国電モハ1形、サハ19形が入線した。また、旧伊那電鉄の社形や客車も応援に入り、輸送が行われた。戦後は木製旧型国電モハ10形、サハ25形が転入するが、1950年代前半に姿を消した。

　富山地鉄からの引き継ぎ車は1953（昭和28）年3月に転出し、以降は他社の社形が1950年代後半まで転入が続いた。木製・鋼製の旧鶴見、伊那、宮城、宇部、豊川、南武の車両たちで、1951（昭和26）年10月以降は青色とクリーム色に塗り分けられた。

　1953年当時、2両編成が基本で、ラッシュ時は3両編成で運転された。

鋼製の旧型国電が入線 他社の社形と活躍

　国有化から20年以上が過ぎた1965（昭和40）年4月から、17m鋼製車のクモハ11形とクハ16形が転入した。車体色はぶどう色2号で、旧南武や旧宇部の社形とともに昇圧まで使用された。

　一方、社形が長いこと使用され続けたのは故障が少ないためである。特に旧宇部のモハ1310は1954（昭和29）年9月から昇圧に伴い廃車さ

クハ79928は、73系の最終製造年度にあたる1957年度製の全金属製電車である。張り上げ屋根のため、同時期に生産されていた新性能車101系に比べ雨樋が見えない。旧型国電の集大成で、ウインドシルヘッダーから雨樋まで、すべての凹凸をなくしたスタイルとなっている。
大広田　1984年8月28日　写真／児島眞雄

元63形を1952年10月にクモハ73形に改造した車両で、1962年から近代化改造が行われた。写真のクモハ73049は吹田工場で行われた第1次改造車。全金属製車体同等の車体で、前面右上の方向幕はなく、運転台の窓下に通風量が調整できる大鉄型ベンチレータがある。
大広田　1984年8月28日　写真／児島眞雄

れるまで、12年以上も活躍を続けた。一方、省形の17m車は昇圧までのショートリリーフの役目で転入し、2年ほど使用されたのち、転出することなく全車廃車された。

富山港線は1967（昭和42）年3月に1500Vに昇圧され、車両は20m車の73系クモハ73形とクハ79形、クモハ40形となった。両運転台車のクモハ40形は予備的な存在で、73系の2両編成の片方が編成から外れた時は代走として編成に組まれた。

車体色はスカイブルー（青22号）単色で、編成は2両が基本であった。利用者の多かった1970（昭和45）年頃は、ラッシュ時や土曜にMcを1両増結して3両編成で運転された。また、Tcが検査などで外れる時はMcのク

モハ40形が入るため、Mc＋Mc＋Mcとなることもあった。後に増結はラッシュ時のみとなり、2編成を連結して4両編成で運転された。

各部に雪対策を施工 全金属製車も転入

最初に転入した73系はシルヘッダ付きの車両で、前面には方向板受けがあったが使用されず、側面のみ行先を掲示していた。

寒冷地のため雪に対する改造が施され、側窓は粉雪が吹き込むのを防ぐため二段窓化改造が戸袋窓以外に行われた。運転台の前面窓は着雪による視界不良をなくすため全車にデフロスタが装備された。

客用扉の下側にはプレスの凹みが

あるが、ここに雪が詰まりやすく扉の開閉に支障を来すことから、プレス表現のない平らな扉に変更された。なお、寒冷地の車両だが半自動化はされず、短距離運転のためトイレは設置されていない。

クハは製造時から全金属製の車体で、920・922は雨樋も埋め込んだ張り上げ屋根車で、室内灯は白熱灯であった。928・934・939は蛍光灯を備えた最終増備車で、特に928は富山港線の1500V昇圧時に入線し、1985（昭和60）年に新性能化されるまで17年間にわたって現役を務めた唯一の車両であった。

1975（昭和50）年前後に73系車両の交換が行われ、クモハは若番の車両が転入したが、近代化改造を受けて二段窓となった全金属製車体の車両であった。妻面に方向幕を備えた車両もあったが使用されず、行先表示板は引き続き側面のみ使用された。

旧型国電の引退と 三セク後とその後

クモハ40形は1980（昭和55）年10月に引退し、以降は73系のみの運転となった。富山港線における旧型国電の運転は1985（昭和60）年3月に終了し、合理化のため城川原派出所は廃止された。そして旧型国電に代わり、金沢運転所の475系などの交直流電車による運転となった。

富山港線はJR承継後の2006（平成18）年3月に廃止となり、路線は同06年4月から第三セクターの富山ライトレールによりLRT化された。その後、富山ライトレールは2020（令和2）年2月に富山地方鉄道と合併し、同社の富山港線として市内線と相互直通運転を行っている。富山地方鉄道から国有化された路線が、77年ぶりに元の企業に戻った珍しい事例となった。

第6章

京阪神圏
各線

東海道本線では流電こと52
系を使用した急行が戦前から
運転され、関東にはない専用
車両が注目を集めた。戦後は
80系が投入され、現在の「新
快速」のルーツとなった。また、
私鉄を国有化した阪和線では
しばらく社形も走っていて、後
年は"旧型国電の博物館"と
呼ばれるほど、多様な顔ぶれ
だった。

東海道本線（京阪神圏）

東海道本線の京阪神圏は、1934年7月に吹田（大阪）〜須磨（兵庫）間から電化され、米原〜京都間は最後の電化区間となった。戦前から快速が運転され、流電52系が新製投入された。

クロハ59023は、元は1934年製の急行用サロハ46101で、1937年8月に先頭車化改造されてクロハ59形となった。オリジナルのクロハ59形と比べて二等車座席が1区画多く、乗務員扉直後の側窓の形状が異なる。後に三等車化と3扉クロスシート化されて、晩年は身延線で使用された。写真／『車両の80年』より

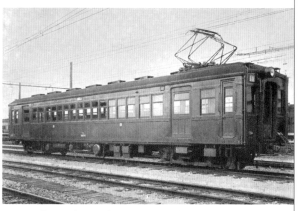

1934年7月の吹田〜須磨間電化開業用に用意された42系の増結車。1933年度のみ製造されたクロスシートの両運転台車である。写真のモハ42010は1944年6月に4扉化され、1953年6月にモハ32002と改番された。モハ32形3両のうち最後まで残り、1982年9月まで在籍した。写真／『車両の80年』より

開業は早かったが電化は昭和時代に

　京阪神圏の東海道本線は、新橋〜横浜間に次いで1874（明治7）年5月に大阪〜神戸間が開業するほど歴史のある路線である。1919（大正8）年7月に鉄道院（1929〈昭和4〉年5月から鉄道省）の「電化調査委員会」では、東京地区に次いで大阪地区の路線を「早急に電化すべき区間」としながら、諸事情で工事は行われなかった。

　1926（大正15）年の第52回帝国議会にて大津〜明石間の電化計画の協賛※を得たものの、先に協賛を得た東京〜国府津間の電化工事が手間取り、京阪神圏の東海道・山陽本線の電化はさらに遅れた。

　しかも実際の電化は、東海道本線よりも簡易な設備で行えることから、片町線、城東線（現・大阪環状線の東半分）が先に完成した。

　吹田〜須磨間の電化工事は1932（昭和7）年から始まり、1934（昭和9）年6月に宮原電車庫が開設され、翌7月に電車運転が開始された。

電化計画は遅れたが車両は最新型を導入

　電化が遅れたため、旅客用電車は最新仕様といえる全車鋼製で丸屋根の20m車42系が導入された。東海道本線は駅間距離が長く、運転速度も速いため、片町・城東線とは異なる車両が用意され、電動車は初めてクロスシートを備えた20m車となった。

　42系は1933（昭和8）年度から1935（昭和10）年度にかけて両運転台電動車のモハ42形、片運転台電動車のモハ43形、片運転台制御車のクハ58形、片運転台制御車で半室二等車のクロハ59形、付随車で半室二等車のサロハ46形の5種類が製造された。

　車体前面は平妻で、側面に600mm（二等車は700mm）幅の狭窓が並び、客用扉周囲はロングシート、ほ

かはクロスシートを備えた車両である。1935（昭和10）年度製の最終増備車クハ58025のみ前面は半流線形である。

　モハの主電動機は40系と同じ100kWで、高速用に歯車比を小さく2.26とし、回転数を上げるため弱め界磁装置を付けて高速走行を可能とした。

　クハ58形は全車下り向き（偶数向き）、クロハ59形は全車上り向き（奇数向き）に運転台がある車両である。

　サロハ46形は東京鉄道局（東鉄）の横須賀線用の車両にもあるが、補助回路のジャンパ栓数が東鉄の7芯×3本に対し、42系のある大阪鉄道局（大鉄）は12芯×2本のため、42系のサロハ46形は100番代と区分された。

　1936（昭和11）年に番代区分が解消されて東鉄の続番となるが、急行（急電）用の52系が現れると1937（昭和12）年に運転台が取り付けられてクロハ59形となった。なお、オリジ

※協賛：明治憲法下の帝国議会が持つ権限のひとつで、国家事業（この場合は電化工事など）に同意を与えることで、必要となる法律や予算などが有効で適法であるという意思を示す行為。

世界の流線形ブームを受け、鉄道省でC53形・C55形、EF55形と続いて現れた流線形電車モハ52形の1次車（試作車）。4両固定編成で、空気抵抗を減らすため床下にはカバーが掛けられた。2次車の登場後、1次車は2次車に合わせて改造された。現在はモハ52001が吹田工場で保存されている。写真／『車両の80年』より

1943年2月に宮原区から明石区に転入した後のモハ52形1次車。床下機器の点検や補修に不便な床下のカバーは撤去されている。2次流電に合わせて腰板と幕板上部がクリーム色に変更されたが、撮影当時は窓枠を含めてぶどう色単色であった。翌44年7月には座席が撤去された。明石電車区　1943年8月11日　写真／沢柳健一

1935年度の1次車に続き、1936年度に登場したモハ52形の2次車（量産車）。側窓が広幅となり2編成が造られた。中間車は連結位置が変更され、最初からトイレが設置された。戦後は離ればなれとなり、中間車は1両を除いて3扉化された。晩年、2扉車は豊橋区、3扉車は岡山区に再集結した。写真／『車両の80年』より

上の写真と同時期に撮影されたモハ52形2次流電。新製時から前照灯は車体に埋め込まれている。1次流電と同様に車体色はぶどう色単色で、前頭部の屋根との塗り分けは従来通りの位置である。また、床下のカバーは撤去済みで、車体裾部にカバー用の蝶番の一部が残っている。明石電車区 1943年8月11日　写真／沢柳健一

ナルのクロハ59形は、運転台側の三等室が改造車より窓2枚分広いのが特徴である。

電化開業当時、普通は吹田〜須磨間、急行は大阪〜神戸間で運転された。普通と急行の車両はともに42系で、基本は2両編成、ラッシュ時は4両編成で使用された。1934（昭和9）年9月に須磨〜明石間の電化が完成し、普通の運転区間は明石まで延長された。

京阪神の高性能車 流電52系が誕生

1930年代に欧米で流線形ブームが起き、日本でも1934（昭和9）年にC53形43号機が流線形に改造された。続いてC55形、EF55形、電車に流線形が採り入れられ、1935（昭和10）年度に急行用の52系が登場。その形状から「流電」と呼ばれた。

まず、先頭車に流線形のモハ52形、中間にサロハ46形とサハ48形を入れた4両固定編成が1本試作された。1936（昭和11）年5月から運転が始まり、翌37年11月にかけて量産車の52系2編成も運用に就いた。

52系試作車は、側窓が42系と同じ狭窓で、幅が600mm（二等車は700mm）であった。ウインドシルヘッダはなく、床下機器を覆うスカートが取り付けられた。主電動機は42系と同じで歯車比が2.04に変更され、高速性能が向上した。

台車は中間の付随車も含めてコロ軸受けを備えた台車となり、加減速時の抵抗が減少し、走りの良い電車となった。車体色はマルーン単色で、窓枠・客用扉・スカートがクリーム色であった。

52系量産車では、側窓の幅が600mmから1100mm（二等車は700mmから1300mm）の広窓に変更。中間車は連結位置が変更されて、二等車側が中間に入るようになったほか、中間車は2両ともトイレが設置され

た。車体色も変更されてクリーム色が基調となり、窓まわりとスカートがマルーン色となった。

その後、試作車は量産車に合わせて改造され、サハ48形とサロハ46形にトイレが設置され、編成位置も入れ替えられた。車体色も量産車に合わせた塗装に変更された。また、サロハ46形は量産車に合わせてサロハ66形に改称された。

増備は整備が容易な 半流線形43系に移行

52系量産車に続く2編成は前面が

半流線形となり、形式名も43系と呼ばれる。整備点検に不便だったスカートは省略され、乗務員扉と貫通扉が復活した。屋根は張り上げ式となり、雨樋は通常の位置から屋根のR上に設けられた。車番はモハ43形の続番で、側窓の窓配置は52系量産車と同じであった。

台車や走行性能はモハ52形と同じなので、このモハ43形は当時製造されていたモハ51形の屋根と乗務員室に、モハ52形の側面と走行機器を組み合わせた形状といえる。

中間のサハ48形とサロハ66形は、52系の中間車とほぼ同じ形状で続番となった。車体色はマルーン単色となり、52系より機能性を重視した設計となった。

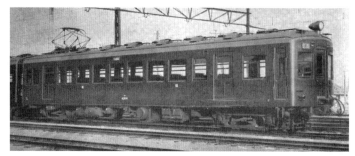

1937年度に登場した52系2次流電の増備車、モハ43形。2次流電と同じ広窓でサロハが入る4両固定編成だが、前面は流線形の非貫通式から半流線形の貫通式となった。床下のカバーは廃止され、乗務員扉が復活した。形式はモハ43形となり、後に2両がモハ53形となった。
写真／『車両の80年』より

52系2次流電のサロハ66形で、床下のカバーが残っている。座席は1941年9月に撤去済みで、「サロハ」の表記だが実質三等車である。トイレは1943年10月に撤去されるので、写真は直前の姿である。二等車を示す等級帯は消されているが跡は残っている。明石電車区　1943年8月11日
写真／沢柳健一

明石区から宮原区に戻った当時のサロハ66形。43系の中間車で、2次流電の続番となった。側窓は幅の違いから、奥半分が二等車である。中央付近の窓が閉じている箇所はトイレで、床下に流し管が見える。後にクハ47形20番代となり、晩年は豊橋区に移った。明石電車区　1943年8月11日
写真／沢柳健一

1937（昭和12）年10月に京都〜吹田間、明石〜明石操車場間の電化工事が完成し、ほぼ当初の計画通りとなった。明石操車場構内には明石電車区が同37年8月に開設されている。当初、明石〜明石操車場間は電車の回送線のような存在で、明石操車場に西明石駅が併設されるのは1944（昭和19）年4月であった。

緩行線に3扉車を投入乗降時間短縮を図る

京都〜明石間の開通に合わせて、緩行線を走る普通用に3扉セミクロスシート車のモハ51形、モハ54形、クハ68形、クロハ69形が配置された。3扉はラッシュ時の乗降時間を2扉車より短縮するために導入された車両で、モハ51形は東鉄の中央線用車両の続番となった。

モハ51形の前面は半流線形で、走行性能は平妻のモハ43形と同じ主電動機100kW、歯車比2.26、弱め界磁付きで42系と混用で使用された。モハ54形はモハ51形を設計変更して新製された車両で、主電動機出力は128kWに強化された。

普通は基本が2両編成、ラッシュ時は4両編成で運転され、ラッシュ時間帯に限り吹田〜神崎（現・尼崎）間、住吉〜鷹取間で2両編成の区間運転が行われた。車両が不足していたため、区間運転用に東鉄から17m車のモハ34形（→クモハ12形）＋クハ38形（→クハ16形）の2両編成を5本借り入れて使用した。これらは1939（昭和14）年4月までに返却された。

急行用車両は4両固定編成のまま、運転区間が京都〜神戸間に延長された。予備編成には出力強化型のモハ54形2両が入る編成もあった。

格下げや多扉化改造で戦時下の輸送力を確保

1937（昭和12）年の盧溝橋事件をきっかけに日中戦争が始まり、翌38

資材不足の影響が出た1938年度製のクハ68019。前年に続く張り上げ屋根で、前照灯は砲弾形から埋め込みとなった。車体工作の簡素化で雨樋は全周から、妻面部分が省略された。電気溶接でノーリベットとなり、客用扉は木製化された。尾灯には灯火管制用のカバーが付いている。明石電車区　1943年8月11日　写真／沢柳健一

オリジナルのクロハ59形の改造車。1941年4月にクロハ59006を三等車化し、3扉セミクロスシート化が行われてクハ68026となった（写真）。撮影の2カ月後の10月にロングシート化され、クハ55140となった。戦後1948年12月にセミクロスシートが復活し、クハ68005となった。宮原電車区　1943年8月10日　写真／沢柳健一

年5月に国家総動員法が施行され、日本は戦時体制下に入った。鉄道省は1938（昭和13）年9月に省線電車の二等車の連結廃止を決定し、普通電車は翌10月に廃止された。ただし廃止直後は編成から外されず、旧二等車は三等代用として使用された。

1942（昭和17）年11月に急行運転の休止とともに急行電車の二等車も廃止され、急行用の4両固定編成は編成を解かれた。

二等車の格下げ改造は1941（昭和16）年から本格的に始まり、クロハ59形は3扉化されてセミクロス車はクハ68形、ロングシート車はクハ55形となった。さらに、輸送力増強のためセミクロス車はロングシート化され、クハ68形は全車がクハ55形となった。

なお、クロハ59022（←サロハ46014←サロハ46100）のみは1943（昭和18）年に試験的に4扉ロングシートとなり、クハ55106を経て同年中にクハ85026（→後に73系に編入クハ79056）に改番された。

また、クロハ69形は2両が東鉄に転出した以外は車内の仕切りを撤去してロングシート化され、クハ55形に編入された。

2扉車の4扉化改造は続いてモハ42形、モハ43形、クハ58形に施されたが、3形式で計31両に実施された以外は2扉のまま残された。4扉化された車両はモハのみ40系の動力台車と交換され、モハ43形はモハ64形、クハ58形はクハ85形（のち1949〈昭和24〉年クハ79形に改番）に改番された。モハ42形は改番されずに、2扉と4扉が混在したままであった。

4扉車は城東・西成線に転出し、高速台車を履いた40系はモハ51系に編入されて東海道本線用として明石・宮原電車区に転入した。

戦争末期には座席の撤去や半減化が行われ、戦災車両も出てきた。

疲弊した車両を復旧 急電も徐々に復活

終戦後は資材不足の中で疲弊した車両の復旧作業が行われた。稼働車両は各電車区の間で融通し合い、転属は行わずに貸借が行われた。

占領軍専用電車の運転は1945（昭和20）年10月から始まり、東海道・山陽本線はクハ55形が指定された。当初全室指定だったが翌46年4月から半室となり、指定部分は白帯で標示された。

日本人用の車両の復旧は進まず、1946（昭和21）年に電車の不足する城東線に東海道・山陽本線用の電車を転用し、大阪〜姫路間の電車運転の一部は休車中の電車を使った蒸気機関車の牽引運転とする措置が10月から11月にかけて1カ月ほど行われた。ほかに京都〜明石間で客車列車の一部が電車の駅に停車する措置も

とられた。

この頃が最も厳しい時期で、1947（昭和22）年から63系の入線が始まり、復興のきっかけとなった。1948（昭和23）年頃から半減された座席の復元工事が始まり、中にはロングシートから座席撤去を経てセミクロス化される車両も現れた。

車両の復旧が進む中、1949（昭和24）年4月から京都〜大阪間で急行運転が復活した。当初は朝夕の運転で、42系の4両編成が2本使用された。同49年6月には運転区間が京都〜神戸間に拡大され、終日60分間隔の運転となった。

終日運転の開始に合わせて、42系の4両編成1本と52系の4両編成2本が整備された。42系は一般色（ぶどう色）で塗装。52系は窓まわりが淡青色、ほかが濃青色に塗り分けられ、塗り分けの境に赤い細帯が入れられた。52系の中間車にはサロハの

1954年度製のクハ86068以下は、関西急電用に1編成が増備された車両で、初めて5両編成単位で増備された。前年度までの前面窓、戸袋窓に加え、今回は運行灯や客用扉もHゴム化された。客用扉の窓は桟がなくなり1枚ガラスとなった。この増備で70系の代用急電は運行が終了した。大阪 1955年1月3日 写真／大那庸之助

京阪神緩行線用のクハ76067。塗り分けのないぶどう色単色のクハ76形はこの路線の名物であった。行先表示板の掛け方は引っ掛け式のため、前面手すりの間にバーを渡し、スペーサー代わりにして行先表示板が前面の鼻筋に当たらないように工夫されている。
京都 1955年1月2日 写真／沢柳健一

格下げ車や半流線形43系のサハが組み込まれた。

同49年9月に30分間隔の運転となり、半流線形43系や別の42系が急行電車用の編成に加わった。同時に東海道・山陽本線の電動車の弱め界磁が復活し、運転速度が向上した。

関西急電色をまとう 80系が急電に登場

戦前型旧型国電で運転されていた急行電車（急電）に代わり、1950（昭和25）年8月から80系4両編成による急行運転が開始された。先頭車は制御車、中間車は電動車の編成で、車体色は窓まわりがクリーム色、それ以外がマルーン色に塗り分けられた。同50年10月から所要時間が短縮され、ようやく戦前並みに戻った。1951（昭和26）年8月から中間に関東からの剰余車サハ87形が増結され、5両編成化された。

80系の導入に合わせて、関東と関西の間で大規模な車両の交換が行われた。1949（昭和24）年からモハ41形（モハ51形改）、クハ55形、サハ78形が東鉄局から転入し、翌50年に急行運転で使用されていた2扉の42系が東鉄局の横須賀線に転出した。また、52系や半流線形43系は一部の中間車が上京したが、電動車などは阪和線に転出した。

緩行線用70系が登場 緩行線に二等車が復活

1951（昭和26）年に入るとモハ70形が緩行線用に登場した。サロハ46形と同様に、東鉄とはジャンパ栓数が違うため100番代とされ、51系と組んで使用された。セミクロスシートの70系が導入された頃から緩行線用の車両は3扉セミクロスシートが主流となり、73系を除き、本来ロングシートだったモハ60形やクハ55形も多くがセミクロス化改造された。

占領軍専用電車は同51年11月に廃止され、白帯は青帯に変更されて半室二等車とされた。この車両を転用し、翌12月から緩行線用の二等車が復活した。

1952（昭和27）年10月から元クロハ69形全車の復元工事が行われ、東鉄から戻ったクロハ69形とともに翌53年9月から緩行線用の二等車に追加された。これにより緩行線の編成は、基本3両編成、二等車付きは4両編成、付属編成は2〜3両編成で、最大6両編成での運転となった。

この頃は車両の復旧も進み、1953（昭和28）年6月に車両称号規程が改正され、形式が整理された。東海道・山陽本線関係では、クロスシート化されたモハ60形、クハ55形はそれぞれモハ54形、クハ68形に編入され、モハ42形の4扉化改造車はモハ32形に、モハ43形の4扉化改造車のモハ64形はモハ31形と改称された。

一方で緩行線の車両不足は続き、1954（昭和29）年からモハ70形に加えてクハ76形が新たに増備された。緩行線の車体色はぶどう色単色のため、「湘南形」のクハ76形は独特の印象となった。

ワンポイントリリーフ 車両不足の「代用急電」

80系の急電は5両編成化された翌

クロハ69形のうち001と002は戦前に東京に転出し、003以降が関西に残ったため、写真のクロハ69003は終始明石区を離れなかった。1943年4月にロングシート化されてクハ55097となり、戦後1953年5月にクロハに戻った。写真は戦後のクロハ時代で、1963年3月に再びロングシート化された。京都 1958年1月3日 写真／大那庸之助

年の1952（昭和27）年春頃から前面に「急電マーク」が取り付けられた。同52年8月には海水浴シーズンに合わせて、急電は神戸〜須磨間の延長運転が行われた。

しかし車両が不足したため、クハ55形2両の間にモハ70形3両を連結した編成が「代用急電」として運転され、80系と同様に「急電マーク」を掲げて秋ごろまで使用された。しかし代用急電は緩行線用の車両のため車体色はぶどう色単色で、誤乗の原因となった。

1953（昭和28）年9月から終日20分間隔の運転となり、再び車両が不足した。再度代用急電が揃えられたが、今回は80系急電色と同じ車体色に変更された。編成はクハ68形＋モハ70形＋クハ68形＋モハ70形＋クハ68形となり、車体中央の扉を締め切り、仮設の座席が設けられた。

1954（昭和29）年には、80系に車内放送設備の取り付け工事などが行われることになった。急電の車両不足と80系増備車の完成の遅れから、11月に東鉄局の三鷹区からクハ76形2両の間にモハ71形3両を連結した編成が2本借り入れられた。車体色はスカ色のまま使用され、1本は急電用に中央の扉が締め切られた。もう1本は3扉車のまま緩行線に使用された。

同54年12月に80系の第9編成が登場し、代用急電は役目を解かれた。この80系は前面窓が木枠からHゴムとなり、中間車はすべてモハ80形となった（114ページ左上写真）。

東海道本線全線電化
80系を耐寒仕様化

湖東線と呼ばれた米原〜京都間の電化により、1956（昭和31）年11月に東海道本線の全線電化が完成した。米原〜京都間の区間運転列車が電車化され、草津〜神戸間では昼間に1時間間隔で電車運転が行われた（米原〜草

雪の舞う近江路に向かう名古屋行き準急「比叡」（クハ86321以下）。彦根〜関ケ原間は積雪地帯のため、スノープロウと運転台窓のデフロスタは必需品であった。関東の準急「東海」と異なり二等車は1両だったが、同じ10両編成で運転された。撮影の翌年、役目を153系に譲った。京都　1958年1月3日　写真／大那庸之助

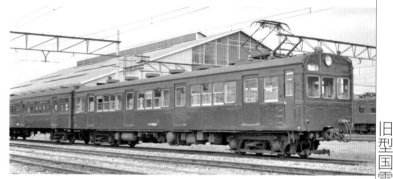

整備改造工事で印象が変わった緩行線のクモハ73233。1947年度製のモハ63579を73系化し、1953年12月に下十条区から明石区に転入した。1960年度から吹田工場でクモハ73233など5両に試験的な更新工事（整備改造工事）が行われた。前面窓などにHゴムが多用され、妻面に前照灯が埋め込まれた。高槻電車区　1961年7月25日　写真／沢柳健一

津間の電車運転本数はもっと少ないが、長距離普通列車が何本かある）。

車両は中間にサハを挟んだ2M3Tの80系5両編成で、米原地区の雪に備えて耐寒仕様となった。座席間隔が広げられ、窓枠はアルミサッシ化されたため、新しく番代区分が設けられてモハ80形200番代、クハ86形100番代、サハ87形100番代となった。ラッシュ時は2編成を併結し、10両編成で運転された。なお、この頃から前頭部の「急電マーク」の取り付けは省略された。

全線電化に合わせて、関東と関西で80系の車体色と塗り分け線が統一された。車体色は湘南色、塗り分け線は関西急電方式が採用され、1956（昭和31）年9月から順次、塗装変更が行われた。

この電化直前の1956年3月、電車の増加に備えて高槻電車区が開設さ

れ、合わせて宮原電車区の緩行線用車両が転属した。

大阪地区では1957（昭和32）年6月に新性能電車モハ90形（のち101系）の試運転が宮原〜西明石間で行われた。この後、普通、準急（急行）、特急の目的別に新性能電車が開発され、旧性能車は優等列車からの撤退が近いことが予想された。

現在につながる
電車運転の基本を構築

1957（1957）年9月には、東海道・山陽本線の京阪神圏の国電にとって4つの大きな出来事があった。
❶ 準急「比叡」の運転開始

全金属車80系300番代を使用した準急「比叡」が神戸・大阪〜名古屋間で運転を開始した。サロを1両入れた10両編成で3往復が運転され、最短2時間45分で結んだ。並行する

緩行線のクハ79397以下。1956年度製の1次車で、前照灯が妻面に埋め込まれた。作業合理化で行先表示板が表示されなくなり、撮影当時は前面も側面もなかった。クハは池袋区から1961年9月に明石区へ転入した車両で、1974年4月に津田沼区へ転出し、房総地区で使用された。
京都　1971年9月20日　写真／大那庸之助

関西本線の準急「かすが」が2時間47分、近鉄が中川乗り換えで2時間42分となり、三つ巴の競争が繰り広げられた。しかし80系の期間は短く、1959（昭和34）年4月から6月にかけて153系に置き換えられて新性能化された。

❷「快速」へ名称変更

電化開業以来、特別料金不要の関西急電で使用されていた「急行」の呼称は、急行料金を徴収する「急行」と区別するため「快速」と改められた。

❸ 電車の内側線集中運転開始

茨木～宮原第一信号所間の複々線化工事が完成し、電車は向日町～神戸～兵庫間では複々線の内側を走ることとなった。同時に「快速」は高槻と芦屋にも停車し、高槻、大阪、芦屋で快速と緩行の電車が接続するようになった。

❹ 緩行線の一部7両編成化

一部の駅はホームの延長工事が行われ、基本4両編成、付属2～3両編成となり、最大で7両編成となった。主力は3扉セミクロスシート車で、4扉ロングシート車は少数であった。

一方、快速の80系は基本6両編成、付属4両編成に変更され、M車の不足から一部の付属が1M3Tとなり話題となった。通称・湖東線（京都～米原間）に入ることから従来の80系も耐寒仕様に改造され、タイフォンの移設や床下機器へのカバー取り付けなどが行われた。

このうち❷～❹は現在に至るまで継続しており、このときに京阪神地区の電車運転の基本が構築されたといえるだろう。

80系の団体列車が品川と京都を初往復

1958（昭和33）年4月に山陽本線姫路まで電化され、快速の運転範囲は姫路まで広がった。こちらも湖東線の80系と共通で運用された。

電車準急は名古屋を挟んで東京側に「東海」、大阪側に「比叡」が運転されていたが、東京～大阪間を直通する電車運転はなかった。同58年5月に品川～京都間で80系による東海道本線直通運転が初めて行われた。修学旅行用の団体輸送である。山陽本線の姫路電化用に用意された80系300番代を使い、10両編成で運転された。

往路の下りは昼行で、客車特急「つばめ」並みの速度で走行。復路の上りは夜行で、夜行急行並みの速度で走ることで、1日あたり約1000人のピストン輸送を行った。この実績が1959（昭和34）年3月に登場する修学旅行電車155系（当時はモハ82系）「ひので」「きぼう」の誕生につながった。

長距離普通の電車化と車両の新性能化

電化は姫路からさらに西進し、1959（昭和34）年9月に上郡まで電化された。翌60年10月に倉敷まで電化されたが、快速は上郡までの運転となった。倉敷電化に合わせて、岡山周辺の区間運転用に緩行線用の3扉セミクロスシート車が転出し始めた。不足する車両は東鉄局から73系が転入したため、緩行線は徐々に4扉ロングシート車に置き換えられた。

1960（昭和35）年7月から二等級制度となり、旧二等が一等、旧三等は二等とされた。当時の東海道・山陽本線の普通の客車列車は一・二等

1969年から103系が緩行線に投入され、置き換えが進んだ。右のクハ79460は1956年度製の2次車で、屋根が鋼板製となった。中野区から1960年9月に明石区に転入し、異動はなかった。行先表示板の非表示は103系も同様で、写真のように「普通」と表示されたため、行先不明と指摘されていた。京都　1971年9月20日　写真／大那庸之助

クハ79922は、1956年度製の1次車で全金属製量産車920番代である。右上に行先表示幕があるが使用されなかった。1960年7月に中野区から明石区に転入し、1975年8月にクハ79920とともに城川原派出所に転出。最終任地の富山港線で新性能化されるまで活躍した。
芦屋　1961年7月25日　写真／沢柳健一

を連結するのが原則であった。その
ため客車列車の電車化に伴い、1960
（昭和35）年8月から一部の80系の快
速に一等車の連結が開始された。

普通用電車の新性能化は東京側か
ら行われ、111系の配置で80系は西
下し、併せて長距離普通列車の電車
化も行われた。1962（昭和37）年10
月には東海道本線の普通は全区間で
ほぼ電車化され、米原止まりだった
京阪神地区の快速は豊橋まで入線し
た。80系快速は、基本編成がサロを

入れた7両編成と10両編成、サロの
ない6両編成と7両編成となり、付属
編成は4両編成となった。また、緩
行線の一等車（クロハ69形）は廃止さ
れた。

快速の113系による新性能化は
1967（昭和42）年7月から始まり、翌
68年9月に80系による米原～大阪
間の快速が運転を終了した。そして
1973（昭和48）年9月に岡山区の80
系が大阪～岡山間で運転を終了し、
大阪圏から80系は撤退した。

また、緩行線の3扉車は1962（昭
和37）年5月の新潟電化、1966（昭
和41）年4月の中央西線電化用など
で全国に転出し、代わりに73系の転
入が続き、1962（昭和37）年4月以降
は7両編成が主力となった。

103系による緩行線の新性能化は
1969（昭和44）年9月に始まり、翌
70年の大阪万博輸送用に配置され
た。その後も7両編成で増備が続き、
東海道・山陽本線緩行線の73系の運
転は1976（昭和51）年2月に終了した。

··· COLUMN ···········

鉄道国有法がなければ 関西地区の電化は早かった？

明治期の私鉄の雄 関西鉄道

明治の初めに鉄道が開業して以
降、京都・大阪・奈良・和歌山で
は多くの私鉄が生まれ、1905（明
治38）年までに南海を除いて関西
鉄道に統合された。

関西鉄道は草津から路線を伸ば
して柘植、亀山を経由して名古屋
を結ぶ路線を完成させた会社であ
る。柘植から中小私鉄を買収しな
がら工事を進めて大阪まで開通す
ると、大阪～名古屋を最短距離で
結ぶ利点を生かして、並行する官
設鉄道と運賃値下げなどサービス
合戦を展開した。しかし、1907（明
治40）年10月1日に鉄道国有法が
施工され、関西鉄道は買収されて
消滅した。

鉄道国有法は1906（明治39）年
3月に成立した法律で、関西鉄道は
国有化除外運動を行っていた。一
方、この年の夏以降に一部路線の

複線化や電化の申請を行い、翌
07年1月に認可され、2月には関係者
がアメリカ・ヨーロッパなどへ視
察に向かっている。電化は架空電
車線方式ではなく、第三軌条方式
の採用を予定していた。

ただ、買収前年に複線電化など
の申請を行ったことは、買収金額
を上げるための手段ではないかと
も言われ、実現性に疑問が持たれ
ている。

城東線以外の電化は 1970～80年代

認可された複線電化区間は城東
線（現在の大阪環状線の東半分・
大阪～京橋～天王寺間）、大阪
（現・JR難波）～奈良～京都間、名
古屋～津間、亀山～津間であった。
このうち電化をみると、城東線は
1933（昭和8）年、JR難波～奈良間
は1973（昭和48）年、奈良～京都
間は1984（昭和59）年、名古屋～
亀山間は1982（昭和57）年に完成

している。

また、この時に新たに複線電化
路線として建設される予定であっ
た河原田～津間は1973（昭和48）
年に単線非電化路線の国鉄伊勢線
（現・伊勢鉄道）として開業した。こ
のように電化は城東線を除き、半
世紀以上も後に完成している。

国有化後の旧関西鉄道の路線は
非電化のままで運転本数も少なく、
客車列車は電車に比べて所要時間
がかかることから、並行する区間
で電化私鉄が続々と開業した。大
阪～奈良間は大阪電気軌道（現・
近鉄奈良線）が1914（大正3）年、京
都～奈良間は奈良電気鉄道（現・
近鉄京都線）が1928（昭和3）年に、
名古屋～津間は関西急行電鉄・参
宮急行電鉄（現・近鉄名古屋線）が
1938（昭和13）年に電化開業をして
いる。

もし、関西鉄道が国有化を除
外されて複線電化工事を実施して
いれば、大正時代には電化されて
いたと思われる。そして運転本数
が増えて関西鉄道の利便性が良く
なっていれば、並行路線にあたる
近鉄の路線は誕生しなかった可能
性もあるだろう。

大阪環状線（城東線・西成線）・桜島線

大阪環状線が現在のような環状運転になったのは新しく、長いこと別の路線だった。本稿では東側の城東線、西側の西成線、そして環状線成立後に西成線の一部を継承した桜島線を取り上げる。

灯火管制用の装備が物々しいモハ60105。前照灯と尾灯に灯火管制用のカバーが付き、本土上陸が身近になっているのが分かる。写真は1941年度製で、初期車の張上げ屋根でノーシルノーヘッダから工作が簡略化され、シルヘッダ付きで布張りの屋根となり、雨樋は通常位置となった。
淀川電車区　1943年8月10日　写真／沢柳健一

キタとミナミを結ぶ 大阪環状線

　大阪環状線は城東線（大阪〜京橋〜天王寺間）と西成線（大阪〜西九条間）、関西本線の天王寺〜今宮間、貨物支線の一部である今宮〜境川信号場間に加え、西九条〜境川信号所間を新たに建設して組み合わせた路線である。

　1961（昭和36）年4月に大阪環状線が成立し、環状線に含まれない西成線の西九条〜桜島間は桜島線とされた。

【貨物支線】 今宮〜境川信号場間

　貨物支線は浪速貨物線や大阪臨港線と呼ばれ、1928（昭和3）年12月に今宮〜境川信号場〜浪速〜大阪港間が開通した。境川信号場以西は2004（平成16）年11月までに廃止されたが、現在も大正から弁天町に向かう

外回り線が貨物支線の路盤跡を乗り越えているので、かつての分岐点を確認できる。

【城東線】 大阪〜京橋〜天王寺間

　城東線は、初代大阪鉄道により、1895（明治28）年10月までに天王寺〜玉造〜大阪間が梅田線として開通した。天王寺から大阪を直接結ぶ計画であったが、中心部を直通す

ると多額の費用がかかると見込まれたため、当時大阪の郊外であった東側を通る現在のルートが選択された。1900（明治33）年6月に関西鉄道と合併し、1907（明治40）年10月に国有化されて城東線となった。複線化は1914（大正3）年3月までに完成し、タンク機関車が客車列車を牽引していた。

1930（昭和5）年の第59回帝国議会で、城東線と片町線の電化促進について協賛が得られ、城東線は翌31年9月、片町線も同31年10月から電化工事が始まった。城東線は高架工事も行いながら電化工事を進めたため、電化開業は片町線より遅い1933（昭和8）年2月で、併せて電車運転を開始した。

大阪と天王寺周辺以外は高架線で、電化開業する3日前に完成。地平線は廃止された。桜ノ宮〜大阪間の旧路線跡は京阪が使用する予定となり、桜ノ宮東側に斜めに渡るスルーガーター橋には「京阪電鉄乗越陸橋」の銘板が現在も残っている。

電化当時の城東線はほぼ複線で、天王寺〜寺田町間と大阪近辺のみ単線であった。大阪近辺は駅の高架工事中で、1934（昭和9）年6月の高架工事完成後は複線で乗り入れてホームは1線のみ使用した。

城東線・片町線の電化工事に合わせて、1932（昭和7）年10月に京橋の北東側に両線用の淀川電車庫が開設された（1936〈昭和11〉年9月に淀川電車区と改称）。車両の整備は吹田工場で行うため、京橋〜淀川電車庫間、淀川電車庫〜巽信号場間、片町線鴫野信号場〜巽信号場〜東海道本線吹田間を結ぶ城東貨物線も電化され、吹田工場の入出場に使用された。

戦前の城東線を走った車両と編成

城東線の車両に3扉ロングシート車のモハ40形、モハ41形、クハ55

クハ55070は1939年度製の張上げ屋根車で、ノーシルノーヘッダであった。1945年6月に安治川口で焼夷弾により全焼し、1946年10月に客車のオハ7111として復旧した。その後、スユニ7251を経てスエ7119となったが、半流線形の妻面に電車の面影を残していた。
淀川電車区　1943年8月10日　写真／沢柳健一

形が配置され、片町線も共通で使用された。ほかに東京から転入した木製旧型国電モハ10形を吹田工場で改造した、木製荷物電車モニ13形が2両あった（この2両の代わりとして、東京にモハ40形を17mに短縮改造したモハ33形〈→モハ11形300番代〉が1933〈昭和8〉年に配置されたという話もある）。

モハ40形、モハ41形は初の20m車体の電動車で、以降の省線電車の基本となった形式である。主電動機は100kW、歯車比は2.52で、高加減速を重視した駅間距離の短い路線用の車両である。補助電源のジャンパ栓は東京の7芯×3本に対して、大阪は12芯×2本と異なる。

モハ40形は大阪向けが先に製造されたため0〜で付番され、東京側は100番代を経て大阪の続番となった。モハ41形は最初から大阪、東京と続番であった。

モハ41形は運転台が東京側にある奇数向、クハ55形は大阪側にある偶数向で製造されたが、城東線・片町線は反対向きで使用されたため、モハ41形と床下機器の配置を合わせるため、両運転台のモハ40形も本来とは反対向きに使用された。

電化開業当初、城東線・片町線とも日中閑散時は単行、混雑時は2両編成で運転された。連結器は自動連結器を備えていたが、1934（昭和9）年5月から東海道・山陽本線の電車に合わせて密着連結器に交換された。

1935（昭和10）年4月から城東線は終日2〜3両編成となり、モハ41形、クハ55形が1938（昭和13）年から1940（昭和15）年にかけて増備された。1940年にはモハ60形も配置され、同年9月には終日4両編成化された。1941（昭和16）年にはモハ54形が配置されて5両編成化された

荷物電車は営業用電車の大阪寄りに増結して併結運転が行われたが、1947（昭和22）年9月に自動車輸送に変更された。

【西成線】
大阪〜西九条間

沿線にユニバーサルスタジオジャパンのある桜島線は、かつて西成線の一部であった。歴史は古く、大阪と安治川とを結ぶ官設鉄道の臨港線として建設され、1875（明治8）年5月に安治川支線として開通した。終点の安治川は現在の安治川口とは位

置が異なる。

曽根崎川からの水路が大阪まで開削されたことで臨港線は不要となり、1877（明治10）年11月に廃止された。しかし水路の渋滞から再び臨港線を建設することになり、1898（明治31）年4月に私鉄の西成鉄道が現在の大阪〜安治川口間を開通した。

安治川口〜天保山間は西成鉄道、天保山〜桜島間は国有鉄道により1905（明治38）年2月に完成し、1906（明治39）年12月に国有化されて西成線となった。西成線沿線は工業地帯で通勤者が増加し、運転本数を増やすため1934（昭和9）年3月にガソリンカーの運転が開始された。同34年6月に大阪駅が高架化された後も、西成線のガソリンカーは地平ホームから発着し、高架ホームに移ったのは1935（昭和10）年7月であった。1940（昭和15）年1月に安治川口でガソリンカーの脱線転覆事故が起き、多数の犠牲者が出た。

1941（昭和16）年5月に大阪〜桜島間が電化されて電車運転が開始された。西成線の電化用に宮原電車区へモハ60形、クハ55形が新製配置され、日中閑散時は2両編成、ラッシュ時は4両編成で運転された。クハ55081と082は押込型ベンチレータが設置され、ガーランド型ベンチレータ車の中で異彩を放っていた。また、西成線は短距離だが、3扉セミクロス車のモハ54形が運用されることもあった。

荷物電車は城東線と同様に併結運転を前提としているが、実際は単行運転を行うこともあった。こちらは1948（昭和23）年6月に自動車輸送に変更された。

なお、大阪駅では西成線は5番ホームの西側から発着し、城東線は同じ5番ホームの東側から発着していた。同一ホームを使用するが両線はつながっておらず、城東線の線路はホームの途中で行き止まりとなっていた。

西成線と城東線の電車は少し距離を置いて向かい合っていたが、城東線の電車は方向が逆向きであった。

城東線と西成線が直通運転開始

戦時体制に入り、1941（昭和16）年12月から城東線は混雑時に一部が5両編成化され、1943（昭和18）年4月から常時5両編成化された。西成線も同43年7月に混雑時に5両編成化され、同年10月から直通運転が開始された。

直通運転にあたり、大阪駅の同一ホームにある西成線と城東線の線路を接続し、淀川電車区所属の車両は1943年9月から10月にかけて巽信号場のデルタ線を使い方向転換が行われた。

車両面では、両線の混雑が激しいことから1943年と翌44年に城東線・西成線用としてモハ60形が配置され、閑散時は4両編成、混雑時は

旧型国電　路線別車両案内

モハ41004を高出力化したモハ60151。モハ41形の初期車は片町・城東線の電化開業用で、主電動機を128kWに換装してモハ60形150番代となった。終始大阪を離れず、1963年3月から鳳区に移り阪和線で過ごした。パンタグラフが前位のまま残り、初期車の特徴を残していた。
淀川電車区　1955年1月4日　写真／沢柳健一

城東線で6両編成、西成線で5両編成が実現した。しかし混雑に輸送力が追い付かず、1944（昭和19）年以降は4扉車が転入して3扉車と交代し、城東線・西成線は4扉車が中心となった。元2扉車の42系は4扉化改造、低速台車に交換され、城東線・西成線用となった。

一方、42系の高速台車に交換された3扉車のモハ41形や片運転台化されたモハ40形は、東海道・山陽本線用に転用された。しかし空襲の被害が続いたため、西成線と城東線の直通運転は1945（昭和20）年6月に休止された。

実見した人の記述では、直通運転が休止される前の1945年1月時点で、車両不足のため城東線は4〜6両編成で運転されることはなく、淀川区持ちは3〜4両編成、宮原区持ちは2〜3両編成で、混雑時では5両編成が最大であったという。また、西成線は閑散時4両編成、ラッシュ時5両編成であったという。

空襲で路線を直撃
戦後はさらに大混雑

戦争が終結する前日の1945（昭和20）年8月14日に城東線・片町線を襲う大空襲があった。両線が交差する京橋付近に爆弾が命中し、両線の車両や施設、そして多くの人が死傷し、城東線は運転不能となった。

戦後、占領軍の専用電車としてモハ40形1両が指定され、1945年10月から運転された。全室が指定され、特別整備を受けた白帯車は城東線の普通電車に増結されて運用された。1947（昭和22）年11月に最も早く指定が解除されて元に戻された。

終戦を迎えた後も混雑は続き、1946（昭和21）年から城東線用に久々の新車として63系電車が淀川電車区に配置され、翌47年も増備された。63系は1949（昭和24）年まで各電車区に配置され、戦後の復旧に貴重な戦力となった。

先頭は横須賀線用32系クハ47形0番代の4扉改造車クハ79060。同じ0番代の改造車にクハ79061があるが、製造銘板の並びが異なる。写真の撮影時は天王寺〜西九条間が開通し、大阪環状線は逆「の」の字運転を行っていた。完全な環状運転が始まったときには73系は撤退していた。写真／辻阪昭浩

73系最後の新造車となった1957年度製全金属製量産車。クハ79948＋モハ72963＋モハ72962＋モハ72961＋モハ79955で、すべて落成日は1957年11月30日である。大阪向けの全金属製量産車はこの5両のみで、ほかは全車東京向けであった。撮影当時は編成が揃い、後に分散した。桜ノ宮　1958年1月3日　写真／大那庸之助

大阪駅の城東線ホームは混雑緩和のため、1946年3月から新たに0番線の使用を開始し、同年10月には乗車専用ホームとされた。

城東線は大阪で東海道本線・阪急・阪神、京橋で片町線・京阪、鶴橋で近鉄、天王寺で関西本線・阪和線・近鉄・南海と接続することから混雑は関西圏で最もひどく、4扉車の63系が集中して投入され、1947年4月から終日5両編成化された。同47年10月に閑散時の輸送力が見直されて4両編成となった。

編成増結と73系化で
乗客増加に対応

閑散時の輸送力と大阪駅のホームの使用方法が見直され、1949（昭和24）年4月に城東線は混雑時5両編成、閑散時3両編成、西成線は混雑時4両編成、閑散時2両編成となった。大阪のホームは0番ホームと1番ホームに木橋が渡され、城東線は1・2番線、西成線は1番線西側からの発着に変更された。

1950（昭和25）年4月に西成線が混雑時5両編成となり、最大両数が城

西九条駅の73系。写真の手前が大阪側で、奥が天王寺・西九条側である。天王寺から来た高架線はこの仮設ホームで終点となり、大阪方面は高架で工事中である。手前に地上の西九条があり、大阪方面から来た地上線は奥に進み高架線をくぐり、桜島に向かう。西九条　写真／辻阪昭浩

東線と揃ったことから、1954（昭和29）年4月から混雑時に西成線・城東線の直通運転を再開した。また、寺田町～天王寺間が複線化され、大阪～天王寺間の複線化が完成した。

終戦直後の行先表示板はチョーク書きがよく見られたが、戦後の復興に合わせてホーロー板が見られるようになった。また、戦前は側面のみを使用して前面は使用しなかったが、戦後は前面のみを使用し、側面に表示されなかった。

1956（昭和31）年3月に高槻電車区が開設され、東海道・山陽緩行線の車両が宮原電車区から移動した。この中には西成線を担当していた車両も含まれ、高槻電車区の車両が城東線・西成線に入線した。城東線・西成線の主力車両は73系で、三段窓の初期車も多く運行されていた。

1957（昭和32）年11月に73系の最終増備が行われ、最終ロットが城東線・西成線用として淀川電車区に配置された。全金属製車体の920番代で、近畿車輛製のクハ79955＋モハ72961＋モハ72962＋モハ72963＋モハ79948であった。

全金属製車体が大阪地区に新製配置されたのはこの5両が最初で最後

であり、ほかはすべて東京地区に配置された。前面は方向幕があるが使用せず、他の73系と同様に行先表示板を掲げて全金車だけの5両編成を組んで使用された。

乗客の増加はその後も続き、1958（昭和33）年2月には最大6両編成化された。

大阪環状線が仮完成 旧国撤退後に完全完成

大阪環状線の構想は1935（昭和10）年からあったが、架橋の問題で頓挫して先送りされていた。戦後復興が進む中で再び構想が持ち上がり、1955（昭和30）年12月に国鉄との協定が交わされて実現に向けて前進した。既存路線に加えて西九条～境川信号場間を建設して環状線とする案がまとまり、翌56年3月に起工式が行われた。

工事が進む中で新しい路線の印象を与えるため、車体色が変更された。これまで城東線・西成線はぶどう色の車両であったが、1959（昭和34）年5月にオレンジバーミリオン（朱色1号）のクハ79形が登場した。片町線も同色とされ、順次塗装が変更されていった。

同59年12月には、大阪環状線の開業に備えて大阪駅0番ホームの使用が開始された。0番線（現・1番線）は西成線折り返し用と城東線から西成線に直通する下り用とし、1番線（現・2番線）は城東線折り返し用と西成線から城東線に直通する上り用とされ、ほぼ現在の姿が完成した。

大阪環状線の開業に備えて、73系に加えて新性能電車101系が1960（昭和35）年9月から淀川電車区に導入された。三鷹区から転入した電動車と新製のT車を組み合わせた6両編成である。さらに新たに森ノ宮電車区が1961（昭和36）年4月に開設され、こちらにも101系が投入されて、大阪環状線は2つの電車区で担当することとなった。

工事と準備が続けられた大阪環状線は、1961年4月に仮開通し、新たに開通した天王寺～西九条間には大正、弁天町の2駅が設けられた。大阪～西九条間は高架化工事中のため地上を通り、西九条駅は大阪側から桜島に向かう地上駅と弁天町側から到着する高架仮駅に分かれていた。

運転経路は桜島～西九条（地上）～大阪～京橋～天王寺～西九条（高架）で構成され、西九条（高架）で折り返し運転を行っていた。そのため「逆（裏）『の』の字運転」と表現された。

路線名は城東線と西成線の大阪～西九条間は大阪環状線、西九条～桜島間は桜島線と改称された（貨物線を除く）。1961年11月に環状・桜島線とも全編成が101系となり、旧型国電は片町線などに移った。

旧型国電が姿を消して2年以上後の1964（昭和39）年3月に、大阪～西九条間の高架化工事が完成し、完全な環状運転が開始された。環状運転開始に合わせて新今宮が開業したが、芦原橋、大阪城公園、今宮（大阪環状線）が開業するのはさらに先のことである。

旧型国電　路線別車両案内

片町線

片町線は城東線とともに電化され、関西で初めて旧型国電が走った路線となった。しかし新性能化は遅く、オレンジバーミリオンに塗装された多種多様な4扉車が使用された。

片町の南1・2番線の留置線。右のクモハ41127は元モハ40006で、戦災復旧時に片運転台化された。車端部の窓配置に特徴がある。左のクモハ31009は元モハ43033の4扉改造車。車体色はオレンジ色だが、屋上の通風器と側面の行先表示窓が原形である。片町　写真／辻阪昭浩

関西鉄道が建設
大阪と名古屋を結ぶ

　片町線は、浪速鉄道が1895（明治28）年8月に片町（廃止）〜放出〜四条畷間を開業したことから始まった。四条畷以東は城河鉄道が免許を取得したが、関西鉄道が1896（明治29）年7月に浪速鉄道と城河鉄道を譲り受け、1898（明治31）年4月に四条畷〜長尾間を開業した。

　その後、長尾〜加茂間、網島〜放出間が順次開通。1898年11月に関西鉄道の路線として網島〜名古屋間が全通した。網島は、京橋と桜ノ宮の間の西側にあった駅で、分岐線となった片町〜放出間は貨物線に変更された。

　1900（明治33）年9月に名阪を直通する幹線が奈良経由となり、網島〜放出〜新木津〜加茂間は網島線というローカル線となった。関西鉄道は1907（明治40）年10月に国有化され、網島周辺の路線変更や貨物線の旅客線への復活などが行われ、1913（大正2）年11月に片町〜木津間が片町線となった。

　1997（平成9）年9月のJR東西線京橋〜尼崎間開業により、片町〜京橋間は廃止され、現在の片町線は京橋〜木津間である。全線電化されているが、旧型国電が活躍していた当時の電化区間は片町〜長尾間であるため、本稿では長尾以東の電化については触れていない。

関西省線電車発祥の地
城東線とともに電車化

　城東線と同時に片町線も電化促進について協賛が得られ、電化工事は1931（昭和6）年10月に始まった。営業線のほか、電車庫や車両整備を行う吹田工場とを結ぶ路線の電化も始まった。1932（昭和7）年7月に放出・城東線京橋〜淀川間、放出〜吹田間の工事が着手され、同32年10月に淀川（貨物駅）の北側に淀川電車庫が開設された。

　電化は翌33年12月に完成し、関西初の省線電車が片町線で運転を開始した。これを記念して1934（昭和9）年3月に「省電始元之碑」が淀川電車区構内に建立され、現在は電車

電車と気動車の接続駅だった時代の長尾。電車はここで片町方面に折り返し、気動車は長尾～木津・奈良間で運転された。電化されたのは旧型国電の運転が終了したはるか後の1989年3月だった。現在は島式ホーム1本にまとめられ、写真の撮影当時の面影はない。長尾　写真／辻阪昭浩

区の移転に伴い移設された。

電化開業当初、城東線・片町線とも日中閑散時は単行、混雑時は2両編成で運転された。その後、両線の利用者数の違いから編成両数に違いが出始め、片町線は1937(昭和12)年8月に終日2両編成となった。

同37年にモハ51形とクハ68形、1940(昭和15)年にモハ54形が配置され、一部が3両編成となった。戦争末期になるとロングシート車は城東線、セミクロスシートは片町線に集まるようになった。

1945(昭和20)年8月14日の空襲では片町線の被害が大きく、淀川・片町～放出間は不通となった。8月23日に運転を再開したが2両編成に短縮され、同45年11月から減便された。危機を脱した翌46年2月から運転本数が増え、1948(昭和23)年7月から一部の編成が増強された。

落ち着きを取り戻した1950(昭和25)年12月に四条畷～長尾間の電化が完成。長尾以東は気動車で運転され、電化されるのはJR化後の1989(平成元)年3月である。

個性的な車両が集い戦後の輸送を支える

戦後は主に城東線に4扉車、片町線に3扉車が充当されていた。それでも車両が不足するため、1952(昭和27)年3月から阪和線の社形のうちクハ7両が片町線用に転入した。これらは1965(昭和40)年6月までに全車が元の鳳電車区に戻った。

3扉車のうちクモハ41形は、モハ40形の片運転台化改造車以外に、戦災車モハ40006の車体を流用して片運転台化したクモハ41形の最終番号車127が在籍した。クモハ60形は最後まで残った2両が元クモハ41形の改造車161、163(最終番号車)で、のちに2両とも阪和線に転属した。

また、モハ40形の両運転台を撤去したモハ30形は、関西では片町線に全車集結していた。クハ55形は唯一のモハ60形の電装解除車200や、サハ57形を先頭化改造した300番代も在籍した。

5両編成に増強オレンジ色に塗装変更

1952(昭和27)年12月に一部が5両編成化されて編成が増強されるが、1955(昭和30)年2月に終日4両編成化された。1959(昭和34)年1月に5両編成が一部で復活し、1966(昭和41)年3月に全列車が5両編成となった。3扉車・4扉車の区別なく使用さ

れ、6両編成化はホームの改造が終わる新性能化後となった。

1959(昭和34)年から城東線用車両の車体色がオレンジバーミリオンに塗装変更が始まり、片町線も同じ色に変更された。なお、行先表示板も城東線と同様に戦後は前面のみの表示となった。

1962(昭和37)年11月から全電動車の101系4両編成が使用されたが、しばらくして戻り、新性能化は進まなかった。この当時、淀川電車区に大阪環状線用の101系が配置されていたが、片町線用の旧型国電と車両の交流はなく、運用は区別されていた。片町線は新性能化まで3・4扉車が使用され、ほとんどが片町線を最後に引退している。

4扉化改造車が大阪環状線から転入

4扉車は大阪環状線の新性能化で転入するようになり、戦前型では2扉車42系モハ42形、モハ43形、クハ58形の4扉改造車であるクモハ32形、クモハ31形、クハ85形が在籍した。

クモハ32形は001の1両のみであった。クモハ31形は全12両が在籍し、更新の時期によりガーランド型ベンチレータが最後まで残る車両もあった。

クハ85形は後にクハ79形に改番され、全15両のうち10両以上が在籍した。クハ85形の最後の4両となった025、026、030、036は、クハ79055、056、060、066となった特徴ある車両である。055はクハ58形の最終増備車で、唯一の半流線形2扉車であったが、4扉化されてクハ85形となった。

056は2扉の二・三等車サロハ46100として落成し、サロハ46014に改番の後に先頭化改造されてクロハ59022となり、4扉化されてクハ55106を経てクハ85026となり、最

後はクハ79056となった。5回も改番をした珍しい事例となった。

　030、036は横須賀線用32系のクハ47004と010で、4扉化されてクハ85形となった。正面の雨樋は一直線で、最後までガラベンを装備してクハ47形時代の前面の雰囲気を残していた。

　戦前型車両の改造車はほかにサハ78012があった。32系のサロハ46004で、トイレの設置でサロハ66形となり、4扉化でサハ78形となった。

さまざまなタイプが転入した73系

　前述した車両以外は73系の4形式クモハ73形、モハ72形、クハ79形、サハ78形が在籍した。63系からの改造車や73系として新製された車両、最後の全金属製量産車の最終製造車クハ79955や元ジュラ電のモハ72901も在籍した。

　また、サハ78形の最終2両となる516、517も在籍し、いずれも戦後新製されたモハ72形500番代の電装解除車であった。パンタグラフ撤去跡にベンチレータがないのが特徴で、終始淀川区から離れることなく7年ほどで引退した。

　片町線の73系で有名だったのが、急行兼用通勤車クハ79929である。1972（昭和47）年5月に吹田工場で試作されたアコモデーション改造車で、大井工場で開催された出来栄え審査で展示された。

　シートの脚台内部にある空気シリンダを制御盤で作動し、ロングシートとクロスシートを自動で転換する構造である。クロスシートで使用する場合は中間2扉を締め切り、この扉の前の補助腰掛は手動で引き出して使用した。海側・山側それぞれで操作することができ、車端部はロングシートのままであった。

　背ずり上部の枕や仮設トイレを設

城東線から片町線に移ったクハ79948以下。後ろの車両には3扉車も混ざっている。全金属製量産車のクハ79形は2両とも淀川区所属で、新製配置から廃車まで異動はなかったが、同時に配置されたモハ72形961〜963の3両は大阪・天王寺管理局管内を異動した。放出　1969年2月26日　写真／大那庸之助

右上の銀行の位置から、片町行きである。写真のクモハ41036は1937年度製の半流線形で、登場時は張り上げ屋根で雨樋は全周に巻かれていた。東京地区に新製配置され、雨樋の通常位置への変更や尾灯の埋め込みが行われた。1965年5月に淀川区に転入し、片町線で使用された。放出　1969年2月26日　写真／大那庸之助

置し、中距離以上の運用も検討されたが、営業で使用されることはなかった。国鉄史上初の車両で、今の近鉄のL/Cカーの元祖である。

73系でほぼ統一からわずか3年で新性能化

　旧型国電の置き換えは100kWの主電動機を持つ車両の撤退から始まり、モハ30形が1973（昭和48）年2月までに姿を消した。1974（昭和49）年7月にクモハ41形、クモハ31形が全車廃車され、両運転台のクモハ32001は淀川電車区の入換・牽引用

に残された。

　この時は製造年数の新しい73系や前述のアコモ改造車が転入した。3扉車はクモハ60形2両、クハ55形2両のみが残り、86両は73系の4形式で占められた。

　1976（昭和51）年3月から101系が本格的に投入されて旧型国電を置き換え、翌77年3月に新性能化が完了した。事業用に残されたクモハ32001はオレンジバーミリオンのまま、1981（昭和56）年5月まで淀川電車区最後の旧型国電の電動車として入換・牽引に使用された。

阪和線・羽衣支線

阪和線は私鉄の阪和電気鉄道が敷設し、南海電鉄の山手線を経て国有化された。本書では社形は原則として触れていないが、阪和の社形は国鉄の形式が与えられたので例外として触れる。

羽衣支線で使用中のモハ2236。元阪和電鉄のモタ300形329で、登場時から3扉ロングシートである。国有化後は制御器やパンタグラフなどが国鉄型に交換された。1953年6月の改番でモハ2210形2236となり、1959年12月に151系の旧称クモハ20形を引き継ぎクモハ20024に改番された。
鳳　1955年1月4日　写真／沢柳健一

高規格で敷設した阪和電気鉄道

　阪和線は、私鉄の阪和電気鉄道（阪和電鉄）が大阪と和歌山を最短距離で結ぶために建設した路線である。1929（昭和4）年7月に阪和天王寺（現・天王寺）～和泉府中間、鳳～阪和浜寺（現・東羽衣）間、1930（昭和5）年6月に和泉府中～阪和東和歌山（現・和歌山）間が開業した。全線が電化路線で、阪和東和歌山で紀勢西線（現・紀勢本線）に接続した。
　阪和電鉄の車両形式名は独特で、「ヨ」は横座席＝クロスシート、「タ」

は縦座席＝ロングシートを意味する呼称を採用し、モヨ100形やクタ300形などが誕生した。さらにこれらの電動車2両で、国鉄に乗り入れる南紀直通用のオハ31形級客車4両を牽引し、阪和間を走破した。
　高規格の路線を持ち、天王寺～和歌山間を最短45分で結んだ。途中駅はノンストップで表定速度81.6km/hを誇り、戦後151系「こだま」に抜かれるまで表定速度の記録を保持していた。そして、阪和電鉄の車両たちは1959（昭和34）年の称号改定で、151系「こだま」の旧形式名20系を受け継いだ。

南海を経て国有化厳しかった戦後混乱期

　阪和電鉄の経営は改善が進み、1940（昭和15）年上半期に年6分の配当がされるほど好調であったが、諸事情により同年12月に南海鉄道に吸収合併され、南海鉄道山手線となった。さらに1944（昭和19）年5月に南海鉄道山手線が国有化され、阪和線となった。
　国有化前日から車両が応援に入り、モハ41形、モハ43形、モハ51形、モハ64形（モハ43形4扉車）、クハ55形、クハ58形が転入した。1945

(昭和20)年3月には運転速度の低下と運転本数の削減が行われ、4月に急行が廃止された。

終戦直後の同45年9月には進駐軍専用電車としてモタ3000形が3両指定され、通常運転の電車に増結して運転を開始した。1945年末から1年間に5回の時刻改正を行い、減便を繰り返して車両の整備が行われた。

1946(昭和21)年1月にモハ54形やクハ55形が追加で転入するが、戦時中の酷使が原因で車両の整備不良や事故が多発し、車両の運行がさらに困難となった。実働車が4両という最悪の時期を迎え、1946年2月からは天王寺〜東和歌山間で蒸気機関車が客車や客車代用の貨車を牽引したり、電気機関車や有蓋電動貨車モカ2000形が牽引する区間運転も行われたりした。

同46年5月には、直通用に電車4両を電気機関車で牽引する運転が行われた。8月に電車運転に変更されたが、電車運転は天王寺〜和泉砂川間とし、以南は蒸気機関車牽引の客車列車とされた。

同46年12月には全線を直通する電車が準急3両編成、普通2両編成で復活し、蒸気機関車の運転が終了した。このほか天王寺近辺の区間運転も増発された。

車両を借り入れ増発 着実に進む戦後復興

1947(昭和22)年に入ると他線からモハ54形、モハ60形、クハ55形、流電用サハ48形が借り入れられ、4月には準急が増発された。6月からはモハ63形やサハ78形も転入して輸送力が増強された。

また、6月には東岸和田〜東和歌山間でお召電車が運転された。ご乗用車のクロ49形2両を東鉄から借り入れ、大阪の車両と連結できるように改造を行い、モハ60形やクロ49形の4両編成で運転された。予備編成も用意され、モハ63形やクロ49形の3両編成が待機していた。モハ60形の編成は宮原電車区、モハ63形の編成は淀川電車区の所属であった。

1948(昭和23)年から荒廃した車両の整備が始まり、落ち着きを取り戻し始めた。また、国有化直後から1949(昭和24)年にかけて、40系や63系など延べ50両以上の車両が阪和線の応援に入ったが、1951(昭和26)年までにすべて返却された。

1949年3月に天王寺〜東和歌山間で急行が復活した。途中の停車駅は鳳、和泉府中、東岸和田、和泉砂川、紀伊中ノ島で、朝夕合計2往復が運転された。6月から7往復となり、さらに所要時間は75分から65分に短縮されて復興を印象付けた。運転開始にあたり、専用車として阪和の社形に青の濃淡塗装を施した専用車3両編成を1本、茶色の63系を1本用意し、後に阪和の社形2本が追加された。

なお、同49年12月に占領軍専用電車の白帯車の運転が終了し、一般車化された。

元関西急電が転入し 料金不要の特急に充当

1950(昭和25)年9月から東海道・山陽本線の急電の運用を離れた流電52系や半流線形43系が阪和線に転入した。10月には阪和電鉄以来となる特別料金不要の特急が、天王寺〜東和歌山間で復活した。朝夕合計2往復が運転され、途中駅は紀伊中ノ島のみ停車し、55分で結んだ。

52系や43系の3両編成で特急・急行用に編成が組まれ、運転開始当初は関西急電色が2編成、青色の濃淡の編成とぶどう色の編成が各1編成ずつ用意された。特急運転の時は特別にデザインされた特急電車方向板が掲げられた。なお、特急運転の開始に伴い、急行は和泉砂川以南が各停となった。

3両編成で急行天王寺行きの運用に就く半流モハ43041。1950年10月の時刻改正で阪和線に転入し、特急や急行に使用された。転入にあたりクリーム色とマルーン色の関西急電色の塗装となり、前面は80系を意識した塗り分けとなっている。車体色はほどなくぶどう色に変更された。東和歌山(現・和歌山) 1951年8月7日 写真/大那庸之助

一段上昇窓・3扉ロングシートの片運転台車のクハ25112は、窓のRが印象的なデザインの元クタ7000形である。初期車を除き、7003以降は南海山手線時代に発注され、同時代に納品された。写真の車両はモタ3000形と同形のクタ7000形の最終増備車で、阪和電鉄時代に計画された。鳳電車区　1961年7月25日　写真/沢柳健一

天王寺に停車する特急運用のモハ52003。半流モハ43系とともに阪和線入りし、関西急電色となるが、前照灯周囲の塗り分けは80系と異なる。こちらも3両編成で特急や急行などに使用され、特急は途中、和歌山線と接続する紀伊中ノ島のみ停車した。天王寺1951年4月15日写真／大那庸之助collect

阪和快速色の70系。南海電鉄の新車に対抗して、1955年11月に70系が新製投入された。車体色は独特で、窓まわりがクリーム色、それ以外がライトグリーンであった。窓上の塗り分け線は横須賀色と異なる車両もあった。「直行」は1958年10月に「急行」から改称された種別である。写真／辻阪昭浩

旧型国電 路線別車両案内

1952 (昭和27) 年10月から鳳、和泉砂川にも停車し、翌53年3月に6往復となった。停車駅は増加したが特急は55分で運転され、編成は2〜4両編成に変更された。基本として急行は3両編成、ほかは2両編成で運転された。

社形を標準化改造し国鉄電車と連結

1950 (昭和25) 年度から阪和の社形の更新修繕が実施された。同時に国鉄の車両と連結運転ができるように主電動機以外の制御器やパンタグラフなどが国鉄標準型の部品に交換された。

1951 (昭和26) 年に起きた桜木町事件をきっかけに不燃化対策の更新工事が行われ、大阪では阪和形のクハ6254が最初の対象となり、1953 (昭和28) 年11月に施工された。

1953 (昭和28) 年6月の車両称号規定改正で、南海から引き継いだ阪和の社形に国鉄の形式が与えられ、電動車がモハ2200形、制御車がクハ6200形、荷物電車がモニ3200形と改番された。同53年12月から連結器を自動連結器から国鉄標準の密着連結器に変更。1954 (昭和29) 年度以降はグローブ型ベンチレータ化も行われ、省線電車との連結運転が行われるようになった。

種別を現す識別灯は阪和線独自の設備

阪和線では1954 (昭和29) 年5月から70系が配置されるまで、識別灯を設置していた。これは関西私鉄などでは使われていたが、国鉄では初めての試みであった。夜間に前面の標識板が確認しづらいため、標識灯を表示することで接近する列車が停車か通過かを判別する方法である。

左右の尾灯は内側の赤いレンズと黒の鉄板が操作できるように改造された。これらを組み合わせて白、赤、無灯の3種類を表示した。白色2灯は特急、向かって右側の白色1灯は急行、無灯は普通を意味した。折り返しで最後部となる時は2灯とも赤にして、本来の尾灯の役割をした。

埋め込みテールライトの場合は、新たに取り付け台を設置して、骸骨型テールライトに交換され、流線形のモハ52形の尾灯もこの時に交換された。

阪和線用70系の登場と社形の終焉

急行運転増強用に1955 (昭和30) 年度から阪和線の中距離用に70系4両編成が新製投入された。窓周囲がクリーム3号、上下が緑1号の阪和線独自色で、当初は特急を中心に使用された。当初、70系のクリーム色の塗り分け位置は雨樋直下まで広がっていたが、後にスカ色と同様にウインドヘッダの上までとなった。

また、従来の2扉車から3扉セミクロスシート車となったため乗降時間が短縮でき、52系などは次第に特急運用から外れた。

70系は急行にも運用され、予備車としてモハ61001と社形クハ6210が阪和色に変更された。こちらは羽衣線の普通にも使用された。

1957 (昭和32) 年度には特急・急行用に全金属製車体の70系300番代

4編成が増備された。特急は同57年1月から朝の上り2本が金岡（現・堺市）にも停車した。70系が増加したことから1957年4〜9月にモハ52形が全車、翌58年からモハ43系など2扉車が飯田線などに転出した。

70系の特急は1958（昭和33）年10月に混雑時は30分ごと、昼間は1時間ごとの大増発となり、停車駅は鳳、紀伊中ノ島に加え、朝の上りは和泉砂川と金岡が、夕方の下りは和泉砂川も追加された。

さらに列車種別の名称が変更され、「特急」は「快速」に、「急行」と「準急」は統合されて「直行」となった。

直行の停車駅には金岡、鳳、和泉府中から各駅停車と、金岡、鳳から各駅停車の2種類があり、種別が「区間快速」と再度改称されても停車駅が2種類ある状態は変わらなかった。

70系の増備は1964（昭和39）年2月まで続き、いずれも高槻区や明石区からの転入であった。1960年代後半になり、車体色はスカ色に変更された。

一方、社形は他の阪和線の一般形旧型国電と同様に、1958（昭和33）年から朱色1号に変更された。翌59年12月の改番で社形は20系クモハ20形、クハ25形となった。車両の製造

から35年以上経った1966（昭和41）年2月から引退が始まり、1968（昭和43）年3月に全車が引退した。

合わせて17m車のクハ16形やサハ17形も廃車となり、阪和線は20m車に統一された。社形の代わりに首都圏から省形が大量に転入したが、車両の状態は社形の方が良かったため、社形の廃車は惜しまれた。

旧型国電の博物館と呼ばれた阪和線

流電52系や半流線形43系をはじめ、阪和線には個性的な旧型国電が多く在籍した。晩年まで珍しい車両が転入出を繰り返していたため、「旧型国電の博物館」とも呼ばれた。阪和線でのみ見られる車両が多く、珍しかった車両も含め紹介する。

【モハ51073】
3扉セミクロスシート車

両運転台車モハ42012から1944（昭和19）年に改造された。当初は3扉化される予定だったが、なぜか低速台車への交換と後部運転台と座席の撤去のみが行われ、1950（昭和25）年11月に明石区から転入した。

転入時に主電動機が128kW（MT30）に出力強化され、1953（昭和28）年の改番でモハ54形となるはずが行われず、同53年11月の更新工事で3扉化とセミクロス化が実施された。他線に転出後は最終的に低屋根化されてクモハ51830となった。阪和線では70系以外で唯一の3扉セミクロスシート車だった。

【モハ54形0番代】
3扉セミクロスシート車

モハ54形は、3扉セミクロスシート車モハ51形の主電動機を128kWに強化した車両で、新製された0番代とモハ60形をセミクロスシートに

51系で唯一、モハ42形を改造したモハ51073。1944年7月に改番と片運転台化と座席撤去が行われたが、外観上は乗務員扉が残り、モハ42形と同じであった。1953年11月の更新工事で3扉セミクロス化された。後に沼津区に転出し、身延線用に低屋根化されてクモハ51830となった。
鳳電車区　1956年1月5日　写真／沢柳健一

モハ61形は、モハ40形1次車の主電動機を増強した形式である。写真のモハ61001は元モハ40001で、1944年9月に座席が半減化され、同年にモハ40010と車体を交換、1953年6月にモハ61001と改番された。本来のモハ40001は日本車輌製で、車体裾のリベットは1列である。
鳳　1956年1月5日　写真／沢柳健一

元進駐軍専用車で鋼体化改造車のクハ16830。クハ65154が進駐軍専用車の指定解除後クロハ16830となり、格下げ後の1960年1月に鳳区に転入した。関西で17m車の正式な転入は初であった。阪和形車両と組むとホームいっぱいに停車でき、輸送力を増強できた。
鳳電車区　1961年7月25日　写真／沢柳健一

関西では珍しい非貫通車クハ16264。中原区から1961年3月に鳳区に転入したが、非貫通車のため連結位置が限定されて使いづらかったようである。同61年11月には青梅区に移るが、翌62年3月に鳳区に再転入した。3年後の1965年3月に事業用車クル29003に改造された。
鳳電車区　1961年7月25日　写真／沢柳健一

サハ57形を先頭化改造したクハ55形300番代。写真の貫通扉は引き戸で、中間車の名残を残す。引き戸のため、行先表示板は貫通扉に設けられず、向かって左側に表示されている。関東からの転入車で、箱型の行先表示板受けを撤去し、引っ掛け式に改造されている。
天王寺　1968年3月16日　写真／沢柳健一

初のノーシルノーヘッダ車で、写真はクモハ60形偶数車と思われる。モハ41形の出力強化車で1939年度に登場。初期車は張り上げ屋根で、後に雨樋が通常の位置に移された。阪和線には最大で42両が在籍し、最後まで残ったクモハ60001は紀勢本線の電化試験に使用された。天王寺　1968年3月16日　写真／沢柳健一

改造した100番代がある。

　0番代は宮原区や淀川区に新製配置され、1948（昭和23）年に戦災廃車の1両を除く全8両が鳳区に集まった。その後、流電52系や半流線形43系が転入したことで1950（昭和25）年に全車が宮原区に転出した。

　年に数両ずつ製造されたために、ノーシルノーヘッダ、シルヘッダ付きと番号ごとに違いがあった。

【モハ61形】
3扉セミクロスシート車

　モハ61形は、モハ40形の主電動機を128kWに強化した車両で、1953（昭和28）年までに5両全車が集まった。両運転台を持つロングシート車で、3両はのちに飯田線へ転出し、2両は阪和線で引退した。

　モハ61001はモハ61形で唯一、阪和線独自色となった。書類上はモハ40001の改造だが、実際はモハ40010と振り替えられたとされている。

　ちなみに、本来のモハ40001はモハ51078となり、事業用車モヤ4700を経て架線試験車クモヤ93000となった。前面は前照灯を3灯備えた湘南形となり、1960（昭和35）年11月に狭軌鉄道の世界最高速度175km/hを記録した。大阪の旧型国電の本当のトップナンバーが速度記録を樹立していたのである。

【クモハ60形150番代】
3扉セミクロスシート車

　1960年代に入り、緩行線でセミクロスシート化されなかった車両が阪和線に転入した。クモハ60形150番代はモハ41形の改造車で、最初に製造された1932（昭和7）年度製のうち、戦災廃車とモハ51形となった車両を除いた4両と、最終増備された1938（昭和13）年度製のうち最後の3両の主電動機を128kWに強化した

車両である。

前半4両は平妻、後半3両は半流線形で、パンタグラフはPS11が残っていた。全車が阪和線に在籍し、転出することもなく引退した。

【クハ16形・サハ17形】
3扉セミクロスシート車

荷物電車を除き、大阪の戦前製旧型国電の旅客用電車は20m車で統一されていた。戦前に車両不足のため17m車が借り入れられたことはあったが、転入はなかった。

阪和の社形を更新するため、1960（昭和35）年に代車として17m車の4両編成が借り入れられ、初めてクハ16形800番代3両が転入した。クロハの格下げ車で、車内は奥行きの異なる座席が残るなど二等時代の名残を残していた。1965（昭和40）年までクハ16形の転入が続いたが、前面非貫通の3両234、264、302や、阪和線唯一の奇数車505は使いにくいことからすぐに転出した。

残った7両は1963（昭和38）年12月から、朝の混雑時に天王寺〜鳳間の一部を5両編成化するのに使用された。阪和の社形は19m車で、この4両編成の中間に17m車を1両入れることで、ホームの延長工事をすることなく、輸送力を高めるためにとられた措置である。

サハ17形は1965（昭和40）年に10両全車が阪和線に転入した。大阪ではこの2形式の17m車が阪和線に集中配備された。1967（昭和42）年までに運転を終了して17m車は阪和線から姿を消し、以降は3・4扉の20m車が入るようになる。

【クハ55形300番代】
3扉セミクロスシート車

17m車・社形置き換え用として、1965（昭和40）年から転入した。40系の中間車サハ57形の先頭化改造車だが、サハ57形は本来大阪の配置はなく、松戸・東神奈川区などの東鉄局でクハ55形300番代に改造された車両が転入した。大阪に移った300番代のうち、阪和線に全17両中13両が在籍した。

先頭化改造で新設された運転台の貫通扉は、中間車時代の引き戸のままの車両もあり、行先表示板を入れる箱は向かって左側に設けられた。また、開き戸に改造されて貫通扉に箱が移設された車両もある。

しかし関西の行先表示板は引っ掛け式のため転入後は箱を使用せず、撤去される車両も多かった。撤去が間に合わない車両では、箱の上から表示板が掲げられた。

【サハ57形】
3扉セミクロスシート車

クハ55形300番代と同じく大阪に縁のない車両だが、総武線から1960（昭和35）年に転入した。8両すべてが阪和線用で、3両はオリジナル車であった。5両は京浜線の二・三等車で使用されていた元サロハ56形で、元二等車側は窓配置が異なっていた。

【モハ60形・クハ55形】
3扉セミクロスシート車

モハ60形は半流線形でノーシル・ノーヘッダのトップナンバー001と、戦時型でシルヘッダ付きのラストナンバー126が在籍した。また、東鉄に新製配置された042〜089、112〜126のうち6割ほどが、1965（昭和40）年から阪和線に転入した。

クハ55形は平妻のトップナンバー001以外に、連合軍専用車クロハ55形から一般車化された東神奈川区のクハ55形800番代の4両すべてが、1965（昭和40）年から阪和線に在籍した。

【73系】
4扉セミクロスシート車

1965（昭和40）年12月にサハ78形2両が下十条区から鳳に転入したのをきっかけに、1970（昭和45）年4月には旧型国電231両中79両が73系となり、同区の3分の1を占めるまでになった。

クモハ73形のうち、モハ63形を整備した295はDT14台車を履き、197はDT15台車を履く異色車であった。

戦後製造のモハ72形には運転台設置車の600番代もあり、方向幕を備えていたが使用せず、引っ掛け式の行先表示板を使用した。

サハ78形は32系のサロハ46形の4扉改造車や、（サ）モハ63形の整備車、戦後製造モハ72形の電装解除車もあった。

クハ79形は1976（昭和51）年に転入した925が阪和線に所属した唯一の全金属製車体920番代で、最後の転入車であった。

新性能化への道のりと旧型国電の最後

新性能化への第一歩は、1968（昭和43）年8月に103系が新製配置されたのが最初である。この年の10月から快速の運用に入り、以降は1972（昭和47）年3月、1973（昭和48）年10月、1974（昭和49）年7月、1976（昭和51）年3月と置き換えが進み、1977（昭和52）年3月に新性能化が達成された。

晩年は一般形旧型国電4両編成または70系4両編成が基本で、一般形旧型国電2両編成を付属として日根野で解結し、4両編成か6両編成で運転されていた。このため非貫通型が中間に入る編成となっていたが、1976年11月から旧型国電は6両貫通編成化された。70系4両編成を分

割して中間にモハ72形、モハ60形、クハ55形などを入れて解結を行わない編成とされた。両先頭車はクハ76形以外の他形式が入ることもあった。一方、支線の羽衣線用は73系などの3両編成が使用された。

1977年4月にクハ76312＋モハ72663＋モハ72953＋モハ70316＋モハ70317＋クハ76315の貫通6両編成を使用して「さよなら運転」が行われ、阪和線から旧型国電は引退した。この後、2両のモハ72形は

廃車されたが、70系300番代の4両は他の300番代とともに福塩線に転出した。

鳳電車区にはクモハ60001、004が残り、最後に残った001は紀勢本線の新宮電化に伴う入線試験に使用されて引退した。また、1944（昭和19）年の発足以来、阪和線の旧型国電が在籍した天王寺鉄道管理局鳳電車区は旧型国電とともに姿を消し、機能は紀勢本線電化完成とともに日根野電車区に移転した。

首都圏に103系が投入され、余剰となった73系（写真）や40系などが1966年から大量に転入した。これにより阪和型の車両がすべて廃車となり、国鉄型の17m車も姿を消した。阪和型は車齢を感じさせない丈夫な車両のため廃車は惜しまれたが、輸送力のある20m車に統一された。
天王寺　1968年3月16日　写真／沢柳健一

旧型国電　路線別車両案内

COLUMN

モハ52形を使用した高速度試験

関西急電の王者と呼ばれた流線形電車モハ52形が、高速度試験のため一度だけ上京したことがあった。大井工場で整備が行われ、所属は大井工場内にあった鉄道技術研究所であった。試験直前の1948（昭和23）年4月19日に見学した人の記事によると、モハ52形は2両ともダークグリーンに塗装され、パンタグラフのPS11は銀色に塗装されていた。

2両とも車号の下に〇で縁取った「試」の文字が書かれていた。これは連合軍専用車に指定されないために大井工場が記入した、現場の知恵であった。

この2両には違いがあり、モハ52005は側窓や乗降扉のすべてにガラスがあり、座席もすべてあった。一方、モハ52002は先頭部に少し凹みがあり、室内は座席がなく、おもりの代わりと思われる抵抗器が搭載されていた。さらに乗降扉は当時の東京地区で使用された扉と同様に板が貼られ、中央部に船から転用されたと思われる丸形の小型ガラスがはめられていた。

高速度試験は1948（昭和23）年4月に三島〜沼津間で行われた。沼津側からモハ52002＋クヤ16001＋モハ52005の3両編成で、クヤ16001は1910（明治43）生まれの

木製車であった。試験区間には4種類の架空線が設けられ、110km/hからの制動試験などが行われた。この時は119km/hを記録し、80系を使った高速度試験で破られるまでの記録となった。

また、同48年10月には高速度台車試験として新型の動力台車を履いたモハ63形が加わり、茅ケ崎〜辻堂間で評価試験が行われた。その後モハ52形は1949（昭和24）年4月まで大井工場や下十条電車区などで留置され、大阪に戻った。

これらの試験結果は80系の開発に反映された。そして80系も1954（昭和29）年3月に120km/h高速度運転試験に使用されて、次世代の電車に貴重なデータを残している。

第 7 章

山陽圏
各線

山陽本線は電化が遅く、80
系と73系の使用が多かった。
一方で電化された私鉄を国有
化した福塩線、可部線、宇部
線、小野田線では、電車の歴
史は社形から始まり、17m級
のクモハ11形・12形も活躍し
た。また、小野田線は本山支
線でクモハ42形が2003年ま
で使用され、JR最後の旧型
国電となったことが特筆される。

山陽本線

神戸と門司とを結ぶ山陽本線は、路線長が長いうえ、地方都市が点在しているため、電化は両側から行われた。岡山、広島、下関に80系が投入され、地域輸送や電車準急に充当された。

岡山〜笠岡間の区間運転に使用されるクモハ51208以下。元2扉クロスシート車モハ43032で、戦後まで2扉で残った。1950年5月に田町区へ転出、横須賀線で使用され、1963年10月に3扉セミクロスシート化された。1964年8月に岡山区へ移り、1976年4月に廃車となった。岡山　1967年4月1日　写真／沢柳健一

上郡以西は6回に分けて電化

　山陽本線は山陽鉄道が1888（明治21）年11月に兵庫〜明石間を開業したのを手始めに、1901（明治34）年5月に馬関（現・下関）まで開通した路線である。1906（明治39）年12月に国有化され、終戦までに大阪地区や関門トンネル付近が電化されていた。

　1964（昭和39）年10月に東海道新幹線が開通することから、新大阪で在来線の電車特急に接続し、山陽本線を走り、当時の四国の玄関口であった宇野や九州の中心都市・博多とを結ぶことが計画された。

　山陽本線の電化は東京側から行われ、1959（昭和34）年9月に上郡まで完成した。また、幡生〜門司間は1942（昭和17）年7月に関門トンネルの開通に合わせて直流電化されており、残りは上郡〜幡生間となった。この後、6回に分けて電化され、まず西宇部（現・宇部）〜厚狭間が電化された。

西宇部〜厚狭間

　上郡〜幡生間では西宇部〜厚狭間が最も早く1960（昭和35）年6月に電化された。西宇部は宇部線と接続し、厚狭は美祢線と接続する駅である。宇部は炭坑やセメント製造会社などがある企業城下町で、美祢線にはセメントの原料産地の美祢地区があることから、両地区の強い要望で電化された。

西宇部〜厚狭間は部分電化のため、この両側の山陽本線は電化されておらず、宇部線の車両が5往復乗り入れるだけであった。

上郡〜岡山〜倉敷間

　1960（昭和35）年10月に宇野線岡山〜宇野間と同時に電化された。計画当初は上郡〜岡山間のみが対象で、岡山〜糸崎間は別の時期に電化する予定であった。しかし倉敷は岡山に隣接していることから同時電化の強い要望が出され、急遽倉敷まで延長された。

　特急や準急は151系や153系の新性能車が使用された。普通は区間運転の旧型国電と、電気機関車が客車を牽引する長距離列車があった。普

岡山〜広島間の準急「とも」で使用中のクハ86341以下5両編成。中間のモハ80形1両を除き300番代である。写真は定期列車後の姿で、1965年10月にサロ1両を中間に入れた165系7両編成と交代し、80系の準急運用は終了した。そして翌66年1月に急行に格上げされた。岡山　1965年3月
写真／辻阪昭浩

通電車の運転区間は山陽本線姫路〜岡山〜倉敷間、宇野線は全線で運転された。車両は山陽本線と宇野線は共通で運用され、1969（昭和44）年8月に赤穂線が全線電化された後は赤穂線も共通で運転された。普通電車の車両は宇野線の項で紹介する。

小郡〜西宇部間
厚狭〜幡生間

　宇部線の電車だけが走る西宇部（現・宇部）〜厚狭間だが、この電化でようやく山陽本線自身の電車が入線した。1961（昭和36）年6月に東は小郡（現・新山口）から、西は幡生から電化が延びてきて、小郡〜門司間が電化された。

　同日に九州では門司港〜久留米間が交流電化で開業した。本州から続く直流電化と電気方式が異なるため、門司駅構内には交直切替の設備が設けられた。

　九州の電車は新性能の交直流両用電車421系が新製投入され、関門トンネルを抜けて直流区間の小郡や小野田線の宇部岬まで乗り入れた。宇部は北九州地域と経済的な結びつき

が強く、電化で西側から車両が乗り入れることで利便性が向上した。九州からの乗り入れは国鉄分割民営化後も続けられたが、宇部までの乗り入れは現在は休止されている。

　宇部線の電車は電化区間の延長に合わせて下関まで乗り入れ、現在も本数を減らしたものの存続している。

倉敷〜三原間

　1961（昭和36）年9月に電気運転を開始し、まず電気機関車運転が岡山から糸崎まで延長され、10月には電車運転が倉敷から三原まで延長された。岡山機関区に電気機関車や電車が増備されたが、翌62年に広島電化を控えており設備投資は最小限に留められた。糸崎に停車しない特急旅客列車や貨物列車は、従来通り岡山で蒸気機関車に交換した。

　福山で接続する福塩線は、山陽本線の電化工事に合わせて1961年8月に750Vから山陽本線と同じ1500Vに昇圧された。そして、同61年10月から笠岡〜福山〜三原間の区間運転に福塩線の車両が使用されるようになった。

三原〜広島間

　三原〜広島間は1962（昭和37）年6月に電化され、5月に広島運転所が開設された。開設当時は山陽本線用の電車の配置はなく、普通は客車列車を中心に運転された。特急電車は東京〜大阪間から1往復が広島まで延長され、田町区の151系が使用された。急行電車も1往復が広島まで延長された。新設された準急（大阪〜三原間）とともに急行・準急は宮原区に移った153系が使用された。

　途中の八本松〜瀬野間は22.5‰が11km連続する瀬野八と通称される区間で、151系や153系は主電動機の熱容量が不足するためEF61形が補機として使用された。

　80系による三原以西の運転は、1963（昭和38）年2月に宇都宮運転所から広島局広島運転所に80系4両（モハ80208、モハ80211、クハ86344、クハ86345）が転入したことで始まった。同63年3月に追加の80系が大船電車区、宇都宮運転所、静岡運転所から転入した。

　4月1日から山陽本線初の準急「と

6両編成を2本併結した12両編成で、五日市の下り2番線から出発する五日市8:57発→広島9:11着の区間列車（普通426M）。尾道6:19発→五日市8:28着の折り返しで、逆出発で上り線に進入する様子である。現在、五日市の2番線から出発する上り列車はない。クハ86024以下
五日市　1969年2月　写真／大那庸之助

1965年9月に大垣区から岡山区へ転入したクモユニ81001。宇野線で使用され、80系以外に51系とも連結された。1965年にクモユニ81形は001～003が集まったが、003は転出して最後は大糸線の名物車両となった。残る2両は岡山区に残り、湘南色のままで1979年まで使用された。
岡山　1967年3月30日　写真／沢柳健一

も」が岡山～広島間で運転を開始。80系5両編成で2往復が設定された。4月1日から19日までは臨時で、20日から定期列車となった。また、岡山～糸崎・広島間の区間運転が客車から80系に置き換えられた。

広島～小郡間

山陽本線は広島～小郡間の完成で全線電化された。工事は遅れていたが、東海道新幹線の開業と同じ1964（昭和39）年10月となったのは、東海道本線で不要となった特急や急行の優等列車用の車両を効率的に山陽本線に転用するためであった。

山陽本線の電化工事は1964年7月に完成。東海道本線用の151系などは、10月1日から新大阪で接続する四国や九州方面の連絡列車に転用された。

新たに電化された広島以西の普通電車は2往復が設定されたのみで、客車列車の電車への置き換えは翌65年から本格的に始まった。

岡山、広島、下関に転入した80系

関西地区に113系を投入し、捻出された80系44両が、1965（昭和40）年2月に高槻電車区から広島運転所に転入した。初期車や2次車、300番代もあり、4・5・6両編成が組まれ、3月から岡山～下関間で運転を開始した。混雑時は10両編成や12両編成の運転もあり、客車列車の置き換えを進めていった。

また、同じ3月に広島以西で80系の準急が新設された。広島～小郡間の準急「周防」が1往復、岡山～下関間の準急「やしろ」が1往復、それぞれ5両編成で運転された。強力編成のため瀬野八越えも自力で走行したが、1965年10月に165系7両編成に置き換えられて、80系は準急運用から撤退した。

1965年8月には新前橋電車区から下関運転所に80系が転入し、10月から4両編成で広島～下関間の運用に入った。翌66年3月に下関区の80系全車が広島運転所に転出し、80系は岡山運転区と広島運転所に集中配置された。

新性能化で捻出された80系が続々転入

その後も都市圏の新性能化で追われた80系の転入は続き、短編成で使用するための先頭化改造が行われた。1967（昭和42）年3月にサロ85形を先頭化してクハ85形とし、使用を開始した。クハ85形は山陽本線に15両在籍し、サロの格下げ車だが先頭化改造されなかったサハ85形も7両在籍した。座席は改造されなかったため、クハ85形とサハ85形は人気があった。

1968（昭和43）年頃は大阪～下関間の広範囲で運転され、1972（昭和47）年3月の新幹線岡山開業、1975（昭和50）年3月の新幹線博多開業を迎えた。山陽本線から昼行の在来線特急や急行が姿を消し、普通電車の80系が地域間輸送の主役となり、全盛期を迎えた。

1975（昭和50）年の博多開業に際して下関運転所の165系が転出した

広島に到着した西条発広島行き普通。先頭のクハ85008は1950年度製の元サロ85008で、1965年9月にサハ85009に格下げされて、1967年6月に先頭化改造された。元二等車のため、80系最終増備車のモハ80形300番代より座席間隔は広かった。後ろは1949年度製の1次車モハ80004。
広島　1969年2月24日　写真／大那庸之助

ため、広島運転所の80系のほぼ半分が下関運転所に9年ぶりに転入した。この時に転入した車両の中にモハ80001とクハ86001があった。この後は移動することなく廃車となり、交通科学館で展示された。現在は京都鉄道博物館で展示され、山陰本線の車内から見ることができる。

300両以上が在籍し 1978年まで活躍

　山陽本線の80系は、1976（昭和51）年に岡山運転区、広島運転所、下関運転所で合計334両が在籍し、最盛期を迎えた。岡山運転区は6両編成または4両編成で、西明石〜広島間と赤穂線、宇野線を担当した。広島運転所は6両編成または4両編成、下関運転所は4両編成でともに岡山〜下関間を担当していた。最晩年の下関運転所は、広島運転所からクハ85形やサハ87形が新たに転入し、最大6両編成となった。

　しかし、新性能化の波は山陽本線

にも届き、岡山運転区では1977（昭和52）年8月から新製の115系が配置され、80系は1977（昭和52）年度と1978（昭和53）年度に廃車された。

　広島運転所は1977年9月に小山電車区から115系が転入し、80系の約半分が下関運転所に転出した。広島運転所にはさらに1978年10月に115系の新製車両と転入車両が配置され、同所の111系が下関運転所に転出。下関運転所の80系は1978年6月、岡山運転所の80系は1978年12月にそれぞれさよなら運転を行い、引退した。

山陽本線で晩年を過ごしたトップナンバー・クハ86001。写真は更新後で、前面窓や戸袋窓がHゴム化された。1次車の前照灯は半埋め込み型だったが、写真のように位置が下げられて埋め込まれる車両もあった。新前橋区時代は耐雪仕様の汽笛カバーだったが、岡山へ転入後に改造された。カバーのスリットがなぜか左右方向である。岡山　1967年3月31日　写真／沢柳健一

赤穂線

山陽本線の相生と東岡山とを結ぶ赤穂線は、山陽本線のバイパス線としての役割も担う。旧型国電の時代は51系と80系が活躍。クモハユニ64形は1両1形式のレア車両として知られていた。

高槻区所属の80系300番代による京都〜播州赤穂間の快速のサボ部分。赤穂線は電化当時から東海道・山陽本線〜播州赤穂間で快速の直通運転が行われた。しかし、1970年10月に新快速の設定後、赤穂線との直通運転が始まったのは1982年11月改正からで、上り京都行き1本が設定された。姫路　1967年3月29日　写真／沢柳健一

山陽本線のバイパス路線として建設

1922(大正11)年の帝国議会で「兵庫県有年から岡山県伊部を経て西大寺付近に至る鉄道」が、1936(昭和11)年の帝国議会で「赤穂付近より分岐して那波(現・相生)付近に至る鉄道」の建設が決まり、1936年から工事が始まった路線が赤穂線である。

太平洋戦争中の中止期間を経て戦後再開され、1951(昭和26)年12月に相生〜播州赤穂間が開通した。1955(昭和30)年3月には播州赤穂〜日生間が開業し、姫路から直通運転が始まった。引き続き工事が進められ、1958(昭和33)年3月に日生〜伊部間が開通した。

相生〜播州赤穂間で通勤や観光客が増えたことから電化工事が始まり、1961(昭和36)年3月に相生〜播州赤穂間の電化が完成。米原などから

80系の快速電車が4〜6両編成で赤穂線に乗り入れ、電車運転が始まった。未電化の播州赤穂〜伊部間は気動車で運転された。1962(昭和37)年9月に伊部〜東岡山間が開通し、相生〜東岡山間の全線が開通した。

赤穂線は建設当初、山陽本線が通る難所の船坂峠越えを避けており、相生〜東岡山間の距離が短いことから、新山陽本線とする計画があった。しかし、地盤が軟弱のためローカル線として完成し、バイパス路線とされた。

開通後13日目に山陽本線吉永で事故が発生し、特急や急行が赤穂線経由で運転された。特急「かもめ」「みどり」は気動車のためそのまま通過できたが、急行「霧島」はC58形が牽引し、特急「第2つばめ」はC11形が重連で牽引するなど、実際にバイパスの役割を果たした。

全線電化後は電車急行も運転

全線電化は1969(昭和44)年10月に完成し、DC1往復を除いて電車化された。入線試験では485系も入線し、バイパス機能の確認が行われた。

優等列車が初めて運転され、153系・165系混合編成の急行「とも」と「鷲羽」が各1往復乗り入れた。1972(昭和47)年3月に急行「つくし」「べっぷ」の1往復に変更されたが、1975(昭和50)年3月の新幹線博多開業で全廃された。

普通は岡山運転所の旧型国電51系と80系の4両編成が使用され、姫路〜岡山間の直通運転が始まった。80系は先頭車化改造されたクハ85形が運用に入ることもあった。岡山運転所は1965(昭和40)年7月に、岡山機関区の客車区と電車区が分離独立して開設された運転所で、赤穂線の車両は宇野線、山陽本線の区間運転用と共通運用であった。

しかしクモハユニ64形のみは赤穂線専用で、検査などで運用を外れるときはクモユニ81形が運用に入った。クモユニ81形は2両あり、1両を宇野線に使用していたため、クモハユニ64形が宇野線で使用されることはなかった。

赤穂線の地域輸送を支えた51系

電化翌年の1970(昭和45)年3月当時、51系は2両編成と4両編成があった。4両編成は混雑時間帯に2本を組んだ8両編成となる運用があり、

1往復が赤穂線に入線した。2両編成はクモハ51形+クハ68形で、赤穂線専用であった。運用は2本組んだ4両編成で、クモハユニ64形を全室荷物車として岡山側に併結し、5両編成で運用された。

赤穂線を走る51系には特別な装備がされていた。運転台にある貫通扉の開き戸にはドアクローザが設けられ、風圧で扉が急に開かないようにされていた。また、床面の点検蓋の金具はねじ止めがされ、風圧で蓋が外れないようにしてあった。これらは伊里～日生間に6カ所あるトンネルで、通過時に起きる風圧の対策であった。

1972(昭和47)年3月には運用は朝夕のみとなり、運転区間は岡山～播州赤穂間となった。直通運転や他の運用は80系が担当した。1976(昭和51)年に51系は運用から外れて、すべて80系の4両編成または6両編成となった。そして、1978(昭和53)年12月に旧型国電の運転は終了した。

1両1形式のレア車両 クモハユニ64形

クモハユニ64形は1両1形式の車両で、1969(昭和44)年9月に大糸線から転入した。身延線時代に非貫通の運転台が増設されて両運転台車となり、転入時の座席はセミクロスシートであった。岡山運転所では新設された側の平妻運転台が貫通化され、幌枠が設置され、ロングシート化された。これは先述の通り全室荷物車として使用する場合、セミクロスシート車は荷物を搭載するには不適当だったため改造されたと考えられる。

当初は赤穂線だけで使用されたが、次第に使用頻度が減り、車両検修時期を延ばすために3カ月ほど第一種休車になったり、府中電車区に3カ月ほど貸し出されたりした。

1977(昭和52)年9月に静岡運転所に転出し、翌78年8月に伊那松島機関区に移り、最後は飯田線で活躍した。飯田線の最晩年は1両1形式であることや、車体色がぶどう色からスカ色になった最後の車両だったことから注目を集めた。

さて、現在の赤穂線は、播州赤穂で運転系統が分けられ、全線を直通する列車はない。また、赤穂線内で優等列車の定期運転は行われていない。山陽本線からの乗り入れは朝夕に新快速が数本乗り入れており、最長の新快速は播州赤穂～敦賀間で運転されている。岡山側は山陽本線の福山や伯備線の新見まで、普通の直通運転が行われている。

宇野線

本州と四国を宇高連絡船が結んでいた時代、宇野線は山陽本線と連絡船をつなぐ重要路線だった。普通には51系と80系が充当されていた。JR発足後には、一時的に旧型国電が復活した。

現在も本四連絡の 使命を果たす

山陽鉄道は自社線の岡山と高松とを結ぶため、岡山～高松間の航路を1906(明治39)年3月に開設した。1904(明治37)年12月に買収し、自社線とした讃岐鉄道(高松～琴平間)と接続するためである。

しかし、岡山から港のある京橋までは距離があり、川船で旭川を下り三蟠港(さんばんこう)で連絡船に乗り換える必要があるため、開設当初から不便なことは明らかであった。駅で直接乗船して所要所間を短縮する考えは航路開設前からあり、開設する直前の取締役会では岡山～宇野間を宇野湾鉄道として建設することが決定していた。

1904(明治37)年1月に仮免許を受けたが、日露戦争の影響で炭鉱のある大嶺線の着工が優先され、こちらは保留とされた。また、本免許を受けたのが国有化される前月の1906(明治39)年11月のため、山陽鉄道は着工できなかった。

そのため、宇野線となる岡山～宇野間の建設は国が行い、1907(明治40)年に着工され、1910(明治43)年6月に開通した。宇野駅は連絡船に直接乗降できる構造とされ、同時に宇野と高松とを結ぶ宇高航路も開設された。

以降、瀬戸大橋が完成するまで80年近く、岡山と宇野を結ぶ宇野線と宇野と高松とを結ぶ航路が、本州四国連絡のメインルートであった。

1988(昭和63)年4月に瀬戸大橋が完成し、本四備讃線が開業。本州と四国が鉄路で結ばれ、本四連絡のメインルートは岡山～茶屋町間は宇野線、茶屋町から本四備讃線を通るルートに変更された。

宇野駅の連絡船に直接乗降できる設備は撤去され、茶屋町～宇野間は地域間輸送が中心の路線となった。宇野線は茶屋町を境に役目は変わったが、現在も路線名と区間に変更はない。

1935年度製の半流線形3扉セミクロスシート車クモハ51005以下。新製配置は関東で、戦時中にロングシート化されてモハ41060となり、関西の42系と引き換えに関西入りした。1952年3月にセミクロスシートに復元されて車番も元に戻り、1964年9月に岡山区へ転入した。岡山　1967年3月31日
写真／沢柳健一

宇野線が電化され電車特急が直通運転

　山陽本線姫路〜岡山間の電化工事に合わせて宇野線を電化するため、利用債という鉄道債券を地元県民が引き受けて、宇野線の電化が実現した。姫路〜上郡間は先に1959（昭和34）年9月から電車運転を始めており、1960（昭和35）年9月の岡山電化では山陽本線上郡〜岡山〜倉敷間、宇野線岡山〜宇野間が同時に電化開業した。

　電化とともに京都・大阪〜宇野間に準急「鷲羽」が新性能電車153系で運転を開始した。また、蒸気機関車が牽引する客車列車は電気機関車に交代し、区間運転の普通に使われていた気動車は、旧型国電に置き換えられた。

　翌61年から宇野線に東京・大阪から新性能の電車特急「富士」「うずしお」や、伯備線経由で博多とを結ぶ気動車準急「しんじ」が運転されるなど華やかな時代を迎えた。また、宇野線内の区間運転の一部や姫路から直通する快速は、153系の間合い運用で運転された。

山陽本線の一部区間と宇野線で共通運用

　電気機関車や旧型国電は岡山機関区に配置され、旧型国電は山陽本線三石〜倉敷間と宇野線全線の両線を共通運用で運転された。

　岡山機関区に配置された旧型国電はクモハ32形、クモハ51形、クハ68形、サハ78形の4形式であった。クモハ51形、クハ68形は3扉セミクロスシート車、クモハ32形、サハ78形は4扉ロングシート車で、4両編成または2両編成が組まれた。

　クモハ32形は両運転台で、クモハ51形が検査などで編成を離れた時に使用する予備車的な存在であった。

　クモハ51形はオリジナルのほかに、モハ43系の高速台車と交換し、後にセミクロスシート化された元モハ40形、モハ41形、3扉セミクロスシート化された元モハ43形などバリエーションは豊富であった。ほかにベンチレータの数やリベットの有無などの違いもあった。配置両数が他形式より多く、編成の中間に入れてサハ代用で使用することもあった。パンタグラフを下げた場合と上げたままの場合があり、上げる場合

はMG、CPを稼働し、モータはカットして使用された。

　片隅運転台の車両は1963（昭和38）年から全室運転台に改造され、後に一部は府中電車区に転出し福塩線で使用された。

　珍しい車両では、1964（昭和39）年8月から併結して使用されていたクモニ13形に代わり、クモユニ81形が転入した。宇野側に併結され、他の車両の車体色はぶどう色だが、この車両のみ1979（昭和54）年に廃車となるまで湘南色のままであった。

　当初、行先表示板は前面を使用していたが後に側面に変更された。

宇野線に集結した個性派揃いのサハ

　1963（昭和38）年には、多くの種類の旧型国電が宇野線に集まった。クモハ51形やサハ78形などが追加で転入し、17m車で3扉ロングシートのクハ16形やサハ17形、20m車で3扉ロングシートのクモハ41形が新たな車種として転入した。以降はロングシート車、17m車、4扉車は転出し、3扉セミクロスシート車が中心となった。

　サハ78形の代わりにサハ48形が

4両まとめて1964（昭和39）年2月に転入した。018、027は32系のオリジナルのサハで、トイレ付きの2扉クロスシート車である。製造年度が異なるためリベットの数に差がある。

040、041は元皇族用電車クロ49形で、2両とも転入した。2扉クロスシート車でこちらはサロハに改造された時にトイレが撤去されている。

続いて転入したサハ58形はサハ48形を3扉化改造したセミクロスシート車で、6両とも1964年8月から1966（昭和41）年12月に転入した。000は1次流電サハ48029の改造車、020・021は2次流電サハ48030・31の改造車で、3両ともトイレは撤去されていた。

010・011は半流43系サハ48032・033の改造車で、2両ともトイレ付きであった。050は2次流電サロハ66017の改造車でトイレは撤去されていた。雨樋が張り上げの位置に残る唯一の車両であった。このように、流電52系・半流43系のサハ48形5両の全車が集結することになった。

最後にサハ57形が1966（昭和41）年12月と1971（昭和46）年1月に転入した。4両とも京浜線で使用されたサロハ56形で、1943（昭和18）年に座席が改造されてサハ57形に編入された。最後に転入した052のみ3扉ロングシート車であった。

旧型国電の終焉とひとときの復活

その後、51系の山陽本線の運用は減少し、1972（昭和47）年3月からは早朝の三石→岡山→宇野、深夜の岡山→三石のみが残った。基本は4両編成で運転されたが、朝の8両編成は残されていた。

そして1976（昭和51）年に岡山運転所に115系が転入し、51系から80系4両編成または6両編成に置き換えられた。その80系も1978（昭和53）年12月に赤穂線の運転が終了。その翌日に宇野線の運転も終了し、旧型国電の運転が一旦終了した。

国鉄分割民営化後の1988（昭和63）年4月に本四備讃線が開業。茶屋町～宇野間の旅客数が大幅に減るため、単行または2両編成で運転が開始された。用意された車両は旧型国電の両運転台車クモハ84形3両で、クモニ83形を改造した2扉ロングシート車である。

クモニ83形はモハ72形やクモハ73形を改造した両運転台の荷物電車で、冷房はなく、元の荷物扉の位置を生かしたため客用扉は変則的な位置となった。

しかし1995（平成7）年7月に阪和線から転入した両運転台の新性能車クモハ123形と交代し、運転を終了した。

80系と並ぶ岡山臨港鉄道キハ1003。撮影当時、すでに51系の姿はなく、宇野線の旧型国電は80系だけであった。右の岡山臨港鉄道は1984年12月廃線となり、大元駅は高架化されてかつての面影はない。しかし、キハ1003は紀州鉄道に移り、現在も某所で保存されている。
大元　1978年8月5日　写真／森中清貴

呉線

海軍の軍都として栄えた呉は、山陽鉄道の複線化とともに官鉄により敷設が進められた。電化は1970年と遅く、80系と73系が投入された。73系はアコモデーション改造も行われた。

山陽鉄道から分岐軍都を結ぶ重要路線

1890（明治23）年、広島県呉に海軍の鎮守府が置かれ、1892（明治25）年の「鉄道敷設法」にて海田市～呉間の建設が計画された。当時、山陽本線は山陽鉄道の路線であったが、呉線は官鉄線として1901（明治34）年5月に工事が始まった。

山陽鉄道は、広島～海田市間を複線化することで広島～呉間を直通できるため、1903（明治36）年4月から線増工事を開始した。同03年12月に官鉄呉線海田市～呉間と、山陽鉄道広島～海田市間の複線化が同時に完成した。

1904（明治37）年12月から山陽鉄道は官鉄呉線を借り受けて営業を行い、1906（明治39）年12月に国有化された。未成線の三原～呉間のうち三原～三津内海（現・安浦）間は三呉線、呉～広間は呉線として建設され、1935（昭和10）年11月に広～三津内海間が全通し、全線が呉線となった。

戦前は東京と広島を呉経由で結ぶ急行が太平洋戦争末期まで運転されたほか、広島～広間で多くの区間列車が運転された。戦後は区間運転がなくなり、急行は1946（昭和21）年3月に復活した。後の急行「安芸」である。

ウグイス色の73系と80系と荷物電車

呉線の電化は1970（昭和45）年10

1950年度製の前面2枚窓クハ86038以下。ホームに人影がないことから通過中の快速と思われる。80系は快速のほとんどを担当し、普通は4・6・8両編成で使用された。73系は普通を中心に使用され、後に71系も転入した。新性能化直前の呉線は、多彩な車種が揃う路線となった。坂　1978年3月16日　写真／松尾よしたか

月に完成した。優等列車を含め、気動車と客車列車の多くは電車化され、急行「安芸」は運転区間が変更されて電車化された。客車は急行「音戸」1往復と普通4往復のみとなり、電気機関車の牽引に変更された。

　車両は広島運転所の80系と73系が充当され、行先方向板は側面のみを使用した。80系は4両編成または6両編成で使用され、快速にも運用された。

　73系は電化当初、3両編成が基本で3、6、9両編成の運転であった。TcとTにトイレが設置され、車体色はウグイス色（黄緑6号）単色だった。トイレが設置された車両は改番されなかったが、クハ79482のみクハ79501に改番された。

　荷物電車はクモユニ74形とクモニ83形が使用され、73系はクモユニ74形を糸崎側に連結し、80系は両形式とも広島側に連結された。

　翌71年度はサハ78形を除く73系が転入し、Mc＋T＋Mcの編成が強化された。

老朽化した73系のアコモ改善計画

　73系は入線当初から老朽化が進み、冬季の長時間停車時に4扉とも開放されると車内温度が低下するなどの問題が多かった。特に三段窓はすきま風が多いため、車内保温と老朽化対策として次のアコモデーション改善工事が1971（昭和46）年度から実施された。

❶ 車内内部を透明ラッカーで塗装
❷ 暖房器の増設
❸ 客用扉のうち両側の扉を閉め切り、中間2枚を半自動扉化
❹ すきま風対策として、三段窓からアルミサッシの二段窓化
❺ 連結面側の貫通引戸を設置
❻ 座席モケットの張り替え

　これらはアコモ改善工事のB工事と呼ばれ、二段窓の窓桟が1対2の高さにあるのが特徴である。この改造内容は、原則として他線に転出しない、この線で廃車となる予定の車両に実施された。これらの改良工事で「コンテナ電車」の汚名返上が図られ

た。さらに後年、前面の窓まわりの上下にオレンジ色の警戒色が追加された。

　5年以上の延命をするための工事でクハ79308から落成したが、この車両は可部線に移り、1985（昭和60）年まで長寿を誇った。

普通客車列車を電車化10両固定編成が登場

　呉線に4往復残っていた普通客車列車は、1974（昭和49）年4月と翌75年2月に電車化された。電車化用に1974年から転入した車両はぶどう色のままで、クモハ73形やクハ79形には当時、可部線に行われていた警戒帯が入れられたが、のちにすべてウグイス色に塗り替えられた。

　また、サハやクハのトイレ設置は見送られ、他の73系は側窓の二段窓化が行われなかったため、モハ72503のように戸袋窓を含めて三段窓のままで廃車となった車両もある。

　1974年に客車列車を電車化することになり、代替用に73系の10両固定編成が登場。1975（昭和50）年

に編成が分解されて4両編成が現れた。混雑時は3両編成と組み合わせて4両＋4両＋3両の10両編成や4両＋4両の8両編成で運用された。

山線用の71系が転入 115系の投入が始まる

　1976（昭和51）年3月に中央東線の新性能化により、三鷹電車区から山線用の低屋根車71系が転入した。中間車は低屋根のモハ71形で、先頭車はクハ76形の3扉セミクロスシート車である。ここでは70系と区別するため71系と表記する。

　モハ71形は、登坂能力を高めるためモハ70形に比べてギア比を上げて

おり、低速な車両だが、最後は試作車を含めて全車が呉線に集まり、4両＋4両編成の8両編成や、4両＋6両編成の10両編成で使用された。

　他に唯一の300番代のクハ76306や元クハ76005の事故復旧車クハ76351など、珍しい車両も在籍した。71系の転入により一部の73系は可部線などに移り、71系の中間にモハ72形が組み込まれる編成が現れた。

　一方で115系の増備が進み、呉線の80系、71系、73系はほぼ同時に引退した。1978（昭和53）年12月に広島運転所の71系・73系によるさよなら運転が行われて呉線の71系、80系は全廃となった。しかし73系のう

ちクモハ73形やクハ79形の一部は可部線に転属した。

クハ86形1次車の前面は更新で形態が分かれた。前照灯は従来の半埋め込みと位置を下げて埋め込むタイプ、前面窓はHゴムの周囲が一段凹むものと側板と同一平面のタイプ、運行灯はそのままとHゴムとなったタイプなどで、これによりある程度車番が絞り込めた。
呉　1976年8月7日　写真／森中清貴

福塩線

福塩線は、軌間762mmの両備鉄道時代に電化されたため、国有化された路線で唯一の電化ナロー鉄道だった。改軌後、旧型国電の運転が始まり、70系が最後に走った路線となった。

国有化された路線で 唯一の電化ナロー鉄道

　福塩線は、両備軽便鉄道が1914（大正3）年7月に両備福山〜府中町（現・府中）間を開業したことに始まる路線である。軌間は762mmで、国有化後の1935（昭和10）年まで改軌されなかった。両備福山は山陽本線福山駅の東側約250mの場所にあり、路線は北東に進み、奈良津隧道を越えて横尾を結んでいた。この路線は改軌の際に現在のルートに変更された。

　1922（大正11）年4月に神辺〜高屋間の高屋支線が開通した。こちらは買収対象から外され、神高鉄道として分離された。1940（昭和15）年1月に井笠鉄道に譲渡後、同線の神辺線となり、1967（昭和42）年4月に廃線となった。

　さて、両備軽便鉄道は1926（大正15）年6月に両備鉄道へ改称され、翌27年6月に全線が電化された。国有化後にケED10形となる電気機関車（国鉄唯一のナローの電気機関車）が

客車を牽引する方法で運転され、電圧は600Vを採用した。国有化は1933（昭和8）年9月で、福塩南線となった。同時に糸崎機関区福山分庫が置かれ、ナローゲージのまま買収

切妻車体の17m車で、客用扉間の窓配置が2枚1組のため、元モハ30形のクモハ11形100番代である。運転台窓のみHゴム化されている。関西以東で使用される行先表示板を掲示する箱が撤去され、関西で使用される引っ掛け式の行先表示板受けが付けられている。
福山　1965年9月23日　写真／沢柳健一

143

ダブルルーフの30系モハ30147で、1953年6月の改番でモハ11045となった。改番の翌7月に丸屋根化され、通風器が5個タイプのモハ11111となった。撮影当時はクモハ11111となっているが、尾灯は珍しい引掛け式である。尾灯とは逆に運転室窓はHゴム化となり近代化されている。
福山 1965年9月23日 写真／沢柳健一

された唯一の路線となった。

非電化区間は同33年11月に福塩北線として田幸（現・塩町）〜吉舎間が開業し、1935（昭和10）年11月に吉舎〜上下間が開業した。同35年12月に改軌され、木製の旧型国電モハ1形6両とクハ6形3両が新たに開設された府中町電車区に配置された。1938（昭和13）年7月に府中町〜上下間が開通し、福塩南線は福塩線と改称されて全通した。

昇圧し社形を投入さらに旧型国電を投入

戦後は1948（昭和23）年6月から旧鶴見、南武等の社形に置き換えることから始まった。翌49年3月に750Vに昇圧され、12月に車種を統一するために木製の旧型国電が集められモハ1形、クハ6形、サハ19形、サハ25形が集中配置された。しかし木製車の淘汰が始まり、再び社形が横川区や静岡鉄道管理局から転入し、木製車は1952（昭和27）年6月に姿を消した。

1953（昭和28）年7月に鋼体化されたモニ13形が転入し、同年10月から荷物車の併結運転を開始した。1954（昭和29）年4月に府中町〜下川辺間が電化され、福山から直通運転が開始された。

長らく社形の使用が続いていたが、1955（昭和30）年11月に鋼製の旧型国電モハ11形が転入し、社形の電動車は一掃された。

モハ11形には下記の3種があった。
❶ ダブルルーフの旧モハ30形の0番代
❷ 旧モハ30形の丸屋根改造車100番代
❸ 鋼体化車両の旧モハ50形の400番代

電圧が600Vのため、モハ11形は主電動機やコンプレッサなどの配線を変更して使用された。1956（昭和31）年12月に、府中町電車区が市制施行で府中電車区と改称。翌57年3月にクハ16形が転入し、社形の淘汰が始まり、1959（昭和34）年3月に社形の置き換えが完了した。

この後、1960（昭和35）年までにクモハ12形が転入し、福塩線はクモハ11形、クモハ12形、クハ16形、クモニ13形の17m車で統一された。

山陽本線三原電化前に1500V昇圧が完成

山陽本線の倉敷〜三原間が1961（昭和36）年10月に電化開業し、直前の8月に福塩線の電圧は山陽本線に合わせて750Vから1500Vに昇圧された。電車は笠岡〜三原間の区間運転を担当したほか、下川辺→福山→笠岡→糸崎→福山の1本が運転された。普通の客車列車が多い中、地域区間輸送に充当された。

線内では府中〜下川辺間の電車運転が1962（昭和37）年3月に中止され、荷電の運用は翌63年7月に終了した。以降、クモニ13031は牽引用などの事業用車として長年使用された。また、福塩線から山陽本線の直通運転は、トイレがないため1963（昭和38）年9月に中止された。

17m車時代の行先表示板は側面のみ表示され、乗降扉は自動扉で半自動扉ではなかった。運行番号は運行表示窓を使用せず、車掌側の窓の内側から表示された。これは運行表示窓のない車両が多かった時代の名残で、70系から運行表示窓が使用された。

置き換えの途中から車体色を変更

17m車の運転が続く中、1967（昭和42）年6月に岡山運転区から初の20m車クモハ51067が転入した。クモハ51形は1両でクモハ12形と同様に付属用として使用され、2両編成の福山側に連結された。

日本鋼管（現・JFEスチール）福山工場への通勤客の増加や教育機関の移転や新設で、セミクロスシートよりロングシートの方が混雑時に輸送力を発揮できることから、南武線の中原電車区から1969（昭和44）年4月にロングシート車のクモハ41形035、5月に017、025、6月に043が転入。4両とも幌が取り付けられ

た。クモハ41形は付属として使用され、クモハ51形は基本2両編成に入った。

　編成のバリエーションは増え、基本2両編成+付属1両の3両編成、基本2両編成×2本、基本2両編成+付属1両×2両の4両編成が現れた。このため電動車の17m車は廃車が進み、1970（昭和45）年3月にはクモハ11形、クモハ12形で合計6両が残るのみとなった。

　1971（昭和46）年2月から、イメージチェンジと汚れを目立たなくするため、車体色が青20号に変更された。これは当時、0系新幹線の窓まわりに使用されていた濃青色である。クモハ41032+クハ55200から新塗装で登場し、これまでのぶどう色や、片町線淀川電車区から転入した朱色のクモハ41028や021と連結して運用を開始した。

　これまでクハは17m車のみだったが、すべて3扉ロングシート車のクハ55形や3扉セミクロスシート車のクハ68形に置き換えられた。また、電動車も予備車のクモハ12形2両と牽引兼入換車となっていたクモニ13形を残し、1971（昭和46）年9月までに20m車への置き換えが完了した。

　クモニ12形015は1973（昭和48）年2月に廃車となったが、040は牽引車として改造されて仙石線に移り、1982（昭和57）年12月まで活躍した。

　クモニ13形031は1976（昭和51）年8月に岡山運転所のクモハ32形に役目を譲った。クモハ32形は戦時中に2扉クロスシート車のモハ42形を4扉ロングシートに改造した車両である。車体色はぶどう色単色であった。

70系が最後に運行された路線

　1976（昭和51）年秋に80系が入線試験を行い、1977（昭和52）年6月に阪和線の鳳電車区から70系が4両入

線し、7月に運転を開始した。車体色は阪和線と同じスカ色で、行先表示板は側面に表示する方法から、前任地の阪和線と同様、前面に引っ掛ける方式に変更され、運行灯の使用も始まった。

　当初は4両固定編成で運転されたが、短期間で2両ずつとなり、クモハ51形やクハ68形+クモハ51形が連結されて3両から4両編成で運転された。当時の福塩線の車両は青20号で塗装されていたが、岡山運転所から転入して日の浅い車両はぶどう色のままのため、スカ色の70系と青

20号、ぶどう色の旧型国電を連結した3色混結の4両編成が出現した。同年10月までに70系が合計24両転入し、置き換えが完了した。

　70系に編成が統一された後は4両編成を基本とした。0番代が1本、300番代が4本に各番代の予備車が2両ずつあり、多くが全金属製車両の300番代が占めていた。しかし1981（昭和56）年1月から105系が入線し、2月から70系と置き換えが始まり、クモハ32形と70系は同81年3月までに全車が引退した。これにより、70系はすべて営業運転を終了した。

高架化前の福山駅に停車中のクモハ12040以下3両編成。クモハ12040は丸屋根改造車クモハ11153を1960年4月に両運転台化改造し、クモハ12形40番代としたもの。1両1形式の車両だったが、後にクモヤ22112を営業車化したクモハ12041が登場し、リニア・鉄道館で保存されている。福山　1965年9月22日　写真／沢柳健一

福塩線を走るクハ16形200番代+クモハ11形+クモハ12形の3両編成。奥の戸袋窓がHゴムの両運転台車はクモハ12012で、1951年2月にモハ31049を山手線の増結用に両運転台化してモハ34033とし、1953年6月にクモハ12012と改番したもの。増設した運転台側のみ貫通で、パンタ側は非貫通である。雨樋は前後とも一直線で前面は31系の名残を残す。横尾～神辺間　1968年3月18日　写真／沢柳健一

可部線

広島郊外を走る可部線は、最盛期に三段峡まで敷設されたが、旧型国電が運転されたのは当時の電化区間の横川〜可部間のみである。本稿では、この区間のみを取り上げる。

当時、可部線から広島へ直通列車は数本で、写真はその1本。クモハ11形＋クハ16形を2本併結した4両編成である。窓の高さから、先頭車がダブルルーフの元モハ30形の丸屋根改造車、次の2両が鋼体化改造車の元クハ65形と元モハ50形、最後尾が元31系のクハである。広島 1967年3月31日
写真／沢柳健一

買収時は改軌済みだが
ポール集電で走行

広島軌道が1906（明治39）年11月に創立され、1908（明治41）年8月に大日本軌道と合併。同社の広島支社として建設され、1909（明治42）年12月に横川〜祇園（廃止）間が軌間762mmで開業。1911（明治44）6月に可部まで延伸された。

1919（大正8）年2月に可部軌道が買収し、さらに広島電気が1926（大正15）年5月に買収した。そして軽便軌道による蒸気運転から、改軌と電車運転が計画された。1930（昭和5）年1月までに全線が軌間1067mmに改軌され、600Vの電化線路に改められた。翌31年7月に広島電気が出資する広浜鉄道が設立され、全線が譲渡された。

国有化は1936（昭和11）年9月に実施されて可部線となり、社形は90形として引き継がれた。モハ90形5両、モハ91形2両、モハニ92形2両はすべてポール集電で、国有鉄道では院電時代以来、久々の集電装置であった。なお、モハ90005は現在も熊本電鉄でモハ71形として保存されている。

1940（昭和15）年6月から1942（昭和17）年2月にかけて、木製の旧型国電モハ1形とクハ6形が転入。混雑時には2両編成で運転された。

原爆で9両が被災
他社の社形で補う

1945（昭和20）年8月6日、広島に原子力爆弾が投下され、横川駅と横川電車区に居合わせた6両が焼失し、3両が大破したが、2両が幡生工場に入場中、4両が安芸長束以北にいたため無事であった。

焼失した車両の代替に府中町区からモハ1027を借り入れ、1945年12月から翌年にかけて鶴見臨海鉄道の社形が転入し、翌46年以降も社形や省形木製車の転入が続いた。

鶴臨の社形は集電装置のパンタグラフをポールに交換して使用していたが、1948（昭和23）年10月に750Vへ昇圧されるのに合わせてパンタグラフに変更された。

整備の効率を上げるため1949（昭和24）年から車種が統一され、電動車の省形は府中町区に、鶴臨の社形の多くは横川区に集められた。

広浜鉄道の社形は1953（昭和28）年3月にすべて廃車され、翌54年1月から電動車用に南武の社形が集められた。

鋼製の旧型国電が
初めて転入

国鉄最小の電車区だった横川電車区に、初めて鋼製の旧型国電が転入したのは1957（昭和32）年3月であっ

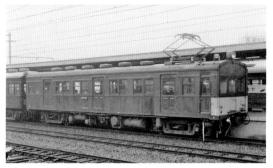

2023年に解体されたクモハ11117の現役当時の姿。1953年6月の改番でダブルルーフのままモハ30123からモハ11035に改番され、1955年2月に丸屋根化されてクモハ11117となった。17m車時代の可部線の車両はぶどう色で、前面腰板部に警戒色が塗られていた。
横川　1967年3月30日　写真／沢柳健一

元モハ31系のクモハ11205。31系は登場時から丸屋根で、1929年度製と1930年度製で台枠は異なるが、クモハ11形200番代にまとめられている。100番代との前面の違いは、左の写真の車両が切妻であるのに対し、200番代は屋根の端が曲線で前面につながっている。
横川　1967年3月30日　写真／沢柳健一

横川発可部行きのクハ16444。改番前は鋼体化改造車50系のクハ65形である。50系は元木製車の台枠のため、モハ・クハとも30系や31系に比べて台枠が200mm 短い。車端部に2つ並ぶ窓の幅が異なれば元50系のクモハ11形400番代またはクハ16形400・500番代である。
横川　1967年3月30日　写真／沢柳健一

単行運転を行うクモハ12017。145ページのクモハ12012とほぼ同じ経歴で両運転台車となった元31系である。戸袋窓が木枠のままで、クモハ12012よりも31系の名残を残す。私鉄時代からの伝統で自動連結器を備え、1976年3月に73系と交代するまで続いた。
横川　1969年2月24日　写真／大那庸之助

た。モハ11形、モハ12形とクハ16形が転入し、当時の架線電圧は750Vのため電動車は降圧改造が施された。連結器は社形時代からの伝統で自動連結器に交換された。

　省形の入線で、電動車の主力だった南武の社形はこれまでとは異なり廃車されず、富山港線に転出した。

　1959（昭和34）年2月に可部線管理所が発足し、横川電車区は統合された。1962（昭和37）年4月に750Vから1500Vに昇圧。車両は省形の17m3扉ロングシート車に統一され、社形は廃車された。

　1962（昭和37）年5月に広島運転所が開設され、三原～広島間は同62年6月に電化された。車庫は可部線管理所から広島運転所の一角にある広島運転所矢賀派出所（広島駅北東側、芸備線矢賀付近）へ移管された。

　横川～広島間は1965（昭和40）年10月に電化され、横川から車庫まで自力回送できるようになり、1往復が回送から営業運転に変更された。後に1日数本が広島発着となったが、ほとんどは横川発着であった。現在の可部線は全列車が広島または一部が呉線に直通しているが、全列車が広島まで乗り入れるようになったのは国鉄分割民営化以降である。

　17mの車両はこれまでぶどう色2号単色だったが、1966（昭和41）年2月から前面に高さ650mmの警戒色が黄色で塗られた（当初はクリームという話もある）。

個性派揃いの 17m車3形式が活躍

　1970（昭和45）年当時、車両は3形式あり、いずれも出自の異なる車両揃いであった。

❶ クモハ11形：100番代（旧モハ30形）、200番代（旧モハ31形）、400番代（旧モハ50形）

❷ クモハ12形：010番代（旧モハ34形改造）、020番代（旧モハ11形200番代改造）、030番代（旧モハ11形400番代）、050番代（旧クモハ11200番代改造）

❸ クハ16形：200番代（旧クハ38形丸屋根改造）、400番代（旧クハ65形）

　特にクモハ12形の020、021は、第2運転台の乗務員扉の高さがウインドヘッダまでしかないなど、番号により形状が異なっている。基本編成は2両編成、付属はMcまたはTcで、単行運転から5両編成で運用された。

　行先表示板は側面に表示され、珍しい点では自動連結器が使用されていた。数本の列車で荷物輸送が行われ、下りは横川寄り、上りは可部寄りの1/3に仕切りを設けずに荷物を積載していた。

　17m車は1976（昭和51）年3月に引退するまで使用された。そのうち

旧型国電　路線別車両案内

147

クモハ11117は下関総合車両所に長年保存されていたが、2023（令和5）年2月に解体された。

呉線から転入した73系に統一される

呉線に71系が転入し、呉線用の73系の一部が可部線で1976（昭和51）年4月から使用を開始した。可部線初の20m車で、クモハ73形とクハ79形の2形式を使用した。自動連結器は使用されず、73系から密着連結器となった。

車体色は呉線時代と同じウグイス色（黄緑2号）で、窓周囲はオレンジ色の警戒色が塗られていた。行先表示板は側面に表示された。

編成は基本2両編成のみで、最大4両編成で使用された。数本の広島直通に加えて、海田市まで1往復乗り入れる運用があった。

73系のクモハとクハは12両ずつ在籍し、特筆される車両を紹介する。

クモハ73形

車体更新の時期が近付いた1959（昭和34）年度から、整備改造の試作工事が大井工場と吹田工場で実施された。

クモハ73001　1960（昭和35）年度に吹田工場で実施された車両の1両。前照灯を妻面に埋め込み、前面窓と戸袋窓がHゴム化された。側面以外に前面にもシルヘッダがあるのが特徴で、二段サッシ化された側窓の窓桟は、中央ではなく1対2の位置にある。トップナンバーのクモハ73001はお別れ運転の先頭に立ち花道を飾った。

クモハ73313　車体がシルヘッダ付きのオリジナルタイプだが、台車は軸箱を両側にコイルバネで支持する方式のDT14を装備した。1962（昭和37）年度から整備改造の量産工事が始まり、ノーシルノーヘッダで戸袋窓や前面3枚窓がHゴムの車体となった。側窓は二段サッシで、窓桟は中央の位置にある。

クモハ73009・259　前面に方向幕がない。

クモハ73021・027　前面に方向幕がある。可部線には有無両タイプが在籍したことになる。

クハ79形

クハ79004　戦中に製造された7両の1両で、1944（昭和19）年6月に木製車クハ15形を改造した車体更新車である。クハ79形は資材不足のため製造が計画通りにできず、番号は飛んでいるため、トップナンバーは002で004、005、009と製造された。

クハ79108・214・218　旧モハ63形を整備した車両（501は呉線の項に記述）。

上記以外は当初から73系として製造されたオリジナル車である。

多種多様な24両が活躍した可部線の73系だが、1984（昭和59）年5月から代替車として105系の配置が始まった。73系は同84年10月末に運転を終了した。

73系を本格的に再更新するため、その試作として1959年度に大井工場、翌年度に吹田工場で整備改造が行われ、クモハ73001は1960年度に吹田工場で実施された。前照灯の妻面への埋め込み、前面、運行灯、戸袋窓のHゴム化、運転室との仕切り窓の拡大などが行われた。三滝〜安芸長束間　1984年5月15日　写真／森中清貴

宇部線・小野田線

宇部線と小野田線はそれぞれ違う会社として設立され、複雑な歴史がある。宇部新川〜長門本山間では2003年3月までクモハ42形が運行され、旧型国電が最後まで定期運行された路線である。

2つの私鉄を統合して現在の路線となるまで

宇部線と小野田線は、それぞれ宇部鉄道、小野田鉄道を起源とする路線で、宇部鉄道は1943（昭和18）年の国有化前に宇部電気鉄道と合併している。国有化後は、小野田港〜居能〜宇部（現・宇部新川）間を中心に路線の変更が重ねられ、1952（昭和27）年4月に現在の路線が完成した。

宇部軽便鉄道→宇部鉄道→宇部線

宇部線は山陽本線が宇部の町から離れて敷設されたため、町と本線を接続する私鉄として建設された。

1914（大正3）年1月に西宇部（現・宇部）〜助田（のち宇部、現・宇部新川）間が宇部軽便鉄道により開通し、1921（大正10）年10月に宇部鉄道へ改称、1925（大正14）年3月に小郡（現・新山口）まで全通した。軽便鉄道の社名だが、石炭を直通運転するため、計画途中から1067mmで敷設された。

　当初は蒸気機関車が客車を牽引していたが、1929（昭和4）年11月に1500Vで電化されて電車運転となり、1936（昭和11）年にガソリンカーが追加された。戦況が悪化しガソリンの供給が困難になると、電車が増備された。1943（昭和18）年5月に国有化された。

クモニ13037はクモニ13形の最終番号で、木製車モニ3400を1953年11月に鋼体化改造した。宇部・小野田線の荷物電車は単行では運転されず、写真のように営業車と併結された（クモニ13037＋クモハ41031＋クハ16456）。なお、Mc車はすべて奇数向きのため、手前が小郡、奥が宇部・小野田側であることが分かる。小郡　1969年2月25日　写真／大那庸之助

宇部電気鉄道→宇部鉄道→小野田線

　宇部鉄道には、宇部電気鉄道が開業した路線も含まれている。宇部電気鉄道は、宇部炭鉱地域内の客貨輸送を行うために設立され、1929（昭和4）年5月に宇部新川の南東にあった沖ノ山旧鉱駅（のち宇部港駅、廃止）と小野田港駅の東側にあった新沖山駅（廃止）を600V電化で開業したことから始まる。

　続いて沖ノ山旧鉱〜沖ノ山新鉱間が1930（昭和5）年4月、雀田〜本山（現・長門本山）間が1937（昭和12）年1月に開通した。沖ノ山旧鉱〜宇部（現・宇部新川）間は宇部鉄道が1931（昭和6）年7月に連絡線を非電化で開通し、石炭輸送などに使用した。1941（昭和16）年12月に宇部鉄道と合併し、宇部電気鉄道は解散した。

小野田鉄道・宇部電気鉄道→小野田線

　小野田線は、小野田鉄道と宇部電気鉄道が敷設した路線から構成される。小野田鉄道は、小野田セメント（現・太平洋セメント）小野田工場で使用する石灰石などの原料が産出される美祢地方から搬入したり、製品を搬出したりするために敷設された。

　小野田軽便鉄道として1915（大正4）年11月に小野田〜セメント町（現・小野田港）間が開業。1923（大正12）年6月に小野田鉄道に改称され、蒸気機関車の客車牽引や蒸気動車で運行、1937（昭和12）年にガソリンカーが導入された。貨物は蒸気機関車が牽引し、国有化まで電化されなかった。

国有化後に路線変更現在の線形に

　1943（昭和18）年4月に小野田鉄道、同43年5月に宇部鉄道が国有化された。そのときはまだ2つの路線はつながっておらず、宇部鉄道の本来の線が宇部東線、旧宇部電気鉄道が宇部西線、小野田鉄道が小野田線となった。

　戦後の1947（昭和22）年10月に宇部西線を一部変更して雀田〜小野田港間を直結し、翌48年2月に宇部西線は小野田線、宇部東線は宇部線と改称された。1950（昭和25）年3月に小野田港以東の路線が1500V化さ

れ、同年8月に小野田港〜小野田間が1500Vで電化されて小野田線全線の電化が完成した。

　大きな路線変更は1952（昭和27）年4月に行われた。宇部〜居能間が電化新線で開業し、宇部〜岩鼻間を廃止して居能〜岩鼻間で旅客営業を開始し、ほぼ現在の姿となった。運転系統は宇部線が小郡〜宇部新川〜宇部間、小野田線が宇部新川〜雀田〜小野田間、雀田〜長門本山間である。

社形から17m車の旧型国電に統一

　国有化により社形は旧宇部鉄道から10両、旧宇部電気鉄道から6両が引き継がれた。省形電車が最初に入ったのは終戦直後で、戦災車両の補充用である。

　両運転台車モハ34形、木製車サハ19形、鋼体化改造車クハ65形が最初に入り、1947（昭和22）年に鋼体化改造車モハ50形、木製車クハ17形が追加転入するが、多くは内部が破損しており、修復に時間を要した。修理ができた頃に配置換えがあり、多くが東京へ戻り、他社の社形が転入した。

149ページの編成の反対側の先頭車、クハ16456。乗務員扉直後の窓近くに、快速運転時に使用したタブレット保護棒の撤去跡が残っている。客用扉には半自動扉を示す表示があり、開閉用の把手が設けられている。行先表示板は側面の腰板部のみ表示し、前面は使用していない。1969年2月25日　小郡　写真／大那庸之助

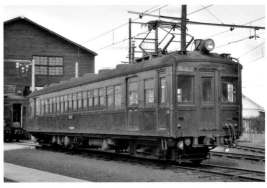

42系の中で最初に使用を開始したクモハ42005。大阪省電を代表する1933年度製のモハ42形で、宮原区から田町区、伊東区を経て1957年2月に宇部に転入した。民営化直前の1987年2月に廃車となり、保存ののち1996年3月に解体部品の即売会が行われて姿を消した。宇部電車区　1969年2月25日　写真／大那庸之助

先頭のクハ55046は1936年度製の半流線形。前照灯は原形と異なり埋め込まれている。後に前面の腰板部分に警戒色が塗られた。当時は17m車を20m車に置き換える途中で、中間にクモハ11形200番代が入っている。奥は民営化後も生き残り、活躍を続けたクモハ42006。小野田　1969年2月26日　写真／大那庸之助

クモハ11125＋クハ16251の横を通過する423系小郡行き。当時、九州から宇部線経由で宇部新川、小郡を結ぶ直通列車が各1往復運転されていた。写真の423系は1248Mで遠賀川を出発して宇部線内を一部通過し、約3時間で小郡を結んでいた。現在、九州直通列車の設定はない。宇部新川　1969年2月25日　写真／大那庸之助

省形や他社の社形の車両は1948（昭和23）年7月から転入が始まり、1953（昭和28）年12月までに多種多様な車両が集まった。

❶ 省形モハ11形0番代（旧モハ30形）、モハ11形100番代（旧モハ30形丸屋根化改造車）、400番代（旧モハ50形）

❷ 省形クハ16形100番代（旧クハ38形）、200番代（旧クハ38形丸屋根化改造車）

❸ 社形豊川・南武のモハ、鶴見・豊川・南武・青梅のクハ

❹ 鋼体化改造車モニ13形、阪和のモニ

特に飯田線・身延線などの山線で使用されていた社形は、制御方式が異なることから故障が多く、取り扱いは困難であった。1954（昭和29）年1月当時、基本2両編成と付属Mcの

単行を組み合わせ、1両から5両編成で運転された。また、同54年10月までにモハ12形が3両転入した。

社形は1956（昭和31）年3月までに一掃された。省形モハ11形は、ダブルルーフの0番代のほか、丸屋根に改造されて100番代となる車両があった。さらに旧モハ31形の200番代が新たに転入した。

省形クハ16形は、400番代（旧クハ65形）が新たに転入し、これにより宇部電車区の車両がすべて17m車の省形に統一された。

1959（昭和34）年2月の宇部・小野田線管理所発足に合わせて、宇部電車区が宇部・小野田線管理所電車支所と改称され、旧型国電末期に宇部電車区となった。

20m車が転入し快速運転も始まる

17m車ばかりの中に、新たに20m車モハ42形が3両転入した。1957（昭和32）年2月に006、3月に001・005が田町電車区伊東支区から転入し、当線仕様の半自動扉化のうえ、快速用に運用された。代わりにモハ12形は横川区に転出した。

一度モハ12形の配置は消えたが、翌58年に転入したモハ11形200番代の6両を改造し、両運転台化のモハ12形とした。こちらは単行運転の必要性からの改造であった。モハ42形やモハ12形は単行で、雀田〜長門本山間や増結用などに使用された。

1959（昭和34）年2月から宇部・小野田線初の快速電車が運転を開始した。宇部・小野田線経由で小郡〜小

野田間の「竜王」は1961 (昭和36)年4月まで、小郡〜宇部新川間の「ときわ」は1965 (昭和40)年9月まで運転された。当初はクモハ42形＋クハ16形の2両編成だったが、1965 (昭和40)年9月にはクモハ11形＋クハ16形に変更されていた。

快速運用の車両は通過駅で行うタブレット交換用に、運転室後部の窓に保護棒が設置された。行先表示板は側面のみを使用しているが、快速名の表示に前面のサボ受けが使用された。

山陽本線西宇部〜厚狭間の電化完成により、1960 (昭和35)年6月に西宇部(現・宇部)から乗り入れを開始。1961 (昭和36)年6月に山陽本線厚狭〜下関間の電化が完成し、下関まで乗り入れを開始した。九州側からは交直流電車421系が宇部線に入線した。

宇部線・小野田線に集まった車両の特徴

本格的に20m車の入線が始まったのは1965 (昭和40)年3月で、3扉セミクロスシート車クモハ51031が転入した。続いてクモハ51形が大阪から、クモハ41形、クハ55形、クモハ40形が多くは関東から転入した。

1971 (昭和46)年8月までにクモハ12形2両を残して片運転台車は20m化が達成された。残ったクモハ12形も1974 (昭和49)年3月にはクモハ12027の1両だけとなり、牽引車として1981 (昭和56)年6月まで使用された。

Mc車は奇数向き(小郡側)、Tc車は偶数向き(小野田側)に統一して使用された。基本編成は2両編成なので、2両編成または4両編成での運転だが、クモハ40形＋クモハ42形＋クハ55形の3両編成の運用もあった。

車両の特徴は次の通り。

❶ クモハ40形　平妻の023、半流線形の067の2両があり、067は大船

電車区の職員輸送用や横須賀線の荷電代用としても使用されていた。関東の車両のため幌枠はなかった。

❷ クモハ51形　すべて1936 (昭和11)年度製。全室運転台の半流線形で、関西の車両のため幌枠を備えていた。

❸ クモハ41形　半流線形のモハ40形を片運転台改造した車両もあった。特に126は運転台片側を撤去後、台枠を延長して切妻化した独特の形状をしていた。

❹ クハ55形　平妻、半流線形、クロハ59形改造車111・113、サハ57形の先頭車化改造の300番代など、多くの種類が在籍した。半流線形では1938 (昭和13)年度製の特徴である埋込み前照灯の053、056のほかに、なぜか1936 (昭和11)年度製の046も埋め込み前照灯となっていた。

JR西日本が2両を継承 21世紀まで活躍

車体色はぶどう色単色だが、1970年代半ばごろから前面下側から台枠上部にかけて警戒色の黄色が塗装されるようになった。1975 (昭和50)年頃のクモハ42形は貫通扉から幌枠内

側がクリーム色で下側が黄色の警戒色だったが、1977 (昭和52)年頃には幌枠内側も車体色と同じぶどう色となり、下側が黄色の警戒色に変更された。

1981 (昭和56)年3月までに105系が宇部・小野田線に配置され、事業用車代用のクモハ12027と小野田線本山支線用のクモハ42形3両を除いて新性能化された。九州から宇部線に直通する車両は423系・415系で引き続き運転された。

1987 (昭和62)年4月に分割民営化された時はクモハ42001と006の2両が引き継がれ、1989 (平成元)年3月にワンマン化改造された。ワンマン表示灯の新設などの工事が行われる一方で前面の警戒色がなくなり、ぶどう色単色の姿がよみがえった。クモハ42006は2001 (平成13)年1月に惜しくも廃車となり、残ったクモハ42001は2003 (平成15)年3月14日に宇部新川〜雀田〜長門本山間で営業運転を終了した。2023 (令和5)年9月現在、最後の旧型国電としてJR西日本下関総合車両所で保管されている。

クモハ42形の晩年は、雀田〜長門本山間を中心に運転されていた。001と006(写真)は民営化後も交互に運転され、1989年にワンマン化改造も行われた。2001年1月に006が廃車となった後も001は運行を続け、2003年3月に営業運転を終了した。現在も解体されずに残っている。
雀田　1995年8月6日　写真／児島眞雄

車両形式の変遷

旧型国電では、改造や改番により、登場時と引退時で形式が異なっている車両が多い。たとえば国鉄初の鋼製電車のモハ30形は、最終的にクモハ14形を名乗っている。このように形式名が変更されていることが旧型国電を分かりにくくしている要素の一つとなっている。巻末資料では、登場時の形式、1953(昭和28)年6月1日での改番、1959(昭和34)年6月1日での改番で付けられた形式名を表にまとめた。多くの旧型国電の本では1959年以降の形式名で書かれることが多いので、本資料も逆引きの形で作成した。

1959年6月1日改番 以降 または 最終形式	特徴		1953年6月1日改番		形式	登場時 の形式	登場時の車体長など

1. 17m車

17m車 片運電動車　2扉クロスシート

1959年6月1日改番 以降 または 最終形式	特徴		1953年6月1日改番		形式	登場時 の形式	登場時の車体長など
クモハ14形 000番代		←	モハ14形 000番代	←	32系	モハ32形	17m車／片運転台車 2扉クロスシート
クモハ14形 100番代	木製車鋼体化 モハ10形(木製)→モハ62形→モハ14形	←	モハ14形 100番代	←	10系	モハ10形 (木製)	17m車／片運転台車 3扉ロングシート
クモハ14形 110番代110、111	モハ30形→モハ62012,011 →モハ14形110番代	←	モハ14形 110番代 110、111	←	30系	モハ30形	17m車／片運転台車 3扉ロングシート
クモハ14形 114、116	ダブルルーフ	←	モハ11形 078、019	←	30系	モハ30形	17m車／片運転台車 3扉ロングシート
クモハ14形 800番代	低屋根化	←	モハ14形 000番代	←	32系	モハ32形	17m車／片運転台車 2扉クロスシート
クハ18形 050番代	クハ65形(事故復旧車)→クハ77形→クハ18形	←	クハ18形 050番代	←	50系	クハ65形	木製車鋼体化／17m車 片運転台車／3扉ロングシート
クモハ11形 100・150番代	丸屋根改造・台車の違い／17m車	←	モハ11形 100・150番代	←	30系	モハ30形	17m車／片運転台車 3扉ロングシート

17m車 両運電動車　3扉ロングシート

1959年6月1日改番 以降 または 最終形式	特徴		1953年6月1日改番		形式	登場時 の形式	登場時の車体長など
クモハ12形 000番代		←	モハ12形 000番代	←	40系	モハ34形	17m車／両運転台車 3扉ロングシート
クモハ12形 010番代	両運転台化	←	モハ12形 010番代	←	31系	モハ31形	17m車／片運転台車 3扉ロングシート
クモハ12形 30番代	両運転台化	←	モハ11形 400番代	←	50系	モハ50形	木製車鋼体化 17m車／片運転台車 3扉ロングシート
クモハ12形 040番代	両運転台化	←	モハ11形 100、150番代	←	30系	モハ30形	17m車／片運転台車 3扉ロングシート

17m車 片運電動車　3扉ロングシート

1959年6月1日改番 以降 または 最終形式	特徴		1953年6月1日改番		形式	登場時 の形式	登場時の車体長など
クモハ11形 100・150番代	丸屋根・台車の違い	←	モハ11形 000番代	←	30系	モハ30形	17m車／片運転台車 3扉ロングシート
クモハ11形 100・150番代	丸屋根・台車の違い	←	モハ11形 100・150番代	←	30系	モハ30形	17m車／片運転台車 3扉ロングシート
クモハ11形 200番代		←	モハ11形 200番代	←	31系	モハ31形	17m車／片運転台車 3扉ロングシート
クモハ11形 300番代		←	モハ11形 300番代	←	40系	モハ33形	17m車／片運転台車 3扉ロングシート
クモハ11形 300番代	片運転台化	←	モハ11形 300番代	←	40系	モハ34形	17m車／両運転台車 3扉ロングシート
クモハ11形 400番代		←	モハ11形 400番代	←	50系	モハ50形	木製車鋼体化／17m車 片運転台車

17m車 中間電動車　3扉ロングシート

1959年6月1日改番 以降 または 最終形式	特徴		1953年6月1日改番		形式	登場時 の形式	登場時の車体長など
モハ10形 000・050番代	丸屋根・中間電動車・台車の違い	←	モハ11形 000番代	←	30系	モハ30形	17m車／片運転台車 3扉ロングシート
モハ10形 000・050番代	丸屋根・中間電動車・台車の違い モハ30形→モハ30形500番代(丸屋根改造) →モハ10形000・050番代	←	モハ10形 000・050番代	←	30系	モハ30形	17m車／片運転台車 3扉ロングシート
モハ10形 000・050番代	丸屋根・中間電動車・台車の違い モハ30形→モハ10形へ直接改造	←	モハ10形 000・050番代	←	30系	モハ30形	17m車 片運転台車 3扉ロングシート

1959年6月1日改番 以降 または 最終形式	特徴		1953年6月1日改番		形式	登場時の形式	登場時の車体長など

17m車 片運制御車　3扉ロングシート

1959年6月1日改番 以降 または 最終形式	特徴		1953年6月1日改番		形式	登場時の形式	登場時の車体長など
クハ16形 000番代		←	クハ16形 000番代	←	31系	クハ38形	17m車／片運転台車 3扉ロングシート
クハ16形 100・150番代	電装解除 ダブルルーフ 一部 クハ16形 200・250番代に改造	←	クハ38形	←	30系	モハ30形	17m車／片運転台車 3扉ロングシート
クハ16形 200・250番代	電装解除 丸屋根改造	←	クハ38形	←	30系	モハ30形	17m車／片運転台車 3扉ロングシート
クハ16形 300番代	電装解除	←	クハ16形 300番代	←	31系	モハ31形	17m車／片運転台車 3扉ロングシート
クハ16形 400番代		←	クハ16形 400番代	←	50系	クハ65形	木製車鋼体化／17m車 片運転台車／3扉ロングシート
クハ16形 500番代		←	クロハ16形 800番代	←	50系	クハ65形	木製車鋼体化／17m車 片運転台車／3扉ロングシート
クハ16形 600番代	電装解除	←	クハ16形 600番代	←	50系	モハ50形	木製車鋼体化／17m車 片運転台車／3扉ロングシート
クハニ19形 020番代	半室荷物室改造	←	クハ16形 000番代	←	31系	クハ38形	17m車／片運転台車 3扉ロングシート

17m車 中間付随車　3扉ロングシート

1959年6月1日改番 以降 または 最終形式	特徴		1953年6月1日改番		形式	登場時の形式	登場時の車体長など
サロ15形		←	サロ15形	←	31系	サロ37形	17m車／中間付随車 2扉クロスシート
サハ17形 100番代	丸屋根改造	←	サハ17形 100番代	←	30系	サハ36形	17m車／中間付随車 3扉ロングシート
サハ17形 100番代	丸屋根改造／3扉ロングシート	←	サハ17形 100番代	←	30系	サロ35形	17m車／中間付随車 2扉クロスシート
サハ17形 200番代	3扉ロングシート	←	サハ17形 200番代	←	31系	サロ37形	17m車／中間付随車 2扉クロスシート
サハ17形 200番代		←	サハ17形 200番代	←	31系	サハ39形	17m車／中間付随車 3扉ロングシート
サハ17形 300番代		←	サハ17形 300番代	←	50系	サハ75形	木製車鋼体化／17m車 中間付随車／3扉ロングシート
サハ17形 320番代		←	サハ17形 320番代	←	50系	クハ65形	木製車鋼体化／17m車 中間付随車／3扉ロングシート

2.20m　3扉車

20m車 片運電動車　3扉ロングシート

1959年6月1日改番 以降 または 最終形式	特徴		1953年6月1日改番		形式	登場時の形式	登場時の車体長など
クモハ41形		←	モハ41形	←	40系	モハ41形	20m車／片運転台車 3扉ロングシート
クモハ41形 800番代	低屋根化	←	モハニ41形	←	40系	モハ41形	20m車／片運転台車 3扉ロングシート
クモハ60形		←	モハ60形	←	40系	モハ60形	20m車／片運転台車 3扉ロングシート／出力増強形
クモハ60形 150番代	出力増強	←	モハ60形 150番代	←	40系	モハ41形	20m車／片運転台車 3扉ロングシート

20m車 片運制御車　3扉ロングシート

1959年6月1日改番 以降 または 最終形式	特徴		1953年6月1日改番		形式	登場時の形式	登場時の車体長など
クハ55形		←	クハ55形	←	40系	クハ55形	20m車／片運転台車 3扉ロングシート
クハ55形 110番代		←	クハ55形 110番代	←	42系	クロハ59形	20m車／片運車 2扉クロスシート
クハ55形 150番代	1962年10月からクハ55形に格下げ ロングシート	←	クロハ69形	←	51系	クロハ69形	20m車／片運転台車 3扉セミクロスシート

153

1959年6月1日改番 以降 または 最終形式	特徴		1953年6月1日改番		形式	登場時 の形式	登場時の車体長など
クハ55151	104→クロハ69010→1961年3月 クハ55104に再格下げ後、 翌12月151に改番／ロングシート	←	クハ55形 104	←	51系	クロハ69形 006	20m車／片運転台車 3扉セミクロスシート
クハ55形 150番代	クロハ69010、011、005 →クハ55100、101、103 →クハ68107、109、113 →クロハ69006、007、009 →クハ55169、171、161 ロングシート	←	クハ68形	←	51系	クロハ69形	20m車／片運転台車 3扉セミクロスシート
クハ55形 200番代	電装解除	←	クハ55形 200番代	←	40系	モハ60形	20m車／片運転台車 3扉ロングシート／出力増強形
クハ55形 300番代	先頭化改造	←	サハ57形	←	40系	サハ57形	20m車／片運転台車／3扉ロングシート
クハ55形 400番代	トイレ設置	←	クハ55形	←	40系	クハ55形	20m車／片運転台車／3扉ロングシート
クハ55形 400番代	先頭化改造 トイレ設置	←	サハ57形	←	40系	サハ57形	20m車／片運転台車／3扉ロングシート

20m車 片運制御車　3扉ロングシート+荷物室

クハニ67形		←	クハニ67形	←	40系	クハニ67形	20m車／片運転台車／ロングシート
クハニ67形 900番代	半室荷物室化	←	クハ55形	←	40系	クハ55形	20m車／片運転台車／3扉ロングシート
クハユニ56形	荷物室の半室郵便室化	←	クハユニ56形	←	40系	クハニ67形	20m車／片運転台車／ロングシート

20m車 付随車　3扉ロングシート

サハ57形	.	←	サハ57形	←	40系	サハ57形	20m車／中間付随車／3扉ロングシート
サハ57形		←	サハ57形	←	40系	サロハ56形	20m車／中間付随車／2扉クロスシート
サハ57形 400番代	トイレ設置	←	サハ57形	←	40系	サハ57形	20m車／中間付随車／3扉ロングシート
サハ57形 400番代	トイレ設置	←	サハ57形	←	40系	サロハ56形	20m車／中間付随車／2扉クロスシート

20m車 片運電動車　3扉セミクロスシート

クモハ51形		←	モハ51形	←	51系	モハ51形	20m車／片運転台車／3扉セミクロスシート
クモハ51形		←	モハ51形	←	40系	モハ41形	20m車／片運転台車／3扉ロングシート
クモハ51形 830番代		←	モハ51形	←	42系	モハ42形	20m車／両運車／2扉クロスシート
クモハ51形 200番代		←	モハ43形	←	42系	モハ43形	20m車／片運車／2扉クロスシート
クモハ54形	出力増強	←	モハ54形	←	51系	モハ54形	20m車／片運転台車 3扉セミクロスシート
クモハ54形 100番代		←	モハ54形 100番代	←	40系	モハ60形	20m車／片運転台車／3扉ロングシート 出力増強形
クモハ50形	出力増強	←	モハ53形	←	42系	モハ43形	20m車／片運車／2扉クロスシート

20m車 片運制御車　3扉セミクロスシート

クハ68形		←	クハ68形	←	51系	クハ68形	20m車／片運転台車／3扉セミクロスシート
クハ68形		←	クハ68形	←	42系	クロハ59形	20m車／片運車／2扉クロスシート
クハ68形 060番代		←	クハ68形 060番代	←	40系	クハ55形	20m車／片運転台車／3扉ロングシート
クハ68形 200番代		←	クハ47形	←	32系	クハ47形	20m車／片運転台車／2扉クロスシート
クハ68形 107、109、111	先頭化改造／サロハ46形100番代 →サロハ46形000番代 →クロハ59形→クハ55形100番代 →クハ68形100番代	←	クハ55形107〜109	←	42系	サロハ46形 101〜103	20m車／付随車／2扉クロスシート
クハ68形 211、210	先頭化改造／サハ48形 →クハ47073、072 →クハ68211、210	←	サハ48形 012、014	←	32系	サハ48形 012、014	20m車／付随車／2扉クロスシート
クハ68形 400番代	トイレ設置	←	クハ68形	←	42系	クロハ59形	20m車 片運車／2扉クロスシート

1959年6月1日改番 以降 または 最終形式	特徴		1953年6月1日改番		形式	登場時の形式	登場時の車体長など
クハ76形		←	クハ76形	←	70系	クハ76形	戦後製／20m／車片運転台車 3扉セミクロスシート
クハ77形	先頭化改造	←	サロ85形	←	80系	サロ85形	戦後製／20m車／付随車 2扉クロスシート
クハ66形 000番代	アコモ改造 115系似車体 （1両はクモハ73118改造）	←	クハ79形 100番代	←	63系	モハ63形	20m車 片運転台車／4扉ロングシート
クハ66形 300番代	アコモ改造 115系似車体	←	クハ79形 300番代	←	73系	クハ79形 300番代	戦後製／20m車／片運車 4扉ロングシート
クハユニ56形 010番代 011、012	未電装で登場／セミクロスシート	←	クハユニ56形 010番代 011、012	←	51系	モハユニ 61形 002、003	20m車／片運転台車 ロングシート

20m車 中間電動車　3扉セミクロスシート

モハ70形		←	モハ70形	←	70系	モハ70形	戦後製／20m車／中間電動車 3扉セミクロスシート
モハ71形	登場時から低屋根 モハ70形から山岳路線用にギア比変更	←	モハ70・71形	←	70系	モハ 70・71形	戦後製／20m車／中間電動車 3扉セミクロスシート
モハ62形0番代	アコモ改造 115系似車体	←	クモハ73形	←	63系	モハ63形	20m車／片運転台車 4扉ロングシート
モハ62形 500番代	アコモ改造 115系似車体	←	モハ72形 500番代	←	73系	モハ72形 500番代	戦後製／20m車／中間電動車 4扉ロングシート

20m車 中間付随車　3扉セミクロスシート

サハ58形 000	狭窓 1次流電トイレ撤去	←	サハ48形 029	←	52系	サハ48形 029	20m車／中間付随車 2扉クロスシート
サハ58形 010、011	広窓 トイレ存置	←	サハ48形 032、033	←	43系	サハ48形 032、033	20m車／中間付随車 2扉クロスシート
サハ58形 020、021	広窓 2次流電 トイレ撤去	←	サハ48形 030、031	←	52系	サハ48形 030、031	20m車／中間付随車 2扉クロスシート
サハ58形 050	広窓 2次流電 トイレ撤去	←	サハ48形 035	←	52系	サロハ66形 017	20m車／中間付随車 2扉クロスシート
サハ85形 100番代	格下げ	←	サロ85形	←	80系	サロ85形	戦後製／20m車／付随車 2扉クロスシート
サハ75形 100番代	格下げ	←	サロ46形	←	70系	サロ46形	戦後製／20m車／中間付随車 2扉クロスシート

20m車 両運電動車　3扉ロングシート

クモハユ74形 001、002、003	房総地区用の郵便荷物電車として使用 旅客営業実績なし	←	クモハ74形 001のみ竣工 他は直接クモハユ	←	73系	モハ72形 141、 308、159	【戦後製】／20m車／中間電動車 4扉ロングシート

3.20m　1・2扉車

20m車 両運電動車　2扉クロスシート

クモハ42形		←	モハ42形	←	42系	モハ42形	20m車／両運車／2扉クロスシート

20m車 片運電動車　2扉クロスシート

クモハ43形		←	モハ43形	←	42系	モハ43形	20m車／片運車／2扉クロスシート
クモハ43形 800番代	低屋根化	←	モハ43形	←	42系	モハ43形	20m車／片運車／2扉クロスシート
クモハ53形	出力増強	←	モハ53形	←	42系	モハ43形	20m車／片運車／2扉クロスシート
クモハ52形	流線形／狭窓 1次流電、広窓 2次流電	←	モハ52形	←	52系	モハ52形	20m車／片運車／2扉クロスシート
クモハ43形 810	広窓 半流線形／低屋根化	←	モハ43形 039	←	43系	モハ43形 039	20m車／片運車／2扉クロスシート
クモハ53形 007、008	広窓 半流線形／出力増強形	←	モハ53形 007、008	←	43系	モハ43形 040、041	20m車／片運車／2扉クロスシート

巻末資料

1959年6月1日改番以降 または 最終形式	特徴		1953年6月1日改番		形式	登場時の形式	登場時の車体長など

20m車 片運電動車　1扉クロスシート+郵便荷物室

1959年6月1日改番以降 または 最終形式	特徴		1953年6月1日改番		形式	登場時の形式	登場時の車体長など
クモハユニ44形		←	モハユニ44形	←	42系	モハユニ44形	20m車／片運車 1扉クロスシート
クモハユニ44形 800番代	低屋根化	←	モハユニ44形	←	42系	モハユニ44形	20m車／片運車 1扉クロスシート

20m車 中間電動車　2扉クロスシート

	特徴		1953年6月1日改番		形式	登場時の形式	登場時の車体長など
モハ80形		←	モハ80形	←	80系	モハ80形	戦後製／20m車／中間電動車 2扉クロスシート
モハ80形 800番代	低屋根化	←	モハ80形	←	80系	モハ80形	戦後製／20m車／中間電動車 2扉クロスシート
モハ80形 850番代	モハ72形部品電装／低屋根化	←	サハ87形	←	80系	サハ87形	戦後製／20m車／付随車 2扉クロスシート

20m車 片運制御車　2扉クロスシート

	特徴		1953年6月1日改番		形式	登場時の形式	登場時の車体長など
クハ47形		←	クハ47形	←	32系	クハ47形	20m車／片運転台車 2扉クロスシート
クハ47011(2代目)(クハ47形010番代)	17m→20m車体延長／片運転台車 2扉クロスシート	←	クハ47形 023 (クハ47形020番代)	←	30系	モハ30形 173	17m車／中間電動車 3扉ロングシート車
クハ47形 050番代	先頭化改造／057〜067の奇数車はロングシート／他はクロスシート	←	クハ47形 050番代	←	32系	サハ48形 001〜028	20m車／付随車 2扉クロスシート
クハ47形 051、053、055	先頭化改造／クロスシート	←	クハ47形 011〜013	←	32系	サハ48形 005〜007	20m車／中間付随車 2扉クロスシート
クハ47形 100番代		←	クハ47形 100番代	←	42系	クハ58形	20m車／片運車 2扉クロスシート
クハ47形 151	狭窓 1次流電／先頭化改造 サロハ46018→サロハ66020→サハ48036→クハ47025→クハ47151	←	サハ48形 036	←	52系	サロハ46形 018	20m車／中間付随車 2扉クロスシート
クハ75形	格下げ 先頭化	←	サロ46形	←	70系	サロ46形	戦後製／20m車／片運転台車 2扉クロスシート
クハ85形	先頭化	←	サロ85形	←	80系	サロ85形	戦後製／20m車／付随車 2扉クロスシート
クハ85形 100番代	先頭化	←	サハ87形	←	80系	サハ87形	戦後製／20m車／付随車 2扉クロスシート
クハ86形		←	クハ86形	←	80系	クハ86形	戦後製／20m車／片運車 2扉クロスシート

20m車 片運制御車　2扉ロングシート

	特徴		1953年6月1日改番		形式	登場時の形式	登場時の車体長など
クハ47形 153、155	広窓 先頭化改造／ロングシート	←	クハ47形 021、022	←	43系	サロハ66形 018、019	20m車 中間付随車 2扉クロスシート

20m車 中間付随車　2扉クロスシート

	特徴		1953年6月1日改番		形式	登場時の形式	登場時の車体長など
サハ45形		←	サロ45形	←	32系	サロ45形	20m車 中間付随車 2扉クロスシート
サハ48形	製造当初トイレなし、後に設置	←	サハ48形	←	32系	サハ48形 001〜028	20m車 中間付随車 2扉クロスシート
サハ48形 034	広窓 2次流電／トイレ再設置	←	サハ48形 034	←	52系	サロハ66形 016	20m車 中間付随車 2扉クロスシート
サハ48形 040番代	元貴賓車／運転台撤去 クロ49形→クロハ49形→サロハ49形→サハ48形040番代	←	クロハ49形	←	32系	クロ49形	20m車 片運車／2扉クロスシート
サハ75形	サロ46→サロ75形(1959年6月1日改番時)→サハ75形	←	サロ46形	←	70系	サロ46形	戦後製／20m車 中間付随車 2扉クロスシート
サハ75形	格下げ	←	サロ46形	←	70系	サロ46形	戦後製／20m車 中間付随車 2扉クロスシート

1959年6月1日改番 以降 または 最終形式	特徴		1953年6月1日改番		形式	登場時 の形式	登場時の車体長など
サハ85形	格下げ	←	サロ85形	←	80系	サロ85形	戦後製／20m車 中間付随車 2扉クロスシート
サハ87形		←	サハ87形	←	80系	サハ87形	戦後製／20m車 中間付随車 2扉クロスシート

20m車 両運電動車　2扉ロングシート

| クモハ84形
001～003 | 宇野線　茶屋町～宇野間を中心に使用 | ← | クモニ83形
005、026、027 | ← | 73系 | モハ72形
098
クモハ73形
164、227 | 戦後製／20m車
中間電動車、片運車
4扉ロングシート |

4.20m　4扉車

20m車 両運電動車　4扉ロングシート

クモハ32形		←	モハ32形	←	42系	モハ42形	20m車／両運車／2扉クロスシート

20m車 片運電動車　4扉ロングシート

クモハ31形	4扉ロングシート	←	モハ31形	←	42系	モハ43形	20m車／片運車／2扉クロスシート
クモハ73形		←	モハ73形	←	63系	モハ63形	20m車／片運車／4扉ロングシート
クモハ73形 600番代	先頭化改造	←	モハ72形 500番代	←	73系	モハ72形 500番代	戦後製／20m車／中間電動車 4扉ロングシート
クモハ73形 900番代		←	モハ73形	←	63系	モハ63形	20m車 片運車／4扉ロングシート

20m車 中間電動車　4扉ロングシート

モハ72形		←	モハ72形	←	63系	モハ63形	20m車 中間電動車 4扉ロングシート
モハ72形 500番代		←	モハ72形 500番代	←	73系	モハ72形 500番代	戦後製／20m車／中間電動車 4扉ロングシート
モハ72形 850番代	低屋根	←	モハ72形 850番代	←	73系	モハ72形 850番代	戦後製／20m車／中間電動車 4扉ロングシート
モハ72形 920番代	全金属製車体 量産	←	モハ72形 920番代	←	73系	モハ72形 920番代	戦後製／20m車 中間電動車4扉ロングシート
モハ72形 970番代	アコモ改造 103系似車体 後の103系3000番代	←	モハ72形 500番代	←	73系	モハ72形 500番代	戦後製／20m車／中間電動車 4扉ロングシート

20m車 片運制御車　4扉ロングシート

クハ79形 0番代		←	クハ79形 0番代	←	63系	クハ15形 など木製車	17m車 片運車／3扉ロングシート
クハ79形 030番代	トイレ撤去	←	クハ79形 030番代	←	42系	クハ58形	20m車 片運車／2扉クロスシート
クハ79形 056	先頭化改造／サロハ46100 →サロハ46014→クロハ59022 →クハ55106→クハ85026→クハ79056	←	クハ79形 056	←	42系	サロハ46形 100	20m車 付随車／2扉クロスシート
クハ79形 060番代		←	クハ79形 060番代	←	32系	クハ47形	20m車 片運転台車 2扉クロスシート
クハ79形 100番代	改造	←	クハ79形 100番代	←	63系	モハ63形	20m車 片運車／4扉ロングシート
クハ79形 300番代	戦後新製	←	クハ79形 300番代	←	73系	クハ79形 300番代	戦後製／20m車／中間電動車 4扉ロングシート
クハ79形 500番代	トイレ設置	←	クハ79形 300番代	←	73系	クハ79形 300番代	戦後製／20m車／中間電動車 4扉ロングシート

1959年6月1日改番 以降 または 最終形式	特徴		1953年6月1日改番		形式	登場時 の形式	登場時の車体長など
クハ79形 600番代	アコモ改造 103系似車体 後の103系3000番代	←	クハ79形 300番代	←	73系	クハ79形 300番代	戦後製／20m車／中間電動車 4扉ロングシート
クハ79形 600番代	アコモ改造 103系似車体 後の103系3000番代	←	クハ79形 920番代	←	73系	クハ79形 920番代	戦後製／20m車／中間電動車 4扉ロングシート
クハ79形 900番代	全金属製車体 試作	←	サハ78形 100番代	←	73系	サハ78形 100番代	戦後製／20m車／中間電動車 4扉ロングシート
クハ79形 920番代	全金属製車体 量産	←	クハ79形 920番代	←	73系	クハ79形 920番代	戦後製／20m車／中間電動車 4扉ロングシート

20m車 中間付随車　4扉ロングシート

サハ78形 009〜021	サロハ46形→サロハ66形→サハ78形	←	サハ78形 009〜021	←	32系	サロハ46形 001〜013	20m車 中間付随車 2扉クロスシート
サハ78形 022,023	サロ45形→サロハ66形014,015 →サハ78形	←	サハ78形 022,023	←	32系	サロ45形 001、002	20m車 中間付随車 2扉クロスシート
サハ78形			サハ78形		32系	サロ45形	20m車 中間付随車 2扉クロスシート
サハ78形 100番代		←	サハ78形 100番代	←	73系	サハ78形 100番代	戦後製／20m車／付随車 4扉ロングシート
サハ78形 300番代		←	サハ78形 300番代	←	63系	サハ78形	20m車 付随車／4扉ロングシート
サハ78形 400	トイレ設置／サロハ46形→サロハ66形 →サハ78形→サハ78形400番代	←	サハ78形 018	←	32系	サロハ46形 010	20m車 中間付随車 2扉クロスシート
サハ78形 401	トイレ設置 400番代	←	サハ78形 024	←	32系	サロ45形 003	20m車 中間付随車 2扉クロスシート
サハ78形 450番代	トイレ設置	←	サハ78形 100番代	←	73系	サハ78形 100番代	戦後製／20m車／付随車 4扉ロングシート
サハ78形 450番代	トイレ設置	←	サハ78形 300番代	←	63系	モハ63形 未電装	20m車 付随車／4扉ロングシート
サハ78形 500番代	電装解除	←	モハ72形 500番代	←	73系	モハ72形 500番代	戦後製／20m車／4扉ロングシート
サハ78形 900	全金属製車体 試作	←	サハ78形 200	←	73系	サハ78形 100番代	戦後製／20m車／付随車 4扉ロングシート

5.荷物電車

荷物電車［一部］

クモニ13形 001	モハ10005→モニ13020(木製)→モニ 53001(木製)→モニ13001(鋼製) 焼失後、鋼体化	←	モニ13形 001(鋼製)	←	50系	モハ10形 005(木製)	17m車／両運転台車
クモニ13形 000番代	モハ33・34形など→モハ53形 →モニ13形000番代(002〜) 平妻	←	モニ13形 000番代(002〜)	←	40系	モハ33・34 形など	17m車／両運転台車
クモニ13形 020番代	モハ10形(木製)→モニ13形(木製) →モニ53形など／切妻(63系前面似)	←	モニ13形 020番代	←	50系	モハ10形 など	17m車／両運転台車
クモユニ81形		←	モユニ81形	←	80系	モユニ81形	20m車／両運転台車
クモニ83形 100番代		←	モユニ81形	←	80系	モユニ81形	20m車／両運転台車

巻末資料

STAFF

編　集
林 要介(「旅と鉄道」編集部)

デザイン
安部孝司

写真・資料協力
沢柳健一、大那庸之助、
稲葉克彦、児島眞雄、
辻阪昭浩、森中清貴、PIXTA

小寺 幹久
こでら・みきひさ

京都府出身。鉄道模型メーカーのリトルジャパンモデルス、鉄道写真集や鉄道模型資料を発行するリトル出版を主宰する。鉄道史料の収集に努め、故・大那庸之助氏の写真を継承する。著書に『名鉄電車ヒストリー』(天夢人)。

旅鉄車両ファイル010
旧型国電　路線別車両案内

2023年12月21日　初版第1刷発行

著　　　者　小寺幹久
発　行　人　藤岡 功
発　　　行　株式会社 天夢人
　　　　　　〒101-0051　東京都千代田区神田神保町1-105
　　　　　　https://www.temjin-g.co.jp/
発　　　売　株式会社 山と溪谷社
　　　　　　〒101-0051　東京都千代田区神田神保町1-105
印刷・製本　株式会社 シナノ パブリッシング プレス

■ 内容に関するお問合せ先
　「旅と鉄道」編集部　info@temjin-g.co.jp
　電話03-6837-4680
■ 乱丁・落丁に関するお問合せ先
　山と溪谷社カスタマーセンター
　service@yamakei.co.jp
■ 書店・取次様からのご注文先
　山と溪谷社受注センター
　電話048-458-3455　FAX048-421-0513
■ 書店・取次様からのご注文以外のお問合せ先
　eigyo@yamakei.co.jp

参考文献

鉄道省・日本国有鉄道等発行
鉄道公報／運輸公報／吹田明石間電化工事概要昭和十年三月(大阪鐵道局)／車両称号規程改正に伴う新旧番号対照表(電車)／電車関係車両称号規程改正に伴う改番一覧表(電車)／電車履歴簿 各種／車輌形式圖 電氣車(鐵道省)／電車形式図1953／1960／鐵道ニュース(大阪鐵道局運輸部旅客課)／日本国有鉄道百年史 各巻／車両の80年

一般刊行物等
国鉄電車のあゆみ－30系から80系まで－(交友社)／決定版旧型国電車両台帳－決定版(沢柳健一・高砂雍郎／ジェー・アール・アール)／旧型国電車両台帳　院電編(沢柳健一・高砂雍郎／ジェー・アール・アール)／旧型国電50年(特・監)(沢柳健一／JTB)／関西国電略年誌(関西国電略年誌編集委員会)／関西国電50年(鉄道史資料保存会)／旧形国電ガイド(ジェー・アール・アール)／飯田線の旧型国電－白井良和写真集(レイルロード)／東京の国電(ジェー・アール・アール)／大阪の国電(ジェー・アール・アール)／湘南型電車詳解(電気車研究会)／不定期列車4 阪和線電車の現況(京都鉄道趣味同好会)／鉄道車輌ディテール・ファイル008 松戸電車区のモハ60(ネコ・パブリッシング)／少年少女科学グラフ7号　特集 電車の話(自由出版)／科学グラフ43号　特集 電車の科学(大日本図書)／鐵道(模型電気鉄道研究会、模型鉄道社、国際鉄道社)／鐵道趣味(鐵道趣味社)／急電(京都鉄道趣味同好会)／METAL CAR(国電クラブ)／CLUB CAR(関西鉄道同好会)／鉄道史料(鉄道史資料保存会)／電車 各号(交友社)／電車配置表 各年／国鉄車両配置表 各年／鉄道ファン 各号／鉄道ジャーナル 各号／鉄道模型趣味 各号／とれいん 各号／鉄道ピクトリアル 各号／RM LIBRARY 各号／時刻表 各号／関西の鉄道 各号

名車両を記録する「旅鉄車両ファイル」シリーズ

旅鉄車両ファイル 1 「旅と鉄道」編集部 編 B5判・144頁・2475円

国鉄103系 通勤形電車

日本の旅客車で最多の3447両が製造された通勤形電車103系。すでに多くの本で解説されている車両だが、本書では特に技術面に着目して解説する。さらに国鉄時代の編成や改造の概要、定期運行した路線紹介などを掲載。図面も多数収録して、技術面から103系の理解を深められる。

旅鉄車両ファイル 2 佐藤 博 著 B5判・144頁・2750円

国鉄151系 特急形電車

1958年に特急「こだま」でデビューした151系電車（登場時は20系電車）。長年にわたり151系を研究し続けてきた著者が、豊富なディテール写真や図面などの資料を用いて解説する。先頭形状の変遷を描き分けたイラストは、151系から181系へ、わずか24年の短い生涯でたどった複雑な経緯を物語る。

旅鉄車両ファイル 3 「旅と鉄道」編集部 編 B5判・144頁・2530円

JR東日本E4系 新幹線電車

2編成併結で高速鉄道で世界最多の定員1634人を実現したE4系Max。本書では車両基地での徹底取材、各形式の詳細な写真と形式図を掲載。また、オールダブルデッカー新幹線E1系・E4系の足跡、運転士・整備担当者へのインタビューを収録し、E4系を多角的に記録する。

旅鉄車両ファイル 4 「旅と鉄道」編集部 編 B5判・144頁・2750円

国鉄185系 特急形電車

特急にも普通列車にも使える異色の特急形電車として登場した185系。0番代と200番代があり、特急「踊り子」や「新幹線リレー号」、さらに北関東の「新特急」などで活躍をした。JR東日本で最後の国鉄型特急となった185系を、車両面、運用面から詳しく探求する。

旅鉄車両ファイル 5 「旅と鉄道」編集部 編 B5判・144頁・2750円

国鉄EF63形 電気機関車

信越本線の横川〜軽井沢間を隔てる碓氷峠。66.7‰の峠を越える列車にはEF63形が補機として連結された。本書では「碓氷峠鉄道文化むら」の動態保存機を徹底取材。豊富な写真と資料で詳しく解説する。さらに、ともに開発されたEF62形や碓氷峠のヒストリーも収録。

旅鉄車両ファイル 6 「旅と鉄道」編集部 編 B5判・144頁・2750円

国鉄キハ40形 一般形気動車

キハ40・47・48形気動車は、1977年に登場し全国の非電化路線に投入。国鉄分割民営化では旅客車で唯一、旅客全6社に承継された。本書では道南いさりび鉄道と小湊鐵道で取材を実施。豊富な資料や写真を用いて本形式を詳しく解説する。国鉄一般形気動車の系譜も収録。

旅鉄車両ファイル 7 後藤崇史 著 B5判・160頁・2970円

国鉄581系 特急形電車

1967年に登場した世界初の寝台座席両用電車。「月光形」と呼ばれる581系には、寝台と座席の転換機構、特急形電車初の貫通型という2つの機構を初採用した。長年にわたり研究を続けてきた著者が、登場の背景、複雑な機構などを踏まえ、その意義を今に問う。

旅鉄車両ファイル 8 「旅と鉄道」編集部 編 B5判・144頁・2860円

国鉄205系 通勤形電車

国鉄の分割民営化を控えた1985年、205系電車は軽量ステンレス車体、ボルスタレス台車、界磁添加励磁制御、電気指令ブレーキといった数々の新機構を採用して山手線にデビューした。かつて首都圏を席巻した205系も残りわずか。新技術や形式、活躍の足跡をたどる。

旅鉄車両ファイル 9 高橋政士 著 B5判・144頁・2970円

国鉄ED75形 電気機関車

全302両が製造され東北地方のほか、北海道と九州にも足跡を残したED75形。ED75形のメカニズムのほか、制御方式に着目した交流電気車の発展を解説。好評の撮り下ろし記事は777号機を取材。このほか青函トンネル向けのED79形、九州・北海道向けのED76形についても取り上げる。

旅鉄車両ファイル 10 小寺幹久 著 B5判・160頁・2970円

旧型国電 路線別車両案内

101系以前に登場した「旧型国電」と呼ばれる電車を、一般的な形式別ではなく、活躍した路線別に解説したユニークな一冊。著者が収集した往年の史料を分析しなおし、原稿を執筆。旧型国電研究の第一人者だった沢柳健一さんと大那庸之助さんの貴重な写真を交えて解説する。

発行：天夢人　発売：山と溪谷社

価格はすべて10％税込